KB231229

# 과학기술과 문화예술

과학문화연구센터
Science Culture Research Center

과학문화연구 - 1

# 과학기술과 문화예술

정광수 · 김현승 편저

과학문화연구센터

Science Culture Research Center

KSI 한국학술정보[주]

# 서 문

과학문화연구센터는 지난 10년 동안 중점 연구과제를 통해 한국의 과학문화의 이론적 토대와 실천적 기반을 형성해왔다. 특히 서부권 과학문화연구센터는 과학기술과 사회문화에 대한 현실적 문제점을 분석하고, 과학문화에 대한 새로운 담론을 계속적으로 마련했다. 2000년도부터 2006년까지는 "인간복제에 관한 생명공학 · 윤리 · 사회학적 연구", "통일시대의 과학기술 또는 과학기술자 분석", "한국에서의 과학기술의 대중적 이해", "첨단정보기술의 윤리적 · 역사적 · 문화적 함의" 등의 과학문화에 대한 과학기술의 철학, 역사, 윤리, 사회문화적 분석을 주로 연구했다. 이러한 연구들은 2000년대 초반 비교적 생소했던 과학문화를 한국사회에 인식시킬 수 있었다.

2007년도부터 2009년도까지는 "과학기술과 새로운 문화의 상호작용"이라는 주제로 과학기술과 문화예술 사이의 상호관계를 심층적으로 분석했다. 서부권 과학문화연구센터의 과학기술과 문화예술에 대한 연구 이후 한국사회에서 이 두 관계를 분석하려는 시도들이 점차 늘어나기도 했으며, 현재까지 이것과 관련한 과학문화에 대한 새로운 담론과 주제들이 계속적으로 양산되었다. 본 연구서는 서부권 과학문화연구센터가 최근 3년 동안 이루어낸 과학기술과 문화예술에 대한 이론적 검토, 시각문화예술, 디지털매체기술이라는 단계적인 연구 성과를 모은 것이다.

현대사회는 과학기술사회라고 규정할 수 있을 정도로 과학기술이 사회문화의 모든 분야에 영향을 끼치고 있다. 이러한 상황은 문화예술 영역도 예외는 아니다. 문화예술은 첨단과학기술이 직접적인 영향을 미치는 분야이기도 하며, 현실적으로 가시화할 수 있는 영역이기도 하다. 과학기술과 문화예술은 밀접한 관계 속에서 서로 상호소통을 하며, 이 과정에서 과학대중화와 과학문화의 외연이 넓혀지게 되었다. 그래서 과학기술과 예술문화의 관계를 정확히 분석하는 일은 현재의 과학문화를 진단하는 데 중요한 사례연구가 될 수 있으며, 이것을 통해 과학문화 발전을 위한 이론적 토대와 실천적 기반을 새롭게 정립할 수 있다. 나아가 향후 한국의 특수성에 맞는 과학문화의 방향성을 정립하는 데 큰 기여를 할 수 있다.

본 연구서에서 다루는 "과학기술과 문화예술"이라는 주제는 과학사, 과학철학, 과학기술학, 문화학, 미학 등의 전문 연구자들이 다학문적 접근을 통해 과학기술과 예술문화의 이질적인 두 영역이 어떻게 상호작용하는지 다음의 세 가지 방향에서 분석했다. 첫째, 과학기술과 문화예술이 서로 어떠한 이론적 배경을 가지고 있으며, 어떤 공통점과 차이점이 있는지 이론적 측면을 분석했다. 둘째, 시각문화예술을 중심으로 과학기술과 문화예술이 상호작용하는 방식을 구체적으로 살펴보았다. 셋째, 과학기술을 활용한 디지털매체기술이 문화예술 넓게는 현대 과학기술사회 전반에서 어떻게 활용되는지 건축, 컴퓨터, 음악 등을 통해 분석했다. 이러한 시도를 통해 어떻게 문화예술의 담론, 시각문화예술, 디지털매체기술 등이 과학기술을 수용하고 실천하는지 이론적 근거를 살펴볼 수 있을 것이다. 또한 학교교육에 치중된 과학기술을 주위에서 친근하게 접하는 영화, 건축, 음악, 다양한 매체들을 통해 쉽게 이해할 수 있는 실천적인 근거들을 볼 수 있을 것이다. 이렇게 본 연구들은 과학문화의 대중화를 이끌어낼 수 있는 단초를 제공하며, 과학문화의 학문적 통합 또는 융합을 이끌어낼 수 있다. 본 연구서를 통해 과학기술과 문화예술은 두 문화로 인식되는 단절이 아니라 통합된 하나의 문화이며, 이것이 바로 과학문화라는 것을 알 수 있을 것이다.

정광수(통합및서부권 과학문화연구센터장)

# 차 례

# 1. 이론적 검토

# 과학과 예술의 공약 가능성과 한계*

**정광수**
전북대학교

## Ⅰ. 들어가는 말

과학사와 예술사를 둘러볼 때 가끔 과학과 예술이 조우하고 있지만 각각은 서로 독립적으로 상호 필요성을 느끼지 않으면서 잘 진행되어가고 있다는 것이 일반적인 믿음이다. 그렇지만 컴퓨터 관련 첨단 정보기술, 산업 디자인 등의 발달에 힘입은 미디어 예술, 공상과학영화, 판타지, 광고, 전자음악, 첨단건축, 과학 동시, 과학 연극 등의 새로운 문화를 비교적 쉽게 향유할 수 있는 작금에 과학과 예술 서로에 대한 이해 필요성이 증진하고 있음도 부정할 수 없다.

한편, 어렵고 친밀감이 덜한 이미지를 갖고 있는 과학에 대한 호기심 유발의 수단으로 우리에게 보다 더 친숙한 예술 장르—물론 과학 내용을 담고 있는—의 활용은 효과적일 것으로 판단된다. 특히 직접적인 과학교육 현장에서 멀리 떨어져 삶을 영유하는 성인들에게 과학에 대한 관심과 과학적 마인드, 생활태도 등을 증진시키는 데에도 예술 장르를 통한 과학지식, 정보 보급이 한층 더 수월성을 지닐 것으로 생각된다.

이러한 맥락에서 과학 특히 자연과학과 예술의 상호 이해의 방법으로 과

---

* 이 논문은 2009년 과학문화연구센터의 지원에 의해 연구되었으며, 『과학철학』 12-2(2009년)에 발표되었음.

학과 예술이 어떤 점에서 공약가능한가, 다시 말해서 비교가능한가 즉 어떤 공통적인 특징을 지니는가를 본 논문에서 분석코자 한다. 먼저, 2장에서 과학적 방법의 하나인 '가설의 방법'과 관련지어 과학자가 가설을 발명할 때 '상상력'과 '창의적 사고'가 밀접하게 관계하고 있다는 사실을 밝힐 것이다. 이어지는 3장에서는 예술 행위에 있어 '상상력'과 '창조적 사고'의 역할에 대해서 자세히 음미할 것이다. 그리고 2, 3장에서의 분석을 토대로 과학과 예술의 공약가능성을 4장에서 주장할 것이다.

'상상력'과 '창조성' 등과 같은 특질을 토대로 과학과 예술이 공약가능하다고 할지라도 과학과 예술 각각이 갖는 그 특질의 대조적 측면들이 무엇인가를 밝혀봄으로써, 그리고 더 나아가 과학과 예술 행위의 지향 가치 그리고 각각의 결과물이 갖는 대조적 측면을 분석함으로써 과학과 예술이 갖는 그 공약가능성의 한계를 5장에서 살펴볼 것이다.

## II. 과학의 '상상력'과 '창의성'

'과학(科學)'이라는 말은 메이지 초기 일본에서 영어의 'science'에 대한 번역어로 등장하였고, 우리나라와 중국에서도 사용하고 있다. 그렇다면 'science'란 무엇을 의미하는가? 먼저 그것의 어원을 살펴보면, 라틴어의 'scientia' 즉 '알 수 있는(sciens)'의 추상명사에서 유래하고 있으며, 이 점에서 그리스어의 '知(sophia)'에 바탕을 둔 '철학(philosophia)'과 깊은 관계 속에 있다.

'science'의 어원이 앎 즉 지식(knowledge)과 연관되어 있다는 사실로부터 '과학'에 대한 일반적 정의 '과학이란 지식들의 체계'를 이해할 수 있겠다. 여기서 지식이란 몇몇 특징을 갖는 신념(belief)이다.[1] 그리고 신념이란 무엇이 어떠하다는 것에 대한 믿음의 상태이고, 신념의 내용 즉 무엇이 어떠하다는

---

1) 지식에는 또 다른 종류 '무엇을 할 줄 아는 것'도 있다. 예를 들어, 컴퓨터를 다룰 줄 알고, 영어 회화를 할 줄 알고, 정치를 할 줄 알고, 수술을 할 줄 알고, 장사를 할 줄 알고, 요리를 가르칠 줄 알고, 바이올린을 켤 줄 알고, 탱고를 출 줄 알고, 빵을 만들 줄 알고 등등. 이러한 종류의 지식은 오늘날의 신지식과 더욱 밀접한 관계가 있다.

것을 명제(proposition)라고 한다. 어떤 사람 S가 '5 더하기 7은 12다' 또는 '지구는 둥글다'고 믿을 때 그 신념들의 내용 '5 더하기 7은 12다'는 것 또는 '지구는 둥글다'는 것이 명제들이다. S의 신념들이란 명제들에 대한 믿음의 상태들이다.

어떤 신념이 지식이 되려면, 우선 먼저 그 신념의 내용 즉 명제가 옳아야 한다. 지식의 이 조건을 명제의 '진리성(truth) 조건'이라고 부른다. 그런데 어떤 신념의 내용이 옳기만 하면 그 신념은 지식인가? 어떤 고대인 A가 우연히 '지구가 둥글다'는 신념을 가졌었다고 가정해 보자. 우리는 "A가 지구가 둥글다는 것을 알고 있었다"고 말하지 않는다. 왜냐하면, A가 그의 신념의 내용 즉 '지구가 둥글다'는 것이 옳다는 것에 대한 훌륭한 증거를 가지고 있지 않았기 때문이다. 다시 말해서 A의 신념이 지식이 되기 위해서는 그의 신념이 훌륭한 증거에 의해서 정당화되어야만 한다. 지식의 이 조건을 '정당화(justification) 조건' 또는 '증거(evidence) 조건'이라고 부른다.

결론적으로 지식이란 (최소한) 정당화된 옳은 신념이다.[2] 그리고 신념이란 믿음의 상태 즉 주관적인 것이므로 "과학이 지식들의 체계이다"라는 정의는 '과학'에 대한 주관적 정의라고 할 수 있다. 그러나 더욱 일반적으로, 과학이 정당화된 옳은 신념들의 체계를 의미한다기보다는 오히려 그러한 신념들의 내용들의 체계를 의미한다. 즉 '과학'에 대한 객관적 정의 "정당화된 옳은(또는 옳음 직한) 명제들의 체계"[3]가 더욱 일반적으로 사용되고 있다. 그리고 옳은 명제를 우리는 진리(truth)라고 부른다. 우리가 "지구는 둥글다"는 명제가 '옳다'고 말할 때, 이 명제의 '옳음'은 이 명제가 이 세상에 존재하는 지구가 둥글다는 사실(fact)과 대응(correspondence)함을 의미한다.

한편, '5 더하기 7은 12다'는 명제가 '옳다'고 말할 때, 우리는 이 명제에 대응하는 사실 즉 물리적 사태가 이 세상에 존재한다는 것을 의미하는 것이 아

---

2) 여기서 필자가 '(최소한)'을 첨가한 이유는 '진리성 조건'과 '정당화 조건'을 만족하고 있는 신념 중에 지식이라고 받아들이기에 어려운 즉 '지식'에 대한 앞의 정의에 반대 사례 있음을 지적한 유명한 '게티어 문제'가 있고, 앞의 정의에 새로운 조건이 덧붙여질 가능성이 열려 있기 때문이다.

3) 과학 교과서의 진술들은 옳음이 정당화된 진술도 있지만 귀납적 방법(일반화의 방법 또는 입증된)에 의해서 옳음 직함이 정당화된 진술도 있다.

니라, 이 명제가 산술학 체계와 정합(coherence)한다. 즉 산술학의 기초를 이루는 기초개념, 공리, 규칙들로부터 이끌어내진다는 것을 의미한다.

그런데 일반적으로 현재는 '과학'이란 여러 학문 영역[4] 중에서 '자연과학'을 가리키는 것으로 사용되는 것이 보통이다. 자연과학이란 물리학, 화학, 생물학, 분자생물학, 지질학, 천문학 등과 같이 자연의 물리적, 화학적 그리고 생명 현상 등에 관한 진리 탐구를 목표로 삼는데, 자연과학의 명제들은 관찰 보고로부터 이 관찰명제를 설명하는 법칙 그리고 고도로 추상적인 이론까지를 포함한다. 그리고 지금부터 본 논문에서는 '과학'을 '자연과학'에 한정지어 사용할 것이다.

과학은 자연에 관한 성과 있는 이해를 위하여 '과학적 방법'－'관찰과 실험', 설명 및 예측에 필요한 법칙을 얻는 '일반화의 방법', '가설의 방법'－을 사용하고 있다. 여기서 본 논문의 논의에 직접 필요한 '가설의 방법'을 자세히 살펴보자:

> 우리는 때때로 어떤 예기치 못한 사건에 부닥쳐 "왜 그런 사건이 일어났는가?"라는 의심을 갖는다. 그러면 우리는 그 설명되어야 할 사실에 대한 시험적 설명을 제안하게 되는데, 이때 우리는 '가설'(hypothesis)[을] … 갖게 된다. 그런데 이 가설이 우리의 의심을 충분히 해소시킬 만큼 만족스러운 설명을 제공한다면 우리는 그 가설을 받아들인다. [이어서 그 가설을 다음과 같이 테스트하는데,] … 그 가설을 토대로 새로운 예측들을 해 본다. 예를 들어, 아인슈타인의 상대성가설로부터 "빛이 태양 근처를 지날 때 … 굽을 것이다"라는 예측 [즉 시험명제]가 만들어졌었다. 몇 년 뒤에 영국의 천문학자들이 개기일식을 관찰했고, 그것들의 빛이 태양 근처를 지날 때 굽어야만 보일 수 있는 별들이 담긴 사진을 촬영함에 의해서 즉 앞의 예측이 옳다는 것이 밝혀짐에 의해서 상대성가설의 입증의 정도가 강해졌다. 어떤 가설에 대해서 반증 사례들을 발견하지 못하고 다양한 입증 사례들을 발견하게 될 때, [예를 들어, 상대성**가설**은 상대성**이론**이 된다.][5]

4) '과학' 즉 '학문'이 여러 기준에 따라 어떻게 분류되는가에 대한 자세한 설명은 정광수 외 (2001, 21-23쪽)의 I부 4장 '과학[학문]의 분류'를 참조할 것.

5) 정광수 외 (2001), 19-20쪽.

과학에 있어 가설은 "관찰된 자료로부터 **끌어내는** 게 아니라 관찰된 자료를 설명하기 위해 **발명되는** 것이다."[6] 가설이 만들어지는 과정의 초기 단계에는 '상상력'이 중요한 역할을 한다. '상상(imagination)'이란 외부의 자극 없이 의식 내부에서 일어나는 '직관' 즉 '통찰'이며,[7] 감정까지도 관여하기 때문에 이성에 의한 사고 작용과 구별된다. 여러 과학자들이 과학 연구의 과정에서 상상의 중요성을 강조했었다. 뉴턴은 "사과가 떨어지는 것을 보고 중력의 존재를 생각해낸 것은 능동적인 상상력의 힘이었다"고 하였고, 달튼은 "구상적 상상력으로 원자론을 구상하였다"고 말하였다.

가설이 발명되는 방식이 체계적 추리 과정과 아주 다르다는 점은 화학자 케쿨레의 다음과 같은 이야기에서 잘 드러나고 있다:

> [케쿨레]는 오랜 세월 동안 벤젠 분자의 구조식을 연구했으나 성공하지 못하다가, 1865년 어느 날 저녁에 난롯가에서 졸다가 이 문제에 대한 해답을 찾았다고 한다. 난로의 불꽃을 지긋이 바라보고 있는 그의 눈에 원자들이 뱀처럼 열을 지어 춤추는 모습이 보이는 듯했다. 갑자기 그 뱀들 가운데 한 마리가 제 꼬리를 물고 고리 모양이 되어 조롱이나 하듯이 빙빙 돌았다. 그 순간 케쿨레는 깨달았다. 지금은 누구나 잘 알 정도로 유명해진 육각형의 고리로 벤젠의 분자 구조를 나타낸다는 생각이 케쿨레의 머리를 쳤던 것이다. 그는 그날 밤을 새워 이 가설에서 나오는 결론들을 확인하는 작업을 하였다.[8]

한편, 케쿨레가 오랜 세월 동안 벤젠 분자의 구조식을 연구했으나 성공하지 못한 이유 중의 하나는 그때까지 분자의 구조식을 나타내는 방식이 선형이었기 때문일 것이다. 분자 구조식을 나타내는 방식이 '육각형의 고리'인 것

---

6) Hempel(1966); 여기서는 곽강제(1996), 40쪽.

7) 심리학자 박창호의 설명에 따르면, "'직관(intution)'은 … C. G. Jung의 관점에서 마음의 기능 중 한 가지를 나타내기 위해 사용. … 현상의 복합적인 국면에 내재하는 줄기(핵심)를 분석적인 사유 없이 파악하는 능력. … 인지심리학에서 쓰는 '통찰'이란 개념이 유사한데, 통찰은 해결이 잘되지 않는 문제가 불현듯 해답이 얻어지는 경험. … 그러나, 통찰의 심리과정이나 원인은 불명확. … 한 가지 가설은, 해결되지 않던 문제의 표상(정신모형)이 변화되면서, 해답으로의 접근이 용이하게끔 문제의 해석이 바뀌기 때문이라는 것. …"

8) Findly(1948), p. 37; Beveridge(1957), p. 56; 여기서는 Hempel(1966) 곽강제(1996) 40-41쪽에 인용되어 있는 것을 재인용하였음.

을 통찰해내는 데에는 커다란 '창의성' – "어떤 표현 욕구를 만족시키는 새로운 아이디어를 개발하는 것"[9] 이 필요했을 것이다. 일반적으로 헴펠에 의하면, 발명된 가설이 – "상대성[가설]과 양자[가설]이 그랬던 것처럼 – 그 당시의 과학적 사고방식과 근본적으로 다른 것인 경우에는 특히 그렇다."[10]

지금까지 살펴본 바와 같이 과학적 절차, 특히 '가설의 발명'에 비추어볼 때, '상상력'과 '창의성'이 과학 행위에 있어 얼마나 중요한가, 과학의 진보에 얼마나 필수적 요소인가를 알 수 있겠다. 특히 '상상력'이 의식 내부에서 일어나는 통찰력이라는 점과 '창의성'이 '독창적' 특징을 수반한다는 점으로부터 과학 행위에 있어 '주관적'이고 '개인적' 요소의 중요성을 인식할 수 있겠다. 그렇지만, 과학의 가설이 아무리 자유스럽게 발명되어 제안되었다 할지라도 앞의 '가설의 방법'에 대한 설명의 후반부에서 알 수 있듯이, 그 가설로부터 끌어낸 적절한 시험명제가 관찰이나 실험을 포함하는 비판적 테스트를 통과했을 때에만 과학 지식의 체계 속에 이론으로서 받아들여질 수 있다는 원칙으로부터 과학의 '객관성(objectivity 또는 intersubjectivity)'이 유지되고 있는 것이다.

## Ⅲ. 예술의 '상상력'과 '창조성'

고대·중세에는 '예술(art)'이라는 개념과 '솜씨(craft)'라는 개념이 오늘날처럼 뚜렷한 구분이 있지 않았기 때문에, 근·현대 이전에는 예술가란 화가, 조각가, 건축가, 작곡가, 연주자, 무용가, 시인, 소설가, 연극인뿐만이 아니라 모든 기술자와 장인을 포함했었다. 그렇지만 18세기에 프랑스 백과사전파에 의해서 기술자와 장인이 '순수'예술가로부터 분리되면서 오늘날의 '예술' 개념이 자리 잡게 되었다.

---

9) lalala.kangnung.ac.kr/professor/file/BORD/QFD/200611/7%CO%E... Value Engineering 제7장 창조성(Creativity)에 실려 있는 "창조성"(Creativity)의 정의를 인용하였음; 필자의 생각에 현 맥락에서는 "창의성"이 더 적절하다고 판단됨.

10) Hempel(1966) 곽강제(1996), 40쪽.

현대적 의미의 '예술'은 회화, 조각, 건축, 서예 등의 공간적이고 시각적인 예술, 음악과 같은 시간적이고 청각적인 예술, 시·소설 등의 문자예술, 무용·연극 등의 공연예술 그리고 영화 등의 종합예술을 포함한다. 그리고 사진·미디어 예술·컴퓨터 예술과 같은 새로운 장르가 덧붙여지고 있다.

예술이란 '미' 즉 '아름다움'을 추구하는 행위이다. 플라톤, 아리스토텔레스, 아퀴나스에 따르면, 예술은 보편적인 것을 개별적인 것을 통하여 나타낸다. 아름다운 그림이나 음악과 같은 예술 작품은 보편적인 미적 형상(form)을 구체화시켜 표현한 것이다. 아퀴나스에 의하면, 아름다운 대상들이 공유하는 세 가지의 형식적인 속성들이 있다; "(1) 인테그리타스(integritas)-(전체적인) 통일성, (2) 콘소난티아(consonantia)-조화, 균형, (각 부분들의) 질서, (3) 클라리타스(claritas)-명석성, 밝음, 광휘."[11] 그리고 제임스 조이스는 광휘를 다음과 같이 설명한다:

> 그[아퀴나스]가 말하는 광휘란 … 퀴디타스(quidditas), 즉 사물의 '본질(whatness)'이다. 이 지상의 성질은 예술가가 상상력을 통해서 미적 영상을 인지한 순간에 느껴진다. … 미의 지극한 성질 즉 미적 영상의 밝은 광휘가, 그 전체성에 사로잡히고 그 조화에 매혹된 인간의 마음에 의해서 명석하게 감지된 순간은, 미적 쾌감으로 빛나는 고요한 정지의 상태이다.[12]

한편, 예술이 감정의 표현이나 전달과 관련을 맺고 있다는 생각은 톨스토이의 다음 말에서 잘 드러나고 있다: "어떤 사람이 한때 경험했던 감정을 스스로의 내부에서 불러일으키고, 일단 불러일으켜진 이 감정을 동작들, 선들, 색깔들, 음들, 언어로 표현된 상태들을 통하여 타인들이 같은 감정을 경험하도록 전달하는 것 - 이것이 예술 활동이다."[13] 그렇지만 수잔느 랭거는 예

---

11) Aquinas, pt. I, q. 39, art. 8; 여기서는 Brennan(1966) 곽강제(1977) 402쪽에 인용되어 있는 것을 재인용하였음.

12) James Joyce(1928), p. 250; 여기서는 Brennan(1966) 곽강제(1977) 403쪽에 인용되어 있는 것을 재인용하였음.

13) Tolstoy, Maude trans.(1931) p. 123; 여기서는 Brennan(1966) 곽강제(1977) 408쪽에 인용되어 있는 것을 재인용하였음.

술이 무엇을 표현하고 있는가를 그녀의 미학 연구서 『감정과 형상*Feeling and Form*』에서 다음과 같이 설명한다:

> 예술이 표현하는 것은 실제의 감정이 아니라, 감정에 관한 관념들이다. 이것은 마치 언어가 실재의 사물들이나 사건들이 아니라, 그것들에 관한 관념들을 표현하는 것과 같다. … 예술은 감정들이 아니라 감정들에 관한 지식들을 표현한다. … 예술은 인간의 감정에 대한 상징적인 형상의 창조이다.[14]

한편, 20세기 초 저명한 예술철학자의 한 사람인 크로체에 의하면, "예술은 통찰 또는 직관이다. 예술가는 심상[image] …을 만들어낸다; 그리고 예술을 감상하는 사람들은 예술가가 지시한 방향으로 눈길을 돌려, 그가 만들어준 구멍을 통해서 들여다보고, 자신들의 내부에 이 심상을 재생시킨다."[15]

여기서 '직관' 즉 '통찰'은 내적 감정으로부터 유발되는 '상상적'이고 비개념적인 인식이다. 예술가의 직관, 통찰 즉 상상력은 이미지를 통하여 그 자신의 아름다움을 표현한다. 그리고 이 이미지는 선, 색깔, 음, 동작, 언어 등을 통하여 형상화된다.[16] 결론적으로, 예술행위란 물질적이든 정신적이든 이 세상에 존재하는 아름다운 대상들—앞에서 언급된 세 가지의 형식적인 특징들을 지니고 있는 대상들—에 대한 직관적(감정까지도 관여할 수 있는) 즉 통찰적, 상상적 인식으로 얻은 이미지를, 여러 매체들을 수단으로, 선, 색깔, 음, 동작, 언어 등을 통하여 형상화하는 것이다. 그리고 이렇게 형상화된 결과는 아

14) Susanne Langer(1953), pp. 38-39; 여기서는 Brennan(1966) 곽강제(1977) 410쪽에 인용되어 있는 것을 재인용하였음.

15) Croce, Carritt trans., p. 233; 여기서는 Brennan(1966) 곽강제(1977) 413쪽에 인용되어 있는 것을 재인용하였음.

16) 물론 철학적 관념주의자—존재하는 모든 것은 정신적이고 물리적인 것은 존재하지 않는다고 주장하는 사람—인 크로체는 이렇게 형상화된 아름다운 그림, 음악, 무용, 시 등의 예술 작품의 (물리적인 성격의) 실재성을 부정할지도 모른다. 실제로, Brennan에 따르면(곽강제(1977) 412쪽 참조), 크로체는 한 예술 작품이 어떠한 형식적인 성질들도—예를 들어, 앞에서 살펴본 아퀴나스가 주장한 아름다운 대상이 공유하는 세 가지의 형식적인 속성들—지니지 않는다고 주장했다. 그렇지만, 물리적 존재와 정신적 존재 두 가지를 인정하는 실재론자인 필자는 아름다운 대상의 물리적 실재성을 믿고 그 대상이 공유하는 형식적인 속성들도 있다고 생각한다. 왜냐하면 이러한 속성들 없이 우리가 어떻게 아름다운 예술 작품 또는 이미지를 아름답지 않은 것들로부터 구별할 수 있을까?

름다운 예술 작품이 되고 그것을 또는 그것에 대한 감상자는 자신들의 내부에 예술가의 이미지와 같거나 비슷한 또는 다른 이미지를 만들어낸다.

한편, 예술 작업의 본질적 특징 중의 하나는 '창조성'—"어떤 표현 욕구를 만족시키는 새로운 아이디어를 개발하는 것"[17)]—이다. 미술이론가 강태희는 다음과 같이 주장한다:

> '발견'이란 대개 우리 눈의 습관에 가려 보이지 않던 것이 보이게 되는 것을 뜻한다. 이것은 우리들에게 익숙한 사물이나 사건을 새롭고, 이상하며, 또 계시적인 빛으로 바라보게 만드는 미술가들의 발견에도 똑같이 적용된다. 뉴턴의 사과와 세잔의 사과는 … 발견이다.[18)]

우리는 대개 일상적 삶에서 사물이나 사건을 습관적으로 바라보면서 산다. 그렇지만 예술가(또는 과학자)는 그러한 사물이나 사건을 우리의 습관과는 달리 즉 새롭게 바라봄으로써 (또는 관찰함으로써) 그것들이 가지고 있었지만 습관적 바라봄에는 보이지 않던 것을 발견하게 된다는 것이다. 그리고 회화의 경우에 구상화보다는 피카소와 같은 추상화가의 그림에서 이 특징이 현저히 드러나고 있다.

한편, '영웅', '운명' 등의 부제가 붙은 베토벤의 교향곡들, 아름다운 비유 넘치는 서정시들, 톨스토이의 소설들, '대부', '올드 보이' 등의 영화를 접할 때 우리는 예술가들의 새로운 시각을 통한 발견들을 감지할 수 있다. 더욱이 공상과학영화, 판타지, 미디어 예술 등은 예술가들이 발견 또는 상상을 통하여 만들어낸 이미지를 보다 더 잘 표현하기 위하여 새로운 아이디어, 기술 등을 사용하고 있다. 한마디로 예술 행위는 사물이나 사건을 새롭게 보고, 이렇게 얻은 이미지를 잘 표현하기 위하여 새로운 아이디어를 개발하는 등의 '창조적' 절차를 필연적으로 수반한다. 이상에서 알 수 있듯이, 예술 특히 추상성이 강한 현대 예술, 최근의 새로운 예술에 비추어 볼 때, 아름다운 대상들에 대한 이미지 창출, 인식 과정에서 그리고 그 이미지를 형상화하는 과정에

---

17) 앞의 각주 9) 참조할 것.
18) 강태희(2006), 162쪽.

서 예술가의 직관, 통찰, '상상력'과 '창조성'은 필수적 요소들이다.

## IV. 과학과 예술의 공약가능성

과학과 예술 각각이 서로 독립적으로 상호 필요성을 느끼지 않으면서 잘 진행되어 가고 있다는 일반적 믿음 밑에는 과학과 예술에 대한 대조(contrast)적 관점 즉 과학은 지성적, 이성적 작업인 반면, 예술은 감성적 작업이라는 시각이 깔려 있다. 하지만 2, 3장에서 확인한 바와 같이 과학 행위는 **감정**까지도 관여하는 직관, 통찰 즉 '상상력'과 '창의성'을 필수적인 요소들로 가지고 있다. 그리고 예술 행위도 직관적, 통찰적 즉 '상상력'을 통한 **인식**과 '창조성'을 필수적 요소들로 갖는다.

과학과 예술 둘 다 '상상력'과 '창조성'을 공통적 특징들로 갖는다는 사실로부터 과학과 예술이 '비교(compare)가능'하다. 즉 '공약가능(commensurable)'하다는 것이 자연스럽게 이끌어진다고 생각한다. 미술이론가 강태희에 따르면, 과학철학자 넬슨 굿맨도 다음과 같이 비슷한 생각을 가지고 있었다:

> [굿맨은] … 과학은 지식이나 앎에 관계되는 인식 행위이고, 미술은 느낌이 관여하는 정서적 활동이라는 이분법적 발상을 비판한다. 그는 사람들이 인식적인 것과 감정적인 것을 엄격히 구분하면서 미학적인 경험에서 감정은 인식적으로 작용한다는 사실을 망각하는데, 사실 이들은 정확하게 구분되는 것이 아니라 서로 얽혀 있다는 점을 지적한다. 여기서 인식작용이라는 것은 언어적이거나 관념적인 것만이 아니라 상상 · 감각 · 지각 · 감정 같은 미학적 이해의 복합적인 과정을 포함한다. … 몬드리안…의 작품이 뉴턴이나 아인슈타인의 법칙보다 더 감정적이라고 할 수는 없는 것이다. 그는 또한 지각과 감정이 엄격히 구분되는 것이라 해도 상호보완적이며, 모든 감정은 감각과 마찬가지로 인지되어야 한다는 사실을 환기함으로써 감정이 인식작용에 포함된다는 점을 납득시킨다.[19]

---

19) 같은 책, 174-175쪽; Wolfgang Welsch도 그의 책 *Grenzgänge der Ästhetic*(1996)(심혜련(2005) 97쪽)에서 "넬슨 굿맨…은 예술적인 활동과 과학적인 활동 사이의 평행성을 지적했다"; "특히 굿맨은 심미적인 것이 지니고 있는 인식적인 차원을 명확히 했다"고 적고 있다;

## Ⅴ. 공약가능성의 한계

과학과 예술이 '상상력'과 '창의성'에 비추어 공약가능하다고 할지라도 과학의 '상상'과 예술의 '상상'은 전혀 차이가 없는 것일까, 아니면 어떤 점에서 차이를 가질 수밖에 없는 것일까? 과학과 예술 그리고 일상적 삶에서까지도 상상이 같은 '종류(kind)'의 것이라 할지라도, 다시 말해 질적으로는 차이가 없다손 치더라도, 과학과 예술 각각의 상상은 다음과 같은 점에서 차이를 지니고 있다.

첫째로, 과학의 상상과 예술의 상상은 '정도(degree)'의 측면에서, 다시 말해 양적인 점에서 차이가 있다. 예술가의 상상 폭이 과학자의 그것보다 넓다. 예술가는 과학자에 비해서 보다 더 자유롭게, 보다 더 제약 없이 상상력을 펼친다. 왜 그럴 수 있는가에 대한 이유로, 과학자의 상상은 '논리적 가능성(logical possibility)'[20]을 지닐—상상의 내용이 '모순(contradiction; 어떤 것이 A이면서 A-아닌-것이다)'을 함의하고 있지 않아야 함—뿐만이 아니라 '경험적 가능성(empirical possibility)'[21]을 지녀야—상상의 내용이 '자연법칙과 양립'할 수 있어야—하지만, 예술가의 상상은 논리적으로 가능하든 불가능하든 그리고 경험적으로 가능하든 불가능하든 상관없이 펼칠 수 있다는 점이다.

그 당시 과학적 사고방식과 근본적으로 다른 창의성과 뛰어난 상상력으로 발명된 상대성가설이라 할지라도, 그 체계는 모순을 함의하지 않음 즉 논리적 가능성을 지니고 있으며, 나중에 영국의 천문학자들이 개기일식 관찰을 통해 밝혀낸 '빛이 태양 옆을 지날 때에는 굽는다'는 자연법칙이 상대성가설로부터 이끌어낸 예측 즉 시험명제였다는 것 즉 상대성가설이 자연법칙과 양립할 수 있다는 것, 다시 말해 그 가설이 경험적 가능성을 지니고 있다는 것

---

더 자세한 것은 Nelson Goodman(1973) S. 265 f를 참조할 것. 한편, Root-Bernstein, Feyerabend 등은 보다 더 적극적으로 과학과 예술의 공약가능성을 주장하고 있는데, 필자는 다음 장에서 부분적으로 그들의 주장에 대하여 비판적 검토를 할 것이다.

20) '논리적 가능성'에 대한 보다 더 자세한 설명은 Hospers(1988) 이재훈 · 곽강제(1997) 290쪽 참조할 것.

21) '경험적 가능성'에 대한 보다 더 자세한 설명은 Hospers(1988) 이재훈 · 곽강제(1997) 290, 292쪽 참조할 것.

이 알려졌다.

물론, 우리가 논리적 가능성과 경험적 가능성을 지닌 많은 소설과 같은 예술 작품 속에서 예술가의 상상이 논리적 가능성과 경험적 가능성을 지니고 있음을 확인할 수 있다. 그렇지만, '시간여행'을 다룬 SF 소설 또는 SF 영화와 같은 훌륭한 예술 작품 속에서 예술가의 상상이 경험적으로 불가능하고 논리적으로 불가능한 영역까지 확장되어 있음을 호스퍼스의 다음과 같은 논의에서 확인할 수 있다:

> 대부분의 사람은 … [과거로의] 시간 여행은 … 경험적으로 불가능해서 … [SF] 소설가 웰스 이래로 작가들은 시간 여행에 관한 소설을 쓰고 … 시간 여행에 모순이 있다면 - 어떤 것이 A이면서 A-아닌-것이라고 인정되는 점이 있으면 - 시간 여행이 … 논리적으로 불가능하다. … 하지만 시간 여행에 모순이 정말로 있는가. … [시간 여행이 논리적으로 가능하다고 믿는] 내가 주장하는 것은 내가 문자 그대로 시간을 거슬러 올라갔으므로 그때는 20세기에 있는 것이 아니라 17세기로 돌아가 있다는 것이다. … 하지만 … 17세기…는 왔다가 이미 지나가버린 과거이다. … 17세기…는 당신이 없을 때 왔다가 지나갔다. 만일 당신이 17세기로 돌아가서 인디언들과 더불어 살 수 있다고 주장하면 모순에 부딪치지 않을까. 이 주장은 자기가 17세기에 살고 있지 않을 때 17세기가 지나갔다는 것과 자기가 17세기에 살고 있으면서 17세기에 일어난 여러 사건에 참여한다는 것을 둘 다 주장하고 있는 것 같다. 어떻게 이 주장들이 둘 다 옳을 수 있는가.[22]

둘째로, 과학자의 상상을 통해 창의적으로 발명된 가설은 '경험적 의미'를 지녀야 한다. 과학의 가설이 의의가 있으려면 그 가설로부터 "만일 시험조건 C가 갖추어지면 결과 E가 일어날 것이다"라는 형식의 시험명제를 끌어내는 일이 가능해야 한다; 그리고 꼭 시험조건 C가 가설 제안 당시 기술적으로 실현 가능해야 할 필요는 없지만, 원리적으로 가능해야 한다; 이때 그 가설은 경험적 의미를 갖는다. 앞에서 살펴본 바와 같이 상대성가설로부터 시험명제를 끌어내는 일이 가능했고, 상대성가설 제안 당시 적어도 원리적으로 시험

22) Hospers(1988) 이재훈 · 곽강제(1997), 295-297쪽.

이 가능했다. 그리고 케쿨레는 벤젠의 분자 구조를 육각형의 고리로 표현하는 가설이 떠올랐을 때 그날 밤을 새워 이 가설에서 나오는 결론 즉 시험명제들을 확인하는 작업을 하였다.

그렇지만 예술가의 창조적 상상력을 통해 만들어진, 예를 들어, 판타지와 같은 예술 작품 속에 등장하는 작가들의 생각이 반드시 '경험적 의미'를 지닐 필요는 없다. 그리고 훌륭한 판타지 작가가 자기 생각으로부터 원리적으로 시험이 가능한 명제를 이끌어내고 확인하는 일을 하지 않는다. 예술가의 상상은 과학자의 그것보다 훨씬 더 자유롭다.

셋째로, 과학자의 창의적 상상력을 통하여 발명된 가설은 '논리적 가능성'과 '경험적 가능성'을 지녀야 된다는 것과 '경험적 의미'를 지녀야 된다는 것으로부터 과학자의 창의적 상상은 '진리성(truth, 옳음)'을 지향하고 있다는 것이 이끌어내진다. '논리적 가능성'을 지녀야 한다는 것은, 앞에서 언급한 바와 같이 상상의 내용이 모순을 함의하지 않아야 함을 의미한다; 그런데 만일 모순을 함의하고 있다면 그 내용이 명백히 '그른(false)' 것이 되기 때문에, 모순을 함의하지 않아야 함은 '진리성'을 지향하고 있다는 것이다.

또한, '경험적 가능성'을 지녀야 한다는 것은 상상의 내용이 '자연법칙과 양립'할 수 있어야 된다는 것이다. 다시 말해서, 상상의 내용이 그때까지 '옳거나 옳음 직함'이 밝혀진 자연법칙들과 모순 없이 성립 가능하거나, 앞으로 옳거나 옳음 직함이 밝혀질 자연법칙들과 모순 없이 성립 가능해야 된다는 것이다. 그리고 옳거나 옳음 직한 자연법칙과 모순이 없어야 하는 과학의 상상은 당연히 '진리성'을 지향하고 있는 것이다.

한편, 과학자의 창의적 상상력으로 발명된 가설이 '경험적 의미'를 지녀야 된다는 것은, 앞에서 살펴본 바와 같이, 그 가설로부터 시험명제(test imperative)를 끌어내는 것이 가능해야 한다는 것이다. 그런데 시험명제를 끌어내고 확인하는 절차를 수행하는 이유는 그 가설의 '옳음 직함'을 귀납적으로 입증(confirmation)하기[23] 위한 것이다. 따라서 과학의 상상은 '진리성'을 지향해

23) 가설의 '입증'에 대한 기본적인 내용은 Hempel(1966) 곽강제(1996) 2장 2절과 3장 1절을 참조할 것; 과학 철학자들의 '입증'에 관한 여러 이론에 대한 본격적인 토의는 조인래 외

야만 한다.[24]

예술시와 작금의 여러 예술 행위에서 예술가의 창조적 상상력이, 과학의 상상이 지향하는 '진리성'을 추구하는 경우를 우리는 쉽게 만날 수 있다. 그리고 예술의 상상이 '진리성'을 추구하지 못할 이유도 전혀 없다고 생각된다. 하지만, 비록 어떤 예술가의 '진리성'을 추구하는 상상이라 할지라도 그것이 성공적인 예술의 상상이 되려면 아름다움 즉 '미'를 지향해야 될 것이다. 앞에서 살펴 본 '시간여행'을 다룬 훌륭한 예술 작품 즉 SF 소설 또는 영화와 관련된 예술가들의 창조적 상상력이 '미'를 지향하고 있지만 전혀 '진리성'을 지향하고 있지 않다는 것－상상의 내용이 모순을 함의하고 있고 자연법칙과 양립할 수 없다－을 우리는 이미 알았다. 필자 생각에, "'미'를 지향하는 것"

(1999) 1장을 참조할 것. 한편, '입 증'과 관련된 문제점들을 극복하고자 Popper는 '반증' 이론을 제공하지만 그 이론도 역시 문제점들을 가지고 있다('반증'과 문제점들에 대한 논의는 앞의 책 2장을 참조할 것); '입증'과 관련된 문제점 극복에 대한 노력과 해결 실마리를 '베이즈적 입증 이론'에서 엿볼 수 있다(더 자세한 것은 앞의 책 1장 7절 참조할 것).

24) 여기서 추상적인 과학'이론'에 대한 이른바 '반실재론자'－예를 들어, "과학이 이론 구성에 있어 그 자체로 옳은 이론을 구성하는 것을 목표로 삼을 필요가 없[고] … 과학이론은 그것이 관찰 가능한 것들에 관하여 이야기하는 바가 옳으면 된다. 즉 경험적 적합성(empirical adequacy)을 지니면 된다고 주장[하는]"(정광수 (1996, 291쪽)) van Fraassen－는 과학의 상상이 '진리성'을 지향해야만 한다는 주장에 반대할 것이다. van Fraassen과 같은 반실재론자에 따르면, Boyd 등과 같은 실재론자들은 '최선의 설명으로의 추리(the Inference to the Best Explanation)'－"만일 어떤 증거에 부닥쳐서 우리들이 경쟁가설보다 그 증거를 보다 잘 설명하는 가설을 발견한다면, 바로 그것을 바탕으로 우리들은 그 (최선의 설명) 가설이 (아닌 것보다 더) 옳을 것 같다고 추리해야만 한다는 것"(정광수(1999, 132쪽))－를 바탕으로 그들의 실재론을 정당화한다; 다시 말해, 실재론이 반실재론에 맞서 왜 성공적인 이론들이 현상들을 매우 잘 예측하고 조절하는가에 대한 최선의 설명이라는 것이다; 즉 "이론[의] … 도구적 신뢰 가능성에 대한 이론의 (근사) 진리성[이] … 갖는 설명력이 이론의 (근사) 진리성[에] … 대한 신념[즉 실재론의 정당화]의 충분한 근거라는 것이다."(앞의 논문, 131쪽) 그렇지만 van Fraassen 그리고 심지어 전자와 같은 '이론적 대상(theoretical entities)에 대한 실재론자'인 Hacking 등은 긴 시간 동안 설명력을 지녔던 플로지스톤 이론의 폐기 처분 등을 예로 들면서 설명력은 신념의 (충분한) 근거일 수 없다고 주장하면서 '최선의 설명으로의 추리'를 바탕으로 한 실재론의 정당화를 거부한다.(더 자세한 내용은 앞의 논문 3절(133-139쪽)을 참조할 것) 필자는 한 가설의 설명력이 그 가설의 (근사) 진리성에 대한 신념을 위해서 **충분한** 근거가 아니라는 점에는 van Fraassen에 동의하지만, 그 설명력은 그 가설의 (근사) 진리성에 대한 신념을 위해서 **약한** 근거는 될 것 같다고 생각한다; "많은 과학의 경우들에 있어서 초기에 설명력으로 이론적 이해를 주었던 가설이 뒤에 표준적인 [입]증 절차에 의해서 그 가설의 (근사) 진리성에 대한 충분히 근거 있는 신념이 확립된다; 이러한 상황에서 가설의 설명력이 그 가설의 (근사) 진리성에 대한 신념을 위해서 최소한 약한 근거는 될 수 있다는 것을 지식론적 승인 체계의 한 원리로 받아들여도 좋을 것 같다."(앞의 논문, 139쪽)

은 "예술 행위"의 '정의특성(defining characteristic)' 즉 "**필수 불가결한 특성**(없어서는 안 되는 특성—그 특성이 **없으면** 어떤 낱말을 문제의 대상에 적용할 수 없게 되는 특성"[25]이지만, "'진리성'을 지향하는 것"은 '정의특성'이 아니다.

간혹 우리가 예외를 만날 수 있지만, 일반적으로 과학의 상상은 '미'를 포기하더라도 '진리성'을 지향할 것이고, 예술의 상상은 '진리성'을 포기하더라도 '미'를 지향할 것이다. 루트 번스타인은 "미술과 과학에는 수많은 유형이 있어서 대문자 미술과 과학으로 비교할 수 있는 개념적인 것은 존재하지 않는다"[26]고 주장하지만, 필자는 미술과 과학에 수많은 유형이 있다는 것은 동의하지만 대문자 미술 또는 예술과 과학이 비교될 수 있는 개념적인 것은 존재한다고 생각한다. 각각이 본질적으로 지향하는 가치 즉 '미'와 '진리성'이 뚜렷한 차이를 보인다고 생각한다.

그렇지만, 벨슈에 따르면, "오늘날 많은 과학자들[이] 다음과 같은 문장—"어떤 것이 아름답지 않다면, 그것은 참된 것일 수 없다"—을 여전히 중요하게 여긴다."[27] 과학자들이 아름다운 대상들이 공유하는 형식적인 속성들 중의 하나인 '조화' 즉 자연계에 현존하는 '수학적 조화'가 우주의 '실재적'인 것이라는 '피타고라스 지침'[28]을 따른다는 것이다. 과학사를 살펴보면, 과학자들이 '피타고라스 지침'을 따라 자연법칙을 발견한 예들을 확인할 수 있다. 한 예로서 케플러의 천문학 연구를 살펴보자:

> 피타고라스의 지침은 … 케플러의 천문학 … 연구에 실질적인 이익을 산출하였다. … 케플러는 태양계에 있어서 수학적인 규칙성을 참을성 있게 탐구해 나가서, 마침내 … 혹성운동의 3법칙을 정식화하는 데 성공하였다. … (3) 임의의 2개 혹성의 공전주기의 제곱의 비…는 그것들의 태양으로부터의 평균 거리의 3제곱의 비에 비례한다. … 케플러의 '제3법칙'의 발견은 피타고라스의 원리의

---

25) Hospers(1988) 이재훈 · 곽강제(1997), 260쪽.
26) 강태희(2006), 172쪽.
27) Welsch(1996) 심혜련(2005), 100쪽 참조.
28) '피타고라스 지침'에 대한 더욱 자세한 내용은 Losee(1980) 최종덕 · 정병훈(1995) 2장(피타고라스의 지침) 가절(피타고라스의 자연관)을 참조할 것.

> 놀라운 적용이었다. 그는 혹성의 거리와 궤도 속도 사이에는 수학적 상관관계가 존재할 것이라고 확신하고 있었다. 그는 수많은 신술적인 관계의 가능성을 시험해본 후에 비로소 제3법칙을 발견하였다.[29]

그렇지만 실제 과학사의 여러 경우에서 '피타고라스 지침'의 한계를 확인할 수 있다. 한 예로서 '피타고라스 지침'을 따랐던 '보데의 법칙'이라 불리는 경우를 살펴보자:

> … 1772년에 요한 티티우스…는 피타고라스주의의 전통에 선 하나의 상관관계를 제시하였다. 그는 혹성의 태양으로부터의 거리와 3, 6, 12, 24…라는 기하급수의 "적절히 조정된" 항들과 상호 연관될 수 있다는 것에 주목하였다. 이렇게 지구의 경우를 10으로 하여 얻어진 수치는 관찰된 거리와 놀랄 만큼 일치하고 있다. 저명한 천문학자 요한 보데는 이 관계에 깊이 감명을 받았다. 그는 성공적인 들어맞음은 우연의 일치가 아니라는 피타고라스주의의 입장을 받아들였다. 그가 이 관계를 철저히 옹호하였기 때문에, 이 관계는 '보데의 법칙'으로서 알려지게 되었다. … 1781년, 윌리엄 허셜…이 토성의 바깥쪽에서 하나의 혹성을 발견하였다. 대륙의 천문학자들은 태양으로부터의 천왕성의 거리를 계산하여, 그 값이 보데의 법칙에 있어서의 토성의 다음 항(196)과 멋지게 일치한다는 것을 발견하였다. … 천왕성의 운동이 더욱 바깥쪽의 어떤 혹성의 영향을 받고 있는 사실이 분명해짐에 따라, … 르베리어는 이 새로운 혹성의 위치를 … 계산하였다. … 계산에 있어서의 하나의 재료는 새로운 혹성의 평균 거리가 보데의 법칙의 다음 항(388)에 의해서 주어질 것이라는 가정이었다. 해왕성은 갈레…에 의해서 발견되었지만 그 위치는 르베리어에 의해서 예측된 영역 안이었다. 그러나 그 혹성의 관측을 더욱 계속한 결과, 그 태양으로부터의 평균거리는 약 300…으로, 보데의 법칙과는 그다지 잘 들어맞지 않는 것이 분명해졌다. 해왕성을 포함하여, 보데의 법칙은 이미 성공적인 들어맞음이라는 기준을 더 이상 충족시키지 못하였다.[30]

'피타고라스 지침'이 입증되지 않는 상태에서 그것에 바탕을 두고 있는

---

29) Losee(1980) 최종덕 · 정병훈(1995), 68-70쪽.

30) 같은 책, 71-73쪽.

"어떤 것이 아름답지 않다면, 그것은 참된 것일 수 없다"라는 신념은 정당화될 수 없다.[31] 그래서 예술과 과학 각각이 지향하는 가치 '아름다움' 즉 '미'와 '진리성'이 뚜렷한 차이를 보인다는 (앞에서 언급한 필자의) 생각이 설득력을 갖는다고 필자는 주장한다.

그렇지만, 필자의 주장과는 달리, 파이어아벤트 등은 과학과 예술이 근본적으로 차이가 있다는 생각을 부정한다:

> 『예술로서 과학*Wissenschaft als Kunst*』에서 [파이어아벤트]는 "어느 과학에서든지 예술적인 방법이" 등장한다고 지적한다. 특히 "새롭고 놀랄 만한 발견이 이루어지는 경우"[32]에 그러하다. 파이어아벤트는 기본적으로 과학과 예술은 다르지 않다고 한다. 과학과 예술은 특정한 양식 체계 안에서 작동한다. 어떤 경우에는 예술적 양식 체계에 그리고 다른 경우에는 인식적 양식 체계 안에서 작동한다는 말이다. 파이어아벤트에 따르면 결국 과학도 "이러한 발전된 예술 이해라는 의미에서 예술"인 것이다.[33]

물론, 앞 4장에서 살펴본 것처럼, 과학과 예술이 '상상력'과 '창의성'을 공통적으로 갖는다는 것으로부터 과학과 예술이 공약가능하다는 점은 인정할 수 있다. 하지만 필자 생각에, 이제까지 살펴본 것처럼 과학과 예술의 '상상'과 '창의성'은 여러 점에서 차이를 지니고 있다는 것을 명백히 확인할 수 있다. 한편, 파이어아벤트의 주장은 '창의적' 작업은 원래 본질적으로 예술적 방법이라는 것을 함의하고 있는데, 왜 그러한가? 과학적 방법의 하나인 '가설의 방법'에 비추어 볼 때, 과학자의 가설 발명에는 '창의적 작업'이 필수적 요소라는 것은 이제 명백한 사실이다. 결론적으로, "기본적으로 과학과 예술은

---

31) 리오타르 같은 사상가들도 필자 생각에 동의할 것 같다. 왜냐하면, "리오타르는 역설과 모순이 등장하는 곳에서 비로소 조화가 이루어진다고 보았[기]"(Welsch(1996) 심혜련(2005) 100쪽; 굵은 글씨는 필자가 강조) 때문이다.

32) Feyerabend(1984), S. 8.

33) Welsch(1996) 심혜련(2005), 98쪽. Arthur Miller도 그의 책 *Insights of Genius(1996)* (김희봉(2001), 510쪽)에서 스토퍼드가 1994년에 캘리포니아 공대에서 한 연설의 내용 "오늘날 과학과 예술은 서로 닮은 것 이상이다. 언젠가 그것들은 같은 것이 될 것이다"를 인용하고 있다.

다르지 않다"는 그의 주장은 받아들이기 힘든 부주의한 것으로 판단된다.

한편, 반 프라센은 과학과 예술의 표상(representation)을 비교하면서 과학과 예술의 유사성을 주장한다.[34] 우선 먼저 그는 예술 특히 회화의 표상이 언뜻 보기에는 세상을 있는 그대로 그려내는(dictate) 것으로 이해되지만 실제로는 작가들의 해석(interpretation)이 필수적으로 관여하여 이루어진 결과라고 설명한다. 그래서 같은 대상에 대해서도 작가들의 여러 해석 차이 때문에 여러 다른 예술 작품들이 만들어질 수 있다는 것이다; 그리고 한 작품이 여러 가지로 해석도 가능하다. 마찬가지로 과학에 있어서도 세계에 대한 뉴턴 체계와 아인슈타인의 상대성 체계가 만들어질 수 있다는 것이다; 그리고 뉴턴 체계는 부분적으로 여러 가지 해석이 가능함을 지니고 있다. 반 프라센은 예술과 과학에 있어 해석의 다양성을 함의하는 그것들의 결과물이 갖는 이 특징을 그것의 "*개방성(openness)*"[35]이라고 말한다. 한편, 예술과 과학의 결과물이 갖는 해석들 중에 현저하게 두드러진 해석들이 긴장과 충돌을 지닐 때 그것이 "*애매성(ambiguity)*"[36]을 갖는다고 말한다.

그는 예술 작품이 갖는 개방성, 애매성, 모호성(vagueness) 등은 가치 있는 것으로 일반적 승인을 받는다고 주장하면서,[37] 그것들 특히 "애매성이 과학에서도 가치 있는 것으로 여겨질 수 있는가?"라는 질문을 던진다. 반 프라센의 대답은 긍정적이다. 빛에 관한 입자설, 파동설의 경우나 양자역학의 서로 다른 해석들이 보여주는 '애매성'(즉 '개방성'을 함의하는)을 과학에서 실제로 발견할 수 있을 뿐만 아니라, 개방성은 아직 예상치 못했거나 심지어 상상치 못했던 새로운 현상에 대한 반응가능성의 길을 열어주고 있으며 애매성이 함의하는 긴장은 과학의 창의적 발전에 도움이 된다.[38]

---

34) van Fraassen & Sigman(1993), pp. 80-84.

35) 같은 책, p. 84.

36) 같은 곳.

37) 2009년 5월 6일 오후 전북대학교 예술문화연구소 초청 특강(제목: 전주국제영화제기간 "영화이야기")에서 동국대학교 영상대학원 정재형 교수는 예술 영화의 직설적 표현이 아닌 '은유성' 등을 이야기하면서 영화의 예술성에 스며들어 있는 개방성, 애매성, 모호성 등의 특질을 설명하였다.

38) 같은 책, p. 93.

그렇지만, 예술과 과학의 표상물 둘 다가 공통적으로 갖고 있는 개방성과 애매성 들이 예술과 과학의 공약가능성을 발견할 수 있는 창의성 진작에 직접적으로 연결되어 있다는 것이 사실이지만, 앞에서 살펴본 바와 같이 예술의 창의적 상상과 과학의 창의적 상상은 본질적으로 여러 가지 점에서 차이를 발견할 수 있다는 것도 명백한 사실이다. 그래서 과학과 예술의 유사성을 너무 지나치게 주장하는 것에는 주의가 필요하다고 필자는 생각한다.

## VI. 나오는 말

지금까지 과학과 예술의 '상상력'과 '창의성'을 바탕으로 그 둘의 공약가능성을 깊이 있게 살펴보았고, 그 둘의 '창의적 상상'이 여러 측면에서 차이점을 지닐 수 있다는 것과 그 둘 각각의 지향가치와 결과물이 갖는 대조적 측면을 밝혀보았다. 오늘날, 포스트모던의 화두 중의 하나인 융합, 통섭은 과학과 예술에도 적용되어 과학과 예술의 협동, 융합, 통섭 작업이 여러 분야에서 시도되고 있다. 그러한 시도가 의미 있는 성과를 거두는 데 본 논문이 조금이라도 도움이 되기를 희망해본다.

# 참고 문헌

강태희(2006), 「미술과 과학은 영원한 평행선인가」, 『철학, 예술을 읽다』, 서울: 동녘, 162-184쪽.

강태희 외(2002), 『미술 · 진리 · 과학』, 서울: 재원.

김대곤, 『형상적 사진 Representational Photography』, 전주: Shina Press.

_____. (1996), 「사진예술에 있어 과학적 Image의 통합 - 김대곤의 사진전 「암병동」에 관한 작품론」, 석사학위 논문(홍익대학교 산업미술대학원)

성현주(2005), 『과학동시』, 서울: 두산동아.

원광연 외(2004), 『ten years after 과학+예술 - 10년 후』, 서울: 다빈치.

이강원(2007), 『제5회 이강원 展 物性의 의미 - 돌 · 쇠』, 모던칼라기획.

정광수(1996), 「과학철학의 의미와 역사」, 『범한철학』 13집: 251-99.

_____.(1999), 「과학적 실재론의 전통적 정당화에 대한 비판」, 『언어 · 표상 · 세계』, 서울: 철학과현실사, 124-143쪽.

정광수 외(2001), 『과학학 개론』, 전주: 신아출판사.

조인래 외(1999), 『현대 과학철학의 문제들』, 서울: 아르케.

lalala.kangnung.ac.kr/professor/file/BORD/QFD/200611/7%CO%E., 「Value Engineering」, 제7장 창조성(Creativity)

Aquinas, T., *Summa Theologica*, Pt. I, q. 39, art. 8.

Beveridge, W. I. B.(1957), *The Art of Scientific Investigation*, 3rd. ed., London: William Heinmann, Ltd.

Brennan, J. G.(1966), *The Meaning of Philosophy*, 2nd. ed., Evanston, New York: Harper & Row, (곽강제 역(1977), 『철학의 의미』, 학문사(서울))

Castel B. & S. Sismondo(2003), *The Art of Science*, Canada: Broadview Press Inc., (이철우 역 (2006), 『과학은 예술이다』, 아카넷(서울))

Croce, B., A Breviary of Aesthetics, E. F. Carritt, trans., in Carritt, Philosophies of Beauty.

Feyerabend, P.(1984), *Wissenschaft als Kunst*, Frankfurt a. M.

__________.(1995), "Art As a Product of Nature As a Work of Art," in K. Gavroglu et al. (eds.), *Science, Mind and Art*, Dordrecht, Netherlands: Kluwer Academic Publishers.

Findly, A.(1948), *A Hundred Years of Chemistry*, 2nd. ed., London: Gerald Duckworth & Co.

Goodman, N.(1973), *Sprachen der Kunst*. Ein Ansatz zu einer Symboltheorie,

Frankfurt a. M.

Hempel, C. G.(1966), *Philosophy of Natural Science*, Englewood Cliffs, New Jersey: Prentice-Hall, Inc.,(곽강제 역(1996), 『자연과학철학』, 박영사(서울))

Hospers, J.(1988), *An Introduction to Philosophical Analysis*, 3rd. ed., Englewood Cliffs, New Jersey: Prentice-Hall, Inc.,(이재훈 · 곽강제 역(1997), 『철학적 분석 입문』, 담론사(서울))

Joyce, J.(1928), *Portrait of the Artist as a Young Man*, New York: Modern Library.

Langer, Susanne K.(1953), *Feeling and Form*, New York: Scribner.

Losee, J.(1980), *A Historical Introduction to the Philosophy of Science*, 2nd. ed., Oxford: Oxford University Press,(최종덕 · 정병훈 역(1995), 『과학철학의 역사』, 한겨레(서울))

Miller, Arthur I.(1996), *Insights of Genius*, New York: Springer-Verlag,(김희봉 역(2001), 『천재성의 비밀』, 사이언스북스(서울))

__________________,(2008), "Art, Science and Creative Imagination," in *Imagination is National Competitiveness*, 서울: 연세대학교 미디어아트 연구소, pp. 16-28.

Tolstoy, L.(1931), *What Is Art*? A. Maude, trans., London: Oxford University Press.

van Fraassen B. C.(1980), *The Scientific Image*, Oxford: Clarendon Press.

________________.(2000), "Paul Feyerabend, Conquest of Abundance: A Tale of Abstraction Versus the Richness of Being. Ed. Bert Terpstra. Chicago: University of Chiago Press, 1999," [Times Literary Supplement 5073: June 23, 2000, 10-11.]

van Fraassen and J. Sigman(1993), "Interpretation in Science and in Arts," in G. Levine (eds.) *Realism and Representation Essays on the Problem of Realism in Relation to Science*, Literature, and Culture, Madison, Wisconsin: The University of Wisconsin Press, pp. 73-99.

Welsch, W.(1996), *Grenzgänge der Ästhetik*, Stuttgart: Philipp Reclam jun Gmbh & Co.,(심혜련 역 (2005), 『미학의 경계를 넘어』, 향연(서울))

Zöllner F.(2007), *Léonard de Vinci*, Paris: Taschen.

# 기술 발전과 시각 체계의 상관관계에 관한 고찰: 벤야민(Benjamin)과 비릴리오(Virilio)를 중심으로*

**심혜련**

전북대학교

## Ⅰ. 들어가며

인간은 시각, 청각, 후각, 미각 그리고 촉각이라는 다섯 가지 지각 방식을 통하여 외부 세계를 경험한다. 그러나 인간이 가지고 있는 다섯 가지 지각은 늘 인간이 바라는 것만큼 완전하지 못하다. 완전하지 못할 뿐만 아니라, 그나마 지각한 내용을 온전히 보존하기도 힘들다. 그렇기 때문에 지금까지 인간의 감각을 과연 믿을 수 있는가에 대한 논의는 끊임없이 있어 왔다. 철학사적으로 보았을 때, 지각에 대한 경시는 오랜 역사를 가져왔다. 그럼에도 불구하고 현재에는 다양한 시도로 지각에 대한 재평가가 이루어지고 있다.[1] 사실, 믿을 수 있느냐 없느냐에 대한 치열한 논의들은 뒤집어보면 인간의 감각이 그만큼 중요하다는 사실을 반증하는 것이기도 하다. 일차적으로 인간은 감각을 통해 외부 세계를 지각하고 경험할 수밖에 없다. 그렇기 때문에 인간은 다

* 이 논문은 2006년 과학문화연구센터의 지원에 의해 연구되었고, 『시대와 철학』 제18권 1호 (2007, 한국철학사상연구회)에 발표되었음.

1) 특히 미학 영역에서 이러한 시도가 두드러지게 나타나고 있다. 이성과 지성을 중심으로 형성된 철학과 달리 미학은 애초부터 감성에 관한 학문이었다. 감성에 관한 학문이 역사적으로 전개되는 과정에서 오히려 감성을 무시하는 경향이 나타나며, 이로 인하여 미학은 예술에 대한 철학적 담론으로 변질되었다는 주장이 미학 영역에서 적극적으로 제기되고 있다. 그래서 감성을 중요시하는 미학자들은 '미학'이 아니라, '감성학'이라는 이름으로 미학을 일종의 '지각 이론'으로 재편하려고 한다. 이에 대한 자세한 논의에 대해서는 다음의 졸고를 참조하길 바람: 심혜련, 『사이버스페이스 시대의 미학』, 살림, 2006, 21-32쪽.

양한 방식으로 지각을 보충하고, 지각을 확장시키려고 노력하였으며, 이와 더불어 지각한 내용을 보존하려고 애써 왔다. 일찍이 프로이트(Freud)가 말했듯이 인간은 사진기라는 도구를 발명해서 덧없는 시각적 인상을 보존하려고 했으며, 또 보존하게 되었고, 그리고 축음기라는 도구를 통해 시간에 따라 흘러가는 청각적 인상을 보존하려고 끊임없이 노력했던 것이다.[2] 다시 말해서 인간은 자신의 지각 방식을 이전보다는 좀 더 정확히 하기 위해서 또 지각 내용이 가지는 순간성과 일시성을 지속적 기억으로 바꾸기 위해 끊임없이 노력했다. 그 노력은 물론 지금도 계속되고 있다.

이러한 인간의 욕구는 기술이 발전함에 따라 본격화되었다. 다양한 기술 발전은 인간에게 이전과는 다른 확장된 지각 체험을 가능하게 해주었으며, 또 다양한 방식으로 지각 내용을 보존할 수 있는 장치들을 마련해주었다. 이제 문제는 이러한 기술적 수단들을 인간이 단지 자신이 지각했던 인상들을 단순히 보존하기 위해서 사용하는 데 그치는 것이 아니라, 거의 대부분의 지각이 이러한 기술적 수단들에 의해 매개된 채 이루어진다는 데 있다. 즉 단지 회상 능력을 위해 이러한 기술적 수단이 사용되는 것이 아니라, 기술적 수단 그 자체가 우리 경험의 원천으로 작용하고 있다는 것이다.

특히 다양한 시각 기계들이 발전한 지금, 기술 발전과 시각은 매우 밀접한 상관관계를 맺고 있다. 인간은 물론 오감을 사용해 외부 세계를 받아들이지만, 그중 70% 이상을 시각을 통해 받아들이고 있다. 역사적으로 보았을 때 시각은 우리가 가지고 있는 오감 중에 가장 대표적인 지각 방식이자 가장 믿을 만한 지각 방식으로 평가되어 왔다. 진리가 빛이라는 은유를 통해 설명되고, 깨달음을 의미하는 계몽(enlightenment)이 빛을 밝히는 뜻을 가지고 있다는 사실에서 우리는 익히 이러한 사실들을 입증할 수 있다.[3] 시각이 가장 중요

2) Sigmund Freud, "Das Unbehagen in der Kultur", 「문명 속의 불만」, 『문명 속의 불만』, 김석희 옮김, 열린책들, 1997, 275쪽.

3) 이러한 서구 사상들이 시각 중심적 사고를 하기 때문에 때로는 '망막중심주의' 또는 '시각중심주의'라고 불리며, 근대화되면서 더욱 시각 중심적 사고를 하고 있다는 사실들이 강조되고 또 비판되기도 한다. 이와 관련해서는 다음의 글을 참조하길 바람: Hans Blumenberg, "Licht als Metapher der Wahrheit: Im Vorfeld der philsophischen Begriffsbildung",「진리의 은유로서의 빛」, 『모더니티와 시각의 헤게모니』, 데이비드 마이클 레빈 엮음, 마틴 제이 외 지

한 지각이기 때문에, 다양한 시각 기계들과 시각 보조 장치들이 발전했던 것도 사실이다. 뿐만 아니라, 현대는 이미지의 시대다. 기본적으로 이미지란 시각적 현존을 뜻한다. 물론 다양한 이미지들이 있지만, 일차적으로 우리가 이미지라고 했을 때, 무엇보다도 '보는 능력'과 연결시키고 있음을 알 수 있다. 파노라마(Panorama), 영화, 텔레비전 그리고 현재의 디지털 매체들 또한 모두 시각에 근거하고 있다. 이런 이유 때문에 많은 사상가들은 시각 기계의 발전뿐만 아니라, 기술 발전 전반이 인간의 시각 체계에 미친 영향들을 연구해왔다. 특히 산업 혁명이 가져온 운송 수단의 발전과 영화의 등장 이후 그리고 디지털 매체가 야기한 이미지 시대라고 하는 지금, 기술 발전과 시각 체계의 상관관계를 다양한 방식으로 연구하고 있다. 그러나 본 논문에서는 문제 영역을 좁혀서 이러한 다양한 논의들 중에서 특히 기술 발전 중, 운송 수단의 발전과 다양한 시각 기계들의 등장이 인간의 시각 체계를 어떻게 바꾸어 놓았는가라는 문제를 중심으로 벤야민(Benjamin)과 비릴리오(Virilio)의 논의를 중심으로 고찰할 것이다.

벤야민과 비릴리오는 물론 다른 시대를 살았다. 그러므로 이들이 경험한 기술 문명과 시각적 체험도 다르다. 이뿐만 아니라, 이 둘 사이에는 도저히 건널 수 없는 심연이 존재한다. 그것은 바로 기술 그 자체에 대한 평가와 그것이 가져올 변화에 대한 전망이다. 벤야민은 매체 미학적 관점에서 보았을 때, 대표적인 매체 낙관론자다. 반면 비릴리오는 대표적인 매체 비관론자다. 이러한 매체에 대한 평가에 근간을 이루고 있는 것은 바로 기술에 대한 서로 다른 평가이다. 그렇다면 여기서 다음과 같은 물음이 제기될 수 있다: 왜 둘을 비교하려는 것인가? 또 이 둘을 비교하는 작업이 타당한가?

근본적인 입장에는 차이가 있지만, 이 둘이 기술 발전이 시각 체계에 미친 영향을 분석하는 방식은 매우 유사하다. 무엇보다도 이 둘은 그 어느 누구보다도 운송 수단의 발전과 기계가 개입된 시각, 더 나아가 이를 토대로 이루어지는 시각 문화에 대해 철저히 탐구해 들어갔다.[4] 그렇기 때문에 이 둘에게

---

음, 정성철/백문임 옮김, 시각과언어, 2004, 78-93쪽; Wolfgang Welsch, *Grenzgänge der Ästheik*, 『미학의 경계를 넘어』, 심혜련 옮김, 향연, 2005, 243-251쪽.

있어서 미학은 바로 '감성학' 또는 '지각 이론'이었다.[5] 기술에 대한 평가에서 큰 차이를 보이고 있지만, 그럼에도 불구하고 여러 가지 점에서 20세기 초 기술 발전과 시각 문화의 관련성에 대해 고민했던 벤야민과 그 후 영화, 텔레비전 그리고 현재의 디지털 매체를 경험한 비릴리오의 사유에는 많은 유사성이 있다. 본 논문에서는 이 둘의 유사성을 밝히고, 또 차이성 또한 밝힐 것이다. 이로써 많은 유사성에도 불구하고 이 둘이 서로 왜 같은 길을 갔다고 볼 수 없는지를 또한 밝히고자 한다.

## II. 운송 수단의 발전과 공간에 대한 새로운 시각 체험

산업 혁명 이후 급속하게 진행된 운송 수단의 발전은 인간의 삶의 조건과 더 나아가 문화 전반을 역동적으로 변화시켰다. 무엇보다도 대중교통 수단인 철도와 자동차의 발전과 그 후 등장한 비행기 그리고 다양한 시각 기계들의 발전은 이전과는 전혀 다른 문화적 상황을 연출했다. 철도의 등장은 시각적 차원에서 보았을 때 파노라마적 지각을 가능하게 했으며, 속도감에 대한 지각을 확장시켰다.[6] 또한 이러한 대중교통 수단을 바탕으로 형성된 대도시는 도시 자체가 하나의 파노라마처럼 인간의 시각에 많은 영향을 주었다.[7] 대도

---

4) 마노비치 또한 이 둘의 유사성을 강조한다. 그에 따르면 벤야민의 「기술 재생산 시대의 예술작품」과 비릴리오의 「대광학」은 매우 비슷한 관점을 취하고 있다. 즉 벤야민과 비릴리오 둘 다 자신의 대표적인 논문에서 새로운 커뮤니케이션 기술과 인간 지각의 방식을 분석해 들어가고 있으며, 이러한 기술적 변화가 가지고 온 공간적 거리감에 대해 분석하고 있다고 한다. 이와 관련해서는 다음의 책을 참고하길 바람: Lev Manovich, *The Language of New Media*, 『뉴미디어의 언어』, 서정신 옮김, 생각의나무, 2004, 229-234쪽.

5) Nida-Rümelin, Bertzler (Hrsg.), *Ästheik und Kunstphilosophie von der Antike bis zur Gegenwart*, Stuttgart, 1998, S. 804.

6) Götz Großkraus, *Medien-Zeit Medien-Raum. Zum Wandel der raumzeitlichen Wahrnehmung in der Moderne*, Frankfurt am Main, 1995, S. 79-80. 여기서 그로스클라우스는 새로운 기술 장치들, 즉 증기선, 철도, 전신과 카메라의 등장으로 현실에 가져온 변화들을 속도, 연결, 분류, 가까움과 시각화의 원칙이라는 핵심어로 기술 장치들이 가져온 변화들을 정리한다.

7) 참고: Wolfgang Schivelbusch, *Geschichte der Eisenbahnreise. Zur Industrialisierung*

시에 사는 대중들은 대도시라는 공간 속에서 다양한 스펙터클한 볼거리를 체험하게 되었고, 이에 익숙해진 대중들은 점점 더 강한 자극을 원하며, 자신들이 수용하는 예술 작품들 속에서 이러한 자극이 반영되기를 원하였다. 이러한 대중들의 욕구와 시각 기계의 발전이 서로 맞물려서 새로운 시각 문화들이 빠른 속도로 등장했다. 이러한 상황은 산업 혁명 이후도 마찬가지다. 비행기 등등 이전과는 다른 교통수단이 등장하고 전기 시대를 거쳐 디지털 시대에 이르는 지금까지도 다양한 시각 기계들이 등장하고 있으며, 이들은 인간에 또 다른 시각 체험을 주고 있다. 예를 들어 철도의 등장이 속도로 인하여 주변 풍광을 파노라마적으로 재배치했다면, 비행기와 인공위성의 등장은 우리에게 위에서 내려보는 듯한 새로운 시각, 즉 판옵티콘적 시각을 제시한다. 즉 속도감과 시선의 위치에 따라 공간은 이전과는 다른 시각 체험을 주며, 이러한 시각 체험을 바탕으로 시각 주체는 이전과는 다른 주관적이며 내면적인 시각 체험을 경험하게 된다.

## 1. 속도감에 의한 새로운 공간 체험

운송 수단의 발전은 무엇보다도 특정하고 협소한 장소에 고정된 형태로 규정된 삶을 이동성의 영역으로 확장시켰다. 이제 장소성의 제한은 별 문제가 안 된다. 삶은 고정된 것이 아니라, 부단히 흐르는 흐름 속에 편입되었다. 이는 시각 체계와 시각 문화 전반에도 커다란 변화를 가지고 왔다. 철도를 기반으로 해서 형성된 대도시는 인간에게 새로운 시공간에 대한 개념을 제공했으며, 또 도시 풍광에 대한 지각 방식 또한 재배치시켰다.[8] 앞서 언급했듯이, 19세기 운송 수단의 발전은 새로운 시간과 공간 체험을 가능하게 해주었다.

---

*von Raum und Zeit im 19. Jahrhundert*, 『철도여행의 역사』, 박진희 옮김, 궁리, 1999, 70-81쪽. 여기서 쉬벨부쉬는 철도여행이 준 새로운 시각 체험을 "파노라마처럼 펼쳐지는 여행"이라고 정의한다. 이러한 여행을 통해 기차 여행자들은 이전에는 체험하지 못한 새로운 스펙터클한 체험을 하게 된다고 지적한다.

8) Götz Großklaus, "Medien-Zeit", in: Mike Sandbothe, Walther Ch. Zimmerli(Hrsg.), *Zeit-Medien-Wahrnehmung*, Darmstadt, 1994, S. 36-39.

이 새로운 운송 수단은 무엇보다도 이전과는 전혀 다른 속도감을 준 것이다. 빠른 속도는 그야말로 빠른 속도로 일상 생활과 지각 방식을 재편했다. 그럼에도 불구하고 운송 수단이 가져온 속도의 효과에 대해 천착해 들어간 사상가는 그리 많지 않다. 이러한 상황 속에서 누구보다도 속도(vitesse)에 대해 탐구에 들어간 이는 바로 비릴리오다. 그는 속도의 사상가이다. 그는 속도에 대한 사유를 중심으로 '질주학(Dromologie)'이라는 새로운 학문을 창안하기도 했다.[9] 비릴리오는 이를 통해 '어떻게 지식이 아니라, 속도가 권력으로 작용하는지'를 보여주려고 했다. 그에게 있어서 속도 그리고 볼 수 있는 권리와 힘을 확보한 자가 바로 권력을 가진 자를 의미한다. 즉 권력은 총구에서 나오는 것이 아니라, 속도와 시각장의 확보에서 나온다. 따라서 그는 다음과 같이 말한다: "사실 존재하는 것은 '산업 혁명'이 아니라, '질주 혁명'이며, '민주주의'가 아니라, '질주정(Dromokratie)'이다. 그리고 '전략'이 존재하는 것이 아니라, '질주학'이 존재한다."[10] 이러한 질주학의 관점에서 비릴리오는 속도가 공간을 어떻게 재편성하는지, 그리고 이에 대한 시각 체험이 어떻게 변화하는지를 보여준다.

비릴리오는 철도 여행이 가져온 지각 방식의 변화를 운동, 속도 그리고 혼란이라고 지적한다.[11] 이는 흐름을 통해서 설명된다. 즉 기차나 자동차의 창문으로 바라보는 바깥 풍경이 마치 영화 스크린이나 컴퓨터 모니터에서 체험하는 이미지 흐름과 매우 유사함을 비릴리오는 지적한다.[12] 이러한 흐름을 가능하게 하는 빠른 속도들은 바깥 경치들을 사물보다는 하나의 이미지로 인식하게 해준다. 즉 풍경 속에 있는 꽃과 나무는 꽃과 나무라는 하나의 대상으로 인식되는 것이 아니라, 하나의 점들의 연속 또는 이미지의 다발로 기차에 타고 있는 여행자에게 인식된다. 이로써 바깥 경치들은 빠른 속도에 의해 소

9) Stefan Breuer, *Die Gesellschaft des Verschwindens. Von der Selbstzerstörung der technischen Zivilisation*, Hamburg, 2000, S. 131.

10) Paul Virilio, *Geschwindigkeit und Politik*, Berlin 1980, S. 61, 여기서는 다음의 책에서 재인용: Stefan Breuer, 위의 책, S. 139.

11) 참조: Paul Virilio, *Der negative Horizont*, Frankfurt am Main, 1995, S. 7-26.

12) Paul Virilio, *Esthétique de la disparition*, 『소멸의 미학』, 김경온 옮김, 연세대학교 출판부, 2004, 117쪽.

멸되는 것이다.[13] 이는 운송 수단으로 인한 체험이 바로 이미지 체험에 직접적인 영향을 주고 있음을 의미한다. 빠른 운송 수단으로 인하여 이제 우리는 중단 없는 이미지들의 흐름을 체험하고, 이미지들과 이미지 체험 주체는 이제 어떤 고정적인 장소에도 매어있지 않고, 탈고정화된 채 이동성(Mobilität)을 중심으로 자신의 신체를 재편한다.

비릴리오 이전에 운송 수단의 발전과 속도감 그리고 대도시에서의 체험에 대해 이미 벤야민은 비릴리오와 유사한 방식으로 자신의 논의를 펼쳤다.[14] 벤야민에게 대도시 그 자체가 하나의 파노라마처럼 작용한다. 왜냐하면 대도시는 속도감과 이전과는 다른 풍경들과 그 안을 오고가는 많은 불특정 다수들에 의해 하나의 다른 시각 공간을 보여주고 있기 때문이다. 대도시는 다양한 방식으로 모든 것들을 보여주기도 한다. 그렇기 때문에 벤야민은 대도시 공간 그 자체를 새로운 체험이 가능한 놀이 공간이자 예술적 체험 공간으로 파악한다.[15]

이러한 대도시가 주는 체험을 정확히 재현하고 있는 것은 바로 영화다. 따라서 벤야민과 비릴리오는 둘 다 시각 체험의 장으로서 영화를 분석해 들어간다. 즉 벤야민이 대도시라는 새로운 공간에서 대중들이 충격 체험을 하며, 이 충격 체험을 경험한 대중들은 자신의 경험에 상응하는 재현 형식 또는 예술 형식을 추구한다고 한다. 그것이 바로 영화다. 벤야민에게 영화는 이러한 새로운 체험에 상응하는 새로운 예술 형식임과 동시에 일상의 공간을 다르게 보여주는 매체이기도 하며, 다른 세계를 보여줄 수 있는 매체이기도 하다.[16] 영화는 관객에게 새로운 지각의 장을 열어준 것이다. 비릴리오 또한 주된 분석의 대상이 영화다. 그에게 있어서 영화야말로 전쟁과 더불어 최첨단의 시

13) Paul Virilio, 같은 책, 128쪽.

14) 벤야민의 대도시 공간에 대한 체험은 다음의 졸고에 좀 더 자세히 언급되어 있다: 심혜련, 「놀이공간으로서의 대도시와 새로운 예술체험」, 『공간과 도시의 의미들』, 철학아카데미 지음, 소명, 2004, 189-221쪽.

15) 참조: Walter Benjamin, *Das Passagen-Werk*, in: Walter Benjamin, *Gesammelte Schriften* Bd. V.1, Unter Mitwirkung von Theodor W. Adorno und Gerschom Scholem herausgegeben von Rolf Tiedemann und Hermann Schweppenhäuser, Frankfurt am Main, 1991, S. 45-46. 이하 본 논문에서는 논문 제목과 전집의 권수만을 표기하겠음.

16) Walter Benjamin, “Erwiderung an Oscar A. H. Schmitz”, in: Bd. II.2, S. 752.

각 기계들이 자신의 능력을 보여주는 대표적인 장이기 때문이다.[17] 영화를 통해서 우리는 운동과 속도 등에 대해 지각하게 된다.[18] 그러나 이 둘은 자신만의 용어로 영화에 대한 지각 체험을 분석한다. 즉 벤야민은 충격 경험(Schockerfahrung)이라는 새로운 경험 형태로 영화를 분석하며, 변증법적 이미지라는 용어로 새로운 이미지론을 제시한다. 반면 비릴리오는 피크노렙시(picnolépsis)라는 개념으로 영화를 분석해 들어간다.[19]

## 2. 충격경험, 변증법적 이미지 그리고 피크노렙시

이미 짐멜(Simmel)이 언급했듯이, 운송 수단의 발전과 대도시의 등장은 인간의 정신세계에 많은 영향을 미친다. 대도시에 사는 개인들은 많은 것들에 노출되어 있으며, 끊임없이 다가오는 이미지의 홍수 속에 놓여 있다. 따라서 이곳에 사는 개인들은 급격하게 변화하는 내적 외적 자극으로 인하여 신경과민의 상태에 놓이게 된다.[20] 이러한 신경과민의 상태에서 대도시에서의 삶은 그 자체가 하나의 충격이다. 벤야민도 짐멜과 마찬가지로 이러한 새로운 경험 일반을 충격 경험으로 받아들인다. 또 이 충격 체험이야말로 시대적 상황에 정확히 조응하는 현대적 경험이다.[21] 이 현대적 경험의 본질은 벤야민에

---

17) Paul Virilio, *Guerre et Cinéma,* 『전쟁과 영화』, 권혜원 옮김, 한나래, 2004, 36쪽.

18) 참조: Paul Virilio, "Weniger als ein Bild", in: *Die Sehmaschine*, übersetzt von Gabriele Ricke und Ronald Voullié, Berlin, 1989, S. 56-57.

19) 참조: Paul Virilio, 『소멸의 미학』, 28쪽. 여기서 이 책의 한국어 역자는 피크노렙시에 대한 어원적 근원과 의미를 상세히 설명하고 있다. 여기에 상술되어 있는 설명에 따르면, 피크노렙시는 그리스어 '빈번한, 자주'를 의미하는 피크노스(picnos)와 '발작'을 의미하는 'lépsis'의 합성어이다. 의미론적으로는 일종의 '신경 발작'을 의미하는 지각 장애를 의미하며, '빈번한 중단, 사고, 장애, 시스템 오류' 등의 의미를 갖는다. 한국어판 역서에서는 피크노렙시를 '기억 부재증'이라고 번역하고 있다. 그러나 피크노렙시가 기억 부재증뿐만 아니라, 일종의 지각 장애라는 의미도 포함하고 있기 때문에, 본 논문에서 필자는 기억 부재증이라는 번역어 대신에 피크노렙시라는 용어를 그대로 사용할 것임을 밝힌다.

20) Georg Simmel, "Die Grossstädte und das Geistesleben", 「대도시와 정신적인 삶」, 『짐멜의 모더니티 읽기』, 김덕영/윤미애 옮김, 새물결, 2005, 37쪽.

21) Graeme Gilloch, *Myth and Metropolis. Walter Benjamin and The City*, 『발터 벤야민과 메트로폴리스』, 노명우 옮김, 효형출판, 2005, 25쪽. 이 책에서 저자는 벤야민을 도시 관상학자라고 칭한다. 왜냐하면 벤야민은 도시 거주민들이 도시라는 공간에 살면서 남길 수밖에 없는 '흔적'들을 벤야민은 마치 관상학자가 얼굴을 분석하듯이 도시 공간에 남긴 대중들

게 일종의 경계 경험이다. 과거와 미래, 낡은 것과 새 것 그리고 안과 밖, 자연적 시공간과 인공적인 시공간의 경험에서 혼란을 경험하는 일종의 "문지방 경험(Schwelleerfahrung)"인 것이다.[22] 대도시는 대도시인들에게 예기치 않았던 경험을 준다. 즉 경험에 대해 준비되지 않은 상태에서 갑작스럽게 충격이라는 형태로 외부의 사물들을 지각하게 해준다. 이것이 바로 충격 경험이다. 모든 것들이 정지되어 있는 상태에서 갑자기 끼어든 운동의 이미지, 그것이 바로 충격 경험의 본질이다. 일시성과 속도감이 바로 이 경험의 원천이다. 미로와 같은 대도시 공간과 속도감은 대도시인들에게 혼란과 당혹 그리고 충격을 준다. 이러한 혼란은 또 다른 이미지 체험을 가능하게 해준다. 이것이 바로 정지 상태에 있는 이미지다. 벤야민은 이미지를 "정지 상태의 변증법"으로 파악한다.[23]

벤야민은 변증법적 이미지를 '번개의 섬광'과 비교한다.[24] 번개의 섬광과 같은 변증법적 이미지는 대도시의 체험과 일치하는 충격 경험에서 나오는 이미지의 새로운 존재 방식이다. 변증법적 이미지는 혼란, 충격 등을 기본으로 해서 형성되는 정지되어 있지만, 부단히 운동하는 그러한 이미지이다. 이 이미지는 일시적 중지라는 형태를 통해서 이미지의 정적인 상태를 보여주며, 또 이 순간은 다른 움직임에 의해 정지 상태에서 마법처럼 풀려난다. 마치 번개와 같은 섬광처럼 말이다.[25] 이러한 이미지가 정확히 모습을 드러내는 것은 바로 영화다. 그램 질로크가 말했듯이, "예기치 못한 번개이자, 순간적인 깨달음과 이미지의 포착인 변증법적 이미지는 역사적 스냅 사진 혹은 정지된 영화 이미지"이기 때문이다.[26]

바로 이러한 충격 경험과 변증법적 이미지가 비릴리오가 이야기하는 피크노렙시와 유사하다. 피크노렙시는 일종의 지각의 기능 장애이다. 이는 또한

---

의 흔적들을 읽어 나가기 때문이라고 한다. 이는 벤야민의 도시 경험과 그의 의도를 정확히 파악한 것이다(참조: 같은 책: 21-27쪽).

22) Walter Benjamin, *Das Passagen-Werk*, in: V.1, S. 617.

23) Walter Benjamin, 같은 책, S. 577.

24) Walter Benjamin, 같은 책, S. 591.

25) 참고: Graeme Gilloch, 위의 책, 229쪽.

26) 같은 책, 230쪽.

기억의 일시적 장애이자 지각에 대한 단절이기도 하다. 지각의 단절이라 함은 일시적인 지각 단절과 의식을 부재를 의미한다. 피크노렙시 현상에 대해 비릴리오는 지극히 일상적인 경험을 토대로 이를 설명한다. 예를 들어 우리가 손에 쥐고 있던 컵을 일시적으로 떨어트릴 때, 바로 이러한 현상이 피크노렙시적 현상이다.[27] 이는 자신이 컵을 쥐고 있다는 의식과 또 컵을 쥐고 있는 손의 감각이 일시적으로 의식 장애와 지각 장애를 일으켜 의식과 감각을 없앴기 때문에 일어나는 현상이다. 이러한 현상은 아주 순간적으로 일어나기 때문에 대부분의 사람들은 이러한 장애를 인식하지 못한다.[28] 왜냐하면 "의식 차원의 시간은 자동적으로 다시 이어지고 겉보기에 아무런 단절 없이" 흐르기 때문이다.[29] 예를 들어 우리가 술을 많이 먹으면, 종종 필름이 끊어졌다고 하는 의식의 중단 현상을 체험한다. 간혹 우리를 당혹하게 하는 의식의 중단 현상은 완전히 필름이 지워진 의식의 부재가 아니라, 순간순간 필름이 끊어진 의식의 간헐적 부재 현상이다. 이것이 바로 피크노렙시적 현상이다. 즉 피크노렙시는 일종`의 "의식 상태의 모순 각성 상태"이다.[30]

이러한 피크노렙시적 현상은 최근에 일어나는 현상은 아니다. 그 이전에도 분명 이러한 현상은 있었다. 그런데 앞서 설명했던 것처럼 운송 수단의 발달 그리고 다양한 시각 기계들의 발달로 인하여 이러한 현상이 보편화되고 또 빈번하게 일어난다는 데서 비릴리오의 문제의식이 출발한다. 그리고 또 이러한 일종의 지각 장애 현상이 지각이 기계에 의해 보충되거나 확장될 때 더욱 뚜렷하게 가시화되기도 한다는 것이다. 그렇다면 지금 일어나고 있는 피크노렙시적 현상의 원인은 무엇일까? 비릴리오는 그 원인을 바로 속도와 존재하지 않는 것은 존재하는 것처럼 보이게 만드는 광학 기계에서 찾는다.

벤야민이 말하는 충격 체험과 정지 상태의 변증법적 이미지는 비릴리오가 말하는 피크노렙시와 유사하다. 벤야민은 변증법적 이미지를 번개와 비유한다. 번개가 무엇인가? 번개는 일시적이며, 순간에만 존재한다. 이는 지속성을

27) Paul Virilio, 『소멸의 미학』, 27쪽.
28) 같은 책, 28쪽.
29) 같은 책, 27쪽.
30) 같은 책, 37쪽.

갖지 않는다. 이미 우리는 운송 수단의 발전으로 인해 순간성과 일시성에 대한 체험을 하게 되었다. 이제 모든 것들은 번개처럼 순간적으로 왔다가 사라진다. 충격만 준 채, 이미지들은 소멸되어 간다. 그렇다고 해서 벤야민과 비릴리오가 이야기하는 변증법적 이미지와 피크노렙시가 완전히 동일한 것은 아니다. 왜냐하면, 벤야민이 설명하는 변증법적 이미지는 "망각된 것을 기억하는 순간"이라면,[31] 비릴리오가 설명하는 피크노렙시는 순간적으로 망각의 상태에 빠지는 것을 의미한다.[32] 망각된 것을 기억하는 순간이든, 순간적으로 망각의 상태에 빠지든 간에, 이 둘은 일종의 지각 장애다. 이 두 개의 다른 지각 장애는 시각 기계가 매개되는 순간에 자신의 모습을 아주 잘 드러낸다. 그렇기 때문에 벤야민과 비릴리오 둘 다 자신의 독특한 지각 이론을 전개하기 위해 사진과 영화 이미지를 가져와 이를 설명한다. 즉 벤야민은 망각된 것을 기억하는 순간을 바로 사진에서 보았으며, 또 충격 체험에 정확히 조응하는 예술 형식을 바로 영화에서 찾았다. 그에 따르면 기술은 인간의 지각에 영향을 미치며, 이에 부응하는 예술 형식을 원하게 되며, 이로 인하여 영화가 등장했다는 것이다. 즉 영화야말로 이러한 충격 경험을 내재화하며, 변증법적 이미지라는 형태로 자신의 존재를 드러냈다는 것이다.[33] 이와 유사하게 비릴리오는 순간적인 지각 장애를 영화의 몽타주와 편집 기능에서 찾았다.[34] 특히 영화에서 보여지는 정지 트릭은 "기계 장치의 결함으로 생긴 우연이 피크노렙시 발작처럼 연속적인 시간의 흐름을 벗어난 상황들을 한 시퀀스 안에 재창조한 것"이다.[35]

---

31) Graeme Gilloch, 위의 책, 232쪽.

32) 참조: Walter Benjamin, "Über einige Motive bei Baudelaire", in: Bd. I. 2, S. 609-611. 여기서 벤야민은 이러한 경험 방식을 프루스트의 소설을 예를 들어 설명하고 있다. 즉 프루스트가 마들렌느라는 과자를 먹었을 때, 불현듯 떠오르는 과거의 기억에 관한 예가 바로 이것이다. 벤야민에 따르면 이러한 기억은 우리가 의지적으로 이러한 기억을 떠올릴 수 있는 것은 아니다. 오히려 아주 우연적으로 불현듯, 즉 어떤 계기가 우리에게 주어졌을 때, 이러한 기억은 망각의 강에서 벗어나 기억의 영역으로 들어오는 것이다. 이것이 바로 무의지적 기억(mémoire involontaire)이다.

33) Walter Benjamin, 같은 글, S. 630-631.

34) 「기술 재생산 시대의 예술 작품」에서 벤야민이 몽타주를 설명하는 방식과 비릴리오가 『소멸의 미학』에서 영화를 설명하는 방식을 비교해 보면 이는 명확해진다.

35) Paul Virilio, 『소멸의 미학』, 40쪽.

## III. 시각의 새로운 세계

운송 수단의 발전이 공간에 대한 시각 체험에 다른 지평을 열어주었다면, 다양한 시각 기계들의 발전은 감추어졌던 세계를 시각 세계 안으로 이끌어 들였다. 즉 보이지 않았으나, 존재했던 것들을 가시화시켰으며, 더 나아가 존재하지 않는 것들도 이제 가시화되었다. 이제 시각 영역에 포착되지 않는 것들은 없으며, 모든 것이 가시화되고 있다. 망원경은 멀리 있는 것들을 가까이 가져옴으로써 자연스럽게 형성된 지평선을 없애버렸다. 망원경의 등장 이후로 우리는 저 너머에 무엇이 있을지 꿈꾸지 않아도 된다. 바로 내 눈앞에 먼 곳에 있는 것들이 바로 펼쳐지기 때문이다. 현미경은 우리의 눈으로는 볼 수 없었으나, 존재했던 것들을 볼 수 있게 해주었다. 이는 인간의 눈 대신에 기계의 눈이 중요 위치를 차기하게 된 시작이다. 이후로도 시각 기계의 발전은 시각에 갈수록 새로운 체험을 제공해주고 있다. X선의 등장은 내적인 공간과 외적인 공간의 경계를 무화시켰다. 이제 내부적 공간은 외부로 가시화되었다. 더 나아가 현재의 내시경이라는 새로운 시각 기계는 내부 공간을 외부로 그냥 정지된 이미지로 보여줄 뿐만 아니라, 움직이는 형태도 그것도 실시간으로 보여준다. 내부 공간은 외면화와 외부 공간의 외면화는 점점 가속도를 띄고 진행된다. 이러한 변화 과정에서 중요한 점은 앞서 언급했듯이 인간의 눈의 자리에 기계의 눈이 등장했다는 사실이다. 우리가 매일 접하는 매체 이미지들이 바로 대표적으로 기계의 눈이 만들어낸 결과다. 가장 대표적인 기계의 눈은 사진기이다. 사진기의 등장이 가져온 변화를 벤야민은 시각과 연관시켜 기계의 눈이 가진 특징과 자연적인 시선을 비교한다. 또한 기계의 눈이 가져온 일련의 시각 영역에서의 변화는 그는 “시각의 무의식성”의 세계가 드러난 것으로 파악한다. 비릴리오 또한 이러한 기계의 눈이 개입된 현상을 시각 체계와 연결시켜 가시적 세계와 비가시적 세계가 융합되고 있다고 표현하고 있다.

## 1. 시각의 무의식성

벤야민에게 카메라라는 기계의 눈이 시각 체계에 가져온 변화는 프로이트가 무의식의 세계를 드러낸 것과 거의 유사한 아주 놀라울 만한 일이다. 무의식이라는 것은 존재하지 않는 것이 아니다. 다만 드러나지 않았을 뿐이다. 시각의 무의식성(Optisch-Unbewußten)도 마찬가지다. 존재했으나 가시화되지 않았던 것들이 다양한 시각 기계들의 도움으로 자신을 드러낸다. 이것이 바로 시각의 무의식적 세계다.[36] 이를 분석하기 위해 먼저 벤야민은 사물을 재현하는 카메라맨과 화가의 시선을 비교한다. 카메라맨의 눈은 기계의 눈이며, 화가의 눈은 자연적인 눈이다. 그에 따르면 이 둘은 대상을 바라보고 파악하는 방식에서 본질적인 차이를 보인다. 그 본질적인 차이는 대상과의 거리 두기를 통해 설명된다. 즉 카메라맨의 눈은 마치 외과 의사의 눈과 비슷하게 작동하기 때문에, 외과 의사가 환자를 치료하기 위해 환자의 몸에 깊숙이 침투해 들어가는 것처럼, 카메라맨은 대상에 거리 두기를 하기보다는 대상에 침투에 들어간다는 것이다. 반면 화가는 이전에 주술가 또는 무당들이 환자를 대할 때 환자의 몸에 직접 침투해 들어가기보다 거리 두기를 했던 것처럼, 대상과 일정한 거리를 유지한다.[37] 이로 인하여 이 둘이 환자로부터 얻는 이미지는 본질적으로 달라진다. 화가가 대상에 대해 전체적인 이미지를 취한다면, 카메라맨은 대상에 대한 부분적 이미지들을 취하게 된다.[38] 영화는 바로 이렇게 얻어진 부분적 이미지들을 편집이라는 형식으로 재편성하는 것이다.

대상과 현실에 대한 카메라라는 시각 기계의 개입은 대상들이 가지고 있었으나, 가시화되지 않는 측면을 드러낸다. 이는 일종의 시각의 확장이며, 지각의 심화 과정인 것이다. 왜냐하면 카메라는 사물을 확대해서 보여줄 수 있기 때문이다. 확대해서 보여주는 과정 속에서 불분명했던 것들은 분명해지고, 대상은 인간의 눈으로 볼 때와는 전혀 다른 자신의 감추어진 모습을 보여준다.

---

36) Walter Benjamin, “Das Kunstwerk im Zeitalter seiner technischen Reproduzierbarkeit”, in: Bd. I. 2, S. 500.

37) Walter Benjamin, 같은 글, S. 496.

38) 같은 글, S. 496.

이로써 우리는 시각의 무의식적 세계라는 새로운 공간에 대한 체험이 가능해졌다. 즉 클로즈업된 촬영 속에서 공간은 확대되며, 고속도 촬영 속에서 움직임은 연장된다.[39] 움직임에 감추어진 비밀들 또한 이러한 과정을 거쳐 자신을 드러내게 된 것이다. 이로써 시각의 영역에, 즉 그동안 의식적으로만 보여졌던 시각 영역에 이제 그동안 감추어졌던 무의식의 세계가 가시화된다.[40]

## 2. 가시적 세계와 비가시적 세계의 융합

벤야민이 말하는 시각의 무의식적 세계는 존재하는 세계다. 존재하기는 하나 드러나지 않은 세계인 것이다. 즉 그의 세계는 재현과 미메시스의 세계에서의 시각의 확대이자 지각의 심화와 연관된 세계다. 비릴리오의 분류로 설명하면, 벤야민이 분석하는 시각 세계는 일종의 "현상의 미학(Ästhetik der Erscheinungen)"에 속하는 세계로서 지각 가능한 현실을 모방하는 세계인 것이다.[41] 반면 비릴리오가 말하는 시각 세계는 벤야민이 말하는 시각 세계를 포함할 뿐만 아니라, 전혀 다른 시각 체계에 대한 고찰도 포함하고 있다. '가상 이미지의 시대'에 대한 고찰이 바로 그것이다. 다양한 시각 기계의 발달로 인하여 다양한 가상 이미지들이 등장했다. 가상 이미지들은 그 이전의 이미지의 존재론적 위치를 그대로 계승하지 않는다. 이전의 이미지들이 원본을 중심으로, 원본의 재현과 미메시스가 문제였다면, 이제 가상 이미지들은 말 그대로 '가상 이미지'로 존재한다. 이제 이미지 영역에서 중요한 점은 진짜와 가짜가 아니라, 가시적인 것과 비가시적인 것이다.[42] 사실 디지털 매체가 이미지 생성에 적극 개입함으로써, 이미지와 대상 간의 관계는 급격하게 변화하게 된다. 그로스클라우스(Groβklaus)는 이를 더 이상 존재하지 않는 것은 예전에 존재했었고, 여전히 존재하지 않는 것은 존재할 가능성이 있게 되었

---

39) 참조: 같은 글, S. 499-500.

40) Walter Benjamin, "Kleine Geschichte der Photographie" in: Bd. II. 1, S. 371.

41) Paul Virilio, "Die große Optik", in: *Fluchtgeschwindigkeit*, übersetzt von Bernd Wilczek, Frankfurt am Main, 2001, S. 58.

42) Nida-Rümelin, Bertzler (Hrsg.), 위의 책, S. 805.

고, 존재하지 않았던 것들은 시뮬레이션될 가능성이 있다고 설명한다.43) 비릴리오의 문제의식은 이러한 상황에서 출발하며 시각 기계가 통신 수단과 결합했을 때 발생하는 문제점에 대해 고찰한다.

앞서 설명했듯이 비릴리오 또한 존재하는 비가시적 세계가 가시화되는 현상에 먼저 주목했다. 기계의 눈이 개입되지 않은 일상적 시각으로는 부분적으로 볼 수 있었던 속도와 움직임들이 기계가 개입됨에 따라 가시화되는 것은 그 또한 지적한다.44) 그러나 그에게 주된 문제는 이게 아니다. 오히려 문제는 시각 기계와 통신 기계의 결합과 또 존재하지 않았던 것들이 가시화되는 현상이며45), 이들이 서로 융합하는 현상에 있는 것이다.46)

이러한 현상들은 다양한 기계들이 시각 영역에 들어오면서 두드러지게 나타난다. 이를 비릴리오는 "소극적 광학"과 "적극적 광학", 즉 "작은 광학"과 "큰 광학"이라는 용어로 설명한다. 그에 따르면 소극적 광학이란 대상, 또는 물질을 그대로 보여주는 광학을 의미한다. 즉 유리, 물 등과 같이 대상을 그대로 보여준다는 것이다. 반면 큰 광학이자 적극적 광학은 빛과 속도에 의해 매개된 기계에 의해서 대상을 달리 보여줄 뿐만 아니라, 우리가 가지고 있던 전통적인 지평선 개념도 변화시킨다.47) 즉 텔레비전 화면이나 모니터에 등장하는 인공적인 지평선이 등장한 것이다.48) 자연적인 빛 대신에 전기적인 빛의 등장은 "지각의 자동화" 현상과 "인공적인 시각의 발명"을 가져온 것이다.49)

이러한 인공적인 시각의 등장은 시각의 힘을 확장시켰다. 특히 공간적으로 멀리 떨어져 있는 것들을 실시간으로 가시화시킬 수 있는 다양한 시각 기계들의 등장은 시각의 힘을 점점 증대시키고 있다. 이러한 시선의 증가를 비릴리오는 그리스 신화에 나오는 외눈 거인인 키클로페스에 비유한다. 즉 외

43) Götz Großkraus, *Medien-Zeit Medien-Raum. Zum Wandel der raumzeitlichen Wahrnehmung in der Moderne*, S. 74.
44) Paul Virilio, *La Bombe informatique*, 『정보과학의 폭탄』, 배영달 옮김, 울력, 2002, 90쪽.
45) Paul Virilio, "Die große Optik", S. 54.
46) Paul Virilio, 『정보과학의 폭탄』, 91쪽.
47) Paul Virilio, "Die große Optik", in: *Fluchtgeschwindigkeit*, übersetzt von Bernd Wilczek, Frankfurt am Main, 2001, S. 54.
48) Paul Virilio, 『정보과학의 폭탄』, 70쪽.
49) Paul Virilio, "Die Sehrmaschine", in: *Die Sehmaschine*, S. 136.

눈의 증가인 것이다. 이것이 의미하는 바는 완전한 시각이 증가된 것이 아니라, 편협된 시선의 증가인 것이다.50) 이 모두 기계의 눈이 만들어낸 기계 시각이 가지는 특징인 것이다.

## Ⅳ. 거리의 소멸

시각 기계들의 등장은 가시적인 것을 비가시적으로 만들 뿐만 아니라, 공간과 시간과 관련해서 새로운 시각의 장을 열었다. 기술 장치들이 발전하면 할수록 먼 곳이라는 장소성은 소멸된다. 특히 전송 기술과 시각 장치들이 결합하면서 이러한 현상들은 두드러지게 나타난다. 이러한 현상 속에서 "모든 것들은 지금과 여기가 된다."51) 장소적으로 먼 곳과 가까운 곳의 경계는 해체된다. 먼 곳에 있는 것들은 이제 여기로 향하고 여기에 존재하게 된다. 더군다나 시간적으로도 동시성을 확보해서 '지금'과 '여기'에 존재하게 된다. 이러한 현상에 대해 비릴리오는 "모든 존재는 오로지 원거리에서만 존재할 뿐이기 때문에" 원격 현전(téléprésence)이 가장 중요한 존재 방식이 되었다고 강조한다.52)

비릴리오가 시각 기계와 통신 기술이 결합해서 '지리적으로 먼'이라는 공간이 해체된 현상을 주목하기 이전에, 일찍이 벤야민도 시각 기계가 개입해서 '여기'와 '지금'이 어떻게 변화했는지를 보여주었다. 벤야민은 이를 '기술 재생산 시대'에 기술적으로 재생산된 예술 작품과 아예 기술적으로만 존재하는 예술 형식들을 '아우라(Aura)의 몰락'이라는 말로 설명한다.53) 벤야민과 비릴리오 둘 다 시각 기계가 가져온 변화를 '거리'를 통해 설명하고 있는 것이다.

먼저 벤야민의 논의를 보면, 그는 전통적인 예술 작품이 기술 재생산 시대

50) Paul Virilio, 『정보과학의 폭탄』, 23쪽.
51) Götz Großkraus, 위의 책, S. 97.
52) Paul Virilio, 『정보과학의 폭탄』, 15쪽.
53) Walter Benjamin, "Das Kunstwerk im Zeitalter seiner technischen Reproduzierbarkeit", S. 477.

의 예술 작품과는 달리 아우라를 가지고 있다고 한다. 이 아우라는 바로 공간적으로 멀리 떨어져 있음에서 기인하다. 멀리 떨어져 있는 것들이 일회적으로 대중들에게 공개될 때, 대중들은 예술 작품에서 아우라를 체험한다. 한마디로 '가까이 하기에 너무 먼' 것이기 때문에, 예술 작품을 접했을 때, 우리는 이것으로부터 독특한 체험을 경험하게 된다는 것이다. 그러나 기술 재생산 시대가 오면서 상황은 달라졌다. 사진과 영화를 통해 공간적으로 멀리 있던 것들은 가까이 왔다. 비록 그것이 원본이 아니라, 복제된 형태라도 말이다.[54] 뿐만 아니라, 사진과 영화는 태생적으로 재생산을 전제로 하기 때문에 이제 먼 곳에 있는 것이 아니라, 원하면 늘 가까이 갈 수 있는 새로운 예술 형태로 그 모습을 드러냈다. 먼 곳에 있는 일회적인 현전을 통해 우리는 시각의 새로운 체험을 하게 되며, 먼 곳에 대한 아우라적 환상을 지워버릴 수 있게 되었다는 것이 바로 벤야민의 주장이다. 이처럼 벤야민은 시각 기계가 특히 예술 영역에 개입하면서 가져온 거리의 소멸을 매우 긍정적으로 파악한다. 쓸데없이 멀리 있고, 또 의도적으로 멀리 있음을 강조하는 예술 작품이 가지고 있는 과도한 권위는 이제 의미가 없어진 것이다.

반면 비릴리오는 벤야민과 마찬가지로 기계가 개입되어서 일어난 변화를 거리의 소멸로 보는 것은 유사하지만, 평가와 전망은 벤야민과 완전히 다르다. 즉 비릴리오는 지리적 거리가 해체된 것을 비극적 시선으로 고찰한다.[55] 비릴리오는 원격 통신 기술과 시각 장치의 발달로 지금과 여기가 해체된 것에 동의한다. 즉 모든 것들이 지금 그리고 여기도 된 것이다. 이는 벤야민이 아우라의 몰락으로 파악한 내용과 거의 동일하다. 그러나 비릴리오는 여기서 하나의 역설적인 현상을 본다. 그 역설적인 현상은 바로 먼 곳에 있는 것들이 지금과 여기로 자리매김하면서 '가까움'으로 인식됨과 동시에, 정작 애초부터 지금과 여기에 있었던 것들이 해체된다는 것이다. 멀리 있는 것들은 가까이 왔고, 가까이 있는 것들은 해체의 길을 걷는다는 것이다.[56] 이 해체의 과

54) 참조: 같은 글, S. 475-477.
55) Paul Virilio, 『정보과학의 폭탄』, 15쪽.
56) Paul Virilio, "Das dritte Interval", in: *Fluchtgeschwindigkeit*, S. 21.

정은 실시간이라는 새로운 시간적 상황과 맞물리면서 더욱더 가속화된다. 실시간(Real-time)이라는 상황은 지금과 여기의 해체에 또 다른 기폭제 역할을 한다. 실시간은 모든, 거리들, 틈새들과 간격을 무화시킨다.[57] 비릴리오는 이러한 현상이 결국 "외부 세계의 종말"을 가져올 것이라고 비판한다.[58] 비가시적인 것들이 가시화되고, 비가시적인 것과 가시적인 것이 융합되고, 또 시각 기계와 통신 기술이 결합되면서 지리적 공간이 소멸되고, 먼 곳에 있는 것들이 실시간으로 장소와 관계없이 접근가능해진 것이다. 이러한 전반인 상황은 이제 사회 전체가 역으로 언제 어디서나 감시당할 수 있는 가능성의 세계에 놓이게 되었다는 것을 의미한다.[59] 실시간적인 원격 현존 방식과 즉각적인 원격 작용 등은 "지속적인 원격 감시(die permanente Fernüberwachung)"를 가능하게 하는 것이다.[60] 이로써 전자적 판옵티콘의 세계가 진정으로 도래한 것이다.

## Ⅴ. 지각의 확장 또는 지각의 쇠퇴

현재의 지각 경험은 거의 매체를 매개로 해서 이루어지고 있다 해도 과언이 아니다. 우리의 일상적인 삶을 봐도 이는 정확히 드러난다. 그래서 일찍이 맥루언이 매체를 인간의 확장, 아니 정확히 말해서 인간 지각의 확장으로 매체와 지각, 그리고 인간을 파악했던 것이다. 디지털 매체가 대세가 된 지금 단순히 지각의 확장만이 문제가 되는 것은 아니다. 오히려 멀티미디어라고 하는 디지털 매체가 등장함으로써, 우리의 지각 또한 멀티가 되었다. 즉 복합 지각이 등장한 것이다. 특히 이러한 현상은 시각과 촉각이 더해지면서 지각의 새로운 장을 열게 되었다. 근본적으로 시각과 촉각은 상호 작용할 수 없는 지각이다. 왜냐하면 시각은 대상과의 거리 두기를 통해 대상을 지각하는 방

57) Götz Großkraus, 위의 책, S. 100.
58) Paul Virilio, "Die Perspektive der Echtzeit", in: *Fluchtgeschwindigkeit*, S. 40.
59) Paul Virilio, 『정보과학의 폭탄』, 18쪽.
60) Paul Virilio, "Das dritte Interval", S. 21.

식이다. 반면 촉각은 대상과 거리가 있으면 체험할 수 없는 지각 방식이다. 즉 직접 대상을 만지고 느껴야 가능한 지각인 것이다. 그런데 시각 기계들이 발전하고, 또 시각 기계와 통신 기술이 만나면서 시각과 촉각의 만남도 가능해졌다. 이러한 시각 영역에서의 변화를 벤야민은 시각적 촉각성이라고 설명하며, 비릴리오는 원격 촉각이라는 말로 설명한다. 이 둘 다 시각적 과정에서 지각됨에도 불구하고 촉각적 체험이 가능한 것을 의미한다. 그렇기 때문에 엄밀히 말해서 이 둘이 이야기하는 이러한 새로운 유형의 촉각성은 일종의 유사 촉각성이다.

벤야민이 시각적 촉각성을 언급한 배경에는 운송 수단의 발전과 대도시의 등장, 그리고 사진으로 인한 이미지의 대중적 보급 그리고 움직이는 이미지인 영화 등이 복합적으로 작용한다. 즉 운송 수단으로 인한 파노라마적 지각 방식과 유동과 흐름 그리고 빠름 등을 가지고 있는 대도시의 삶이 바로 일상생활에서 시각적 촉각성을 가능하게 한 것이다. 이러한 것들은 우리가 눈으로 무엇을 보되, 마치 몸이 무언가를 느끼는 듯한 촉각적 질을 획득하는 것이다. 또한 앞서 언급한 충격 체험도 일종의 시각적 촉각성을 유발하는 계기가 된다.[61)]

비릴리오는 시각 기계와 통신 기술이 결합해서 얻어지는 지각을 "원격 촉각(Fern-Tastsinn)"으로 설명한다.[62)] 원격 촉각은 극대화된 다른 감각들과 장치들이 더해져 실제 촉각처럼 작용한다. 원격 촉각은 원격 현전이 전제다. 원격 현전이 가능하지 않으면, 원격 촉각도 가능하지 않다. 즉 원격 촉각은 지리적 거리의 소멸로 파생된 결과인 것이다. 원격 촉각은 매체가 매개된 경험을 의미하며, 간접 감각을 의미한다. 원격 촉각은 전자적으로 가능해진 시각과 청각 그리고 촉각이 더해진 복합 지각이다. 또한 벤야민과 마찬가지로 질료에 대한 접촉이 시각적으로 가능해진 유사 촉각성이다.[63)] 그러나 비릴리오에게 이러한 새로운 지각 방식은 긍정적이지 않다. 왜냐하면 바로 원격 촉각

---

61) 참조: Walter Benjamin, "Das Kunstwerk im Zeitalter seiner technischen Reproduzierbarkeit", S. 478-502.

62) Paul Virilio, "Die große Optik", S. 59.

63) Paul Virilio, 『소멸의 미학』, 114쪽.

은 일종의 원격 조정이며, 그렇기 때문에 원격 감시를 가능하게 하기 때문이다.[64] 뿐만 아니라, 이러한 기계적 도움에 의한 감각의 확대는 진정한 의미에서 감각의 확대가 아니라, 오히려 감각의 쇠퇴를 초래한다고 비릴리오는 비판한다. 많은 경험들이 매체에 의해 매개된 지각 방식으로 간다는 것은 직접 지각의 쇠퇴를 의미한다.[65] 비릴리오에게 지각의 직접 지각의 쇠퇴는 단지 지각의 쇠퇴로만 끝나지 않는다. 이는 더 나아가 시각적 주체의 해체를 초래하기도 한다. 그에 따르면 모든 것들이 이제 가시화되고 또 복합 지각이 등장함으로써 오히려 시각 주체는 급격하게 해체된다는 것이다.[66] 벤야민이 새로운 지각 방식, 즉 시각적 촉각성과 분산적 지각 과정에서 주체가 능동적으로 활동할 것이라고 본 것과는 달리, 비릴리오는 새로운 지각 과정에서 "시각 주체성의 완전한 소멸"이 일어난다고 본 것이다.[67]

## VI. 나가며: 유토피아 또는 디스토피아?

벤야민과 비릴리오는 둘 다 '감성학'의 관점에서 지각 이론으로서 미학을 해석한 대표적인 학자들이라고 볼 수 있다. 왜냐하면 이 둘은 특히 매체가 개입된 시각 체계에 대한 분석을 무엇보다도 지각을 중심으로 분석했기 때문이다. 그러나 이 둘은 같은 현상을 유사한 방식으로 분석하면서도 보는 관점이 다르다. 벤야민이나 비릴리오 둘 다 시각 기계의 적극적 개입을 시각의 확장으로 보았다는 측면에서는 동일하다. 벤야민이 시각 기계에 시각 영역에 개입함으로써 이미지가 숭배적 가치에서 벗어나 전시 가치를 갖게 되고, 이미지의 존재함이 중요했던 시기에서 벗어나 비로소 보여주는 장을 갖게 되었다고 긍정적으로 평가했다. 그는 진정한 의미에서의 '이미지 접근 가능성에 대한 민주화'가 열렸다고 보았기 때문이다. 그러나 비릴리오는 이러한 벤야민

64) Paul Virilio, "Das dritte Interval", S. 26.
65) Paul Virilio, 『정보과학의 폭탄』, 117쪽.
66) Paul Virilio, 『소멸의 미학』, 98쪽.
67) Paul Virilio, "Die versteckte Kamera", in: Paul Virilio, *Die Sehmaschine*, , S. 111.

의 주장과는 달리 시각의 확대를 부정적으로 평가한다. 그는 지금의 시대는 "넘쳐나는 호기심, 탐욕스러운 눈, 시선에 대한 규제 철폐의 시대인 20세기는 사람들이 주장하듯이, '이미지'의 시대라기보다는 광학의 시대 그리고 착시의 시대"라고 규정한다.[68] 또한 시각이 확대되었다는 것은 볼 수 있는 능력이 확대되었다는 것과 감시당할 수 있는 기회가 확대되었다는 것과 같은 의미이기 때문이다. 즉 비가시적인 것이 가시화되었을 뿐만 아니라, 은밀하게 감추고 싶거나 보호받고 싶은 사적인 측면이 가시화되었다는 것을 의미하며, 나도 모르게 나의 일상생활이 가시화되었다는 것을 의미하기 때문이다. 그렇기 때문에 앞으로의 전망에 대한 평가도 다르다. 이러한 관점과 전망의 차이는 바로 이 둘이 바라보는 기술 문명에 대한 차이에서 본질적으로 기인한다.[69]

비릴리오에게 기술의 의미와 영향력은 매우 크지만, 큰 만큼 암울하다. 지금까지의 기술 발전과 앞으로 다가올 기술의 발전에 대해서 그는 거의 "묵시론적 전망(apokalyptische Vision)"을 펼치고 있다.[70][71] 그 이유는 무엇보다도 기술이 전쟁의 쌍생아이기 때문이다. 이 둘은 운명을 같이 하고 있다는 게 비릴리오의 진단이다. 그래서 그는 속도와 볼 수 있는 능력을 바로 권력과 연결

---

68) Paul Virilio, 『정보과학의 폭탄』, 33쪽.

69) 벤야민의 기술 개념에 대해서는 다음의 졸고를 참조하길 바람: 심혜련, 「예술과 기술의 문제에 관하여: 벤야민과 하이데거 논의를 중심으로」, 『시대와 철학』, 제17권 1호, 한국철학사상연구회, 2006.

70) Andreas Kuhlmann, "Einleitung", in: Andreas Kuhlmann (Hrsg.): *Philosophische Ansichten der Kultur der Moderne*, Frankfurt am Main, 1995, S. 15.

71) 현재의 매체 변화에 의해서 야기된 변화에 대한 입장을 크게 두 가지 방향으로 나누어 볼 수 있다. 하나는 비릴리오가 취하고 있는 묵시론적 입장이며, 또 다른 하나는 동 시대의 대표적인 매체 학자인 플루서가 취하고 있는 긍정적인 입장이다. 이와 관련해서는 다음을 참조하길 바람: Mike Sandbothe, Walther Ch. Zimmerli, "Einleitung", in: Mike Sandbothe, Walther Ch. Zimmerli,(Hrsg.), *Zeit-Medien-Wahrnehumg*, Darmstadt, 1994, S. 7-10. 물론 비릴리오를 기술 묵시론자로 보는 관점에 반대하는 입장도 있다. 대표적으로 아미타지는 비릴리오에 대한 글에서 비릴리오에 대한 비판의 글들을 다시 비판하면서, 그를 단지 기술 공포증을 가진 이론가로 취급할 수 없다고 주장한다. 아미타지에 따르면, 비릴리오는 동시대의 기술과 매체에 대해 부정적인 측면뿐만 아니라, 긍정적인 측면 또한 지적하고 있다는 것이다. 그렇지만 아미타지 또한 어떻게 비릴리오가 긍정적인 측면을 보여주고 있는지는 구체적으로 보여주고 있지 못하다. 아미타지의 견해에 대해서는 다음의 글을 참고하길 바람: John Armitage, "Speed and Politics: An Introduction to Paul Virilio", 「폴 비릴리오의 정치 이론 - 『속도와 정치』를 중심으로」, 폴 비릴리오, 『속도와 정치』, 이재원 옮김, 그린비, 2004, 31-40쪽.

시켰으며, 또 이를 전쟁과 연결시켰던 것이다. 디지털 매체를 중심으로 한 현재의 통신 체계에 대해서도 마찬가지다. 비릴리오는 기계를 매개로 해서 일어나는 피드백이 보이지 않는 위협을 초래하고 있다고 강조한다.[72]

디지털 관음증과 노출증이 일상적인 현상으로 된 지금, 비릴리오의 경고는 분명 중요하다. 또 확장된 시각 체계 속에서 무엇이든지 보려고 하는 그리고 단순한 호기심으로 보려고 하는 탐욕스러운 시각이 실제로 존재하는 지금, 그의 경고는 결코 카산드라의 틀린 예언으로만 작용하지 않을 것이다. 그러나 비릴리오의 기술에 대한 사유는 하나의 경고 그 자체로만 읽혀진다. 또 희망의 여지가 없는 경고다. 그러나 말 그대로 경고로 끝나기 때문에 이는 이를 극복하기 위한 새로운 차원으로 나갈 수 없으며, 결국 이 또한 하나의 허무주의로 끝날 수 있는 경향이 있다.[73] 한탄은 쉽다. 체념 또한 쉽다. 그러나 이를 극복하기 위해서는 한탄과 체념과는 다른 무엇이 있어야 한다. 비릴리오의 저작에는 바로 이 다른 무엇이 2% 부족한 채 남아 있다. 그렇기 때문에 기술이 가지는 암울한 측면을 지적함과 동시에 그것이 희망의 도구로 쓰일 수 있음을 살펴본 벤야민의 논의가 지금 우리에게 오히려 현실적으로 힘을 주는 것이 아닌가 싶다. 왜냐하면 우리에게 필요한 것은 절망이 아니라, 희망이기 때문이다.

72) Paul Virilio, 『정보과학의 폭탄』, 15쪽.

73) Stefan Breuer, *Die Gesellschaft des Veerschwindens. Von der Selbstzerstörung der technischen Zivilisation*, Hamburg 2000, S. 156.

## 참고 문헌

Andreas Kuhlmann, "Einleitung", in: Andreas Kuhlmann (Hrsg.): *Philosophische Ansichten der Kultur der Moderne*, Frankfurt am Main, 1995.

Georg Simmel, "Die Grossstädte und das Geistesleben", 「대도시와 정신적인 삶」, 『짐멜의 모더니티 읽기』, 김덕영/윤미애 옮김, 새물결, 2005.

Götz Großklaus, "Medien-Zeit", in: Mike Sandbothe, Walther Ch. Zimmerli(Hrsg.), *Zeit-Medien-Wahrnehmung*, Darmstadt, 1994.

Götz Großkraus, *Medien-Zeit Medien-Raum. Zum Wandel der raumzeitlichen Wahrnehmung in der Moderne*, Frankfurt am Main, 1995.

Graeme Gilloch, *Myth and Metropolis. Walter Benjamin and The City*, 『발터 벤야민과 메트로폴리스』, 노명우 옮김, 효형출판, 2005.

Hans Blumenberg, "Licht als Metapher der Wahrheit: Im Vorfeld der philsophischen Begriffsbildung", 「진리의 은유로서의 빛」, 『모더니티와 시각의 헤게모니』, 데이비드 마이클 레빈 엮음, 마틴 제이 외 지음, 정성철/백문임 옮김, 시각과언어, 2004.

John Armitage, "Speed and Politics: An Introduction to Paul Virilio", 「폴 비릴리오의 정치 이론 - 『속도와 정치』를 중심으로」, 폴 비릴리오, 『속도와 정치』, 이재원 옮김, 그린비, 2004.

Lev Manovich, *The Language of New Media*, 『뉴미디어의 언어』, 서정신 옮김, 생각의나무, 2004.

Mike Sandbothe, Walther Ch. Zimmerli, "Einleitung", in: Mike Sandbothe, Walther Ch. Zimmerli,(Hrsg.), *Zeit-Medien-Wahrnehumg*, Darmstadt, 1994.

Nida-Rümelin, Bertzler (Hrsg.), *Ästheik und Kunstphilosophie von der Antike bis zur Gegenwart*, Stuttgart, 1998.

Paul Virilio, *La Bombe informatique*, 『정보과학의 폭탄』, 배영달 옮김, 울력, 2002.

Paul Virilio, *Esthétique de la disparition*, 『소멸의 미학』, 김경온 옮김, 연세대학교 출판부, 2004.

Paul Virilio, *Guerre et Cinéma*, 『전쟁과 영화』, 권혜원 옮김, 한나래, 2004.

Paul Virilio, *Der negative Horizont*, Frankfurt am Main, 1995.

Paul Virilio, "Weniger als ein Bild", in: Paul Virilio, *Die Sehmaschine*, übersetzt von Gabriele Ricke und Ronald Voullié, Berlin, 1989.

Paul Virilio, "Die Sehrmaschine", in: *Die Sehmaschine*.

Paul Virilio, "Die versteckte Kamera", in: *Die Sehmaschine*.

Paul Virilio, "Die große Optik", in: Paul Virilio, *Fluchtgeschwindigkeit*. übersetzt von Bernd Wilczek, Frankfurt am Main, 2001.

Paul Virilio, "Das dritte Interval", in: *Fluchtgeschwindigkeit*.

Paul Virilio, "Die Perspektive der Echtzeit", in: *Fluchtgeschwindigkeit*.

Paul Virilio, *Geschwindigkeit und Politik*, Berlin, 1980, S. 61, 여기서는 다음의 책에서 재인용: Stefan Breuer, *Die Gesellschaft des Veerschwindens. Von der Selbstzerstörung der technischen Zivilisation*, Hamburg, 2000,

Sigmund Freud, "Das Unbehagen in der Kultur", 「문명 속의 불만」, 『문명 속의 불만』, 김석희 옮김, 열린책들, 1997

Stefan Breuer, *Die Gesellschaft des Verschwindens. Von der Selbstzerstörung der technischen Zivilisation*, Hamburg, 2000.

Walter Benjamin, *Das Passagen-Werk*, in: Walter Benjamin, *Gesammelte Schriften* Bd. V. 1, Unter Mitwirkung von Theodor W. Adorno und Gerschom Scholem herausgegeben von Rolf Tiedemann und Hermann Schweppenhäuser, Frankfurt am Main, 1991.

Walter Benjamin, "Erwiderung an Oscar A. H. Schmitz", in: Bd. II. 2.

Walter Benjamin, "Über einige Motive bei Baudelaire", in: Bd. I .2.

Walter Benjamin, "Das Kunstwerk im Zeitalter seiner technischen Reproduzierbarkeit", in: Bd. I. 2.

Walter Benjamin, "Kleine Geschichte der Photographie", in: Bd. II. 1.

Wolfgang Schivelbusch, *Geschichte der Eisenbahnreise. Zur Industrialisierung von Raum und Zeit im 19. Jahrhundert*, 『철도 여행의 역사』, 박진희 옮김, 궁리, 1999.

Wolfgang Welsch, Grenzgänge der Ästheik, 『미학의 경계를 넘어』, 심혜련 옮김, 향연, 2005.

심혜련, 「놀이공간으로서의 대도시와 새로운 예술체험」, 『공간과 도시의 의미들』, 철학아카데미 지음, 소명, 2004.

심혜련, 「예술과 기술의 문제에 관하여: 벤야민과 하이데거 논의를 중심으로」, 『시대와 철학』, 제17권 1호, 한국철학사상연구회, 2006.

심혜련, 『사이버스페이스 시대의 미학』, 살림, 2006.

# 과학기술의 수사학적 이해를 위한 시론*

이지훈
부산대학교

## Ⅰ. 서 론

이 글은 과학기술을 좀 더 넓은 문화적 맥락 속에서 이해할 수 있는 틀을 마련해보려는 시도에서 나왔다. 먼저 전통적인 관점들의 내용들을 간단하게 짚어볼 것이다. 그 과정에서 예술을 보는 관점과 과학을 보는 관점이 서로 비슷한 양상으로 변천해 왔음을 살펴볼 것이다. 그리고 이러한 기존의 틀에 대한 반론으로 제기된 포스트모더니즘의 경향을 살펴보았다.[1] 나아가 이 글은 과학기술과 예술의 상호관계를 이해한다는 면에서 한 가지 새로운 가능성을 시도해보고자 한다. 그것은 포스트모더니즘이 제기하는 문제를 인정하되, 과학기술의 고유하고 합법적인 담론 양상을 밝히는 시도라고 할 수 있다. 그 시론으로 수사학적 논증과 비유법을 제시해보았다. 이를 통해 수사학이 단지 예술 영역에만 나타나는 것이 아니라 과학기술 영역에도 작동하는 원리가 될 수 있다는 점을 살펴볼 것이다.

---

* 이 글은 2010년 과학문화연구센터의 지원을 받아 이지훈(2009)을 수정하고 보완한 것임.

1) 이 글에서 언급하는 포스트모더니즘은 예술과 과학에 대한 포스트모더니즘의 논의 및 포스트구조주의를 넓게 포괄한다. 특히 과학에 대해서는 이른바 과학기술의 '경험적 상대주의 프로그램'과 '사회구성주의' 등을 포괄적으로 지칭할 것이다.

# II. 과학기술과 예술을 보는 관점의 변천

## 1. 전통적인 관점

거칠게 말해 20세기 이전까지의 근대 과학기술은 과학기술자들의 활동을 '자연의 모방' 활동으로 여겼다고 말할 수 있을 듯하다. 이때 과학은 물리세계의 실상을 있는 그대로 기술(description)하는 것이었으며, 기술은 또한 그 객관적인 물리세계에 대해 명백하고 직접적인 방식으로 작용하는 활동이었던 것이다. 하지만 이런 관념은 새로운 도전을 받기 시작했다. 가령 양자역학을 비롯한 미시 물리학이 그렇듯이, 과학기술은 비록 자연의 감각 자료에서 출발하지만, 그 차원을 훨씬 초과한다는 관점이 나온 것이다. 20세기 중반에 프랑스의 과학철학자 가스통 바슐라르(Gaston Bachelard)가 제기한 '인식론적 단절' 개념이나 '부정의 철학', 또 '새로운 과학정신' 등의 개념들은 바로 이 측면을 강조하는 것이다.

이때 현대 과학기술은 단순히 자연을 모방한다기보다는 오히려 자연과 단절하는 측면을 보여준다고 할 수 있다. 이를테면 근대 과학기술이 자연에 대해 직접적인 관계를 설정했다면, 이제는 자연에 대해 좀 더 우회적인 관계를 설정하는 것이다. 다시 말해 현대 과학기술은 물리세계의 탐구과정에서 인공적인 양상, 즉 연구자의 적극적인 기획, 독창적인 무대설정, 창의력, 상상력과 같은 예술가의 자질을 강조하는 경향이 있는 것이다. 이러한 차이는 예술 영역에서 논의되는 고전적 모방 이론과 낭만주의적 표현 이론의 차이를 떠올리게 한다. 새로운 과학기술의 개념은 마치 낭만주의적 표현 이론과 마찬가지로 하나의 단일한 경험을 여러 가지 다른 형식으로 형상화하는 능력과 연관이 있으며, 나아가 하나의 사물을 관례적인 관점들과 다르게 볼 수 있는 창의성을 강조하는 것이다. 기본적으로 쿤(Kuhn)이 언급한 새로운 패러다임의 고안(shift)이나 과학혁명 개념도 특히 현대 과학기술의 이런 측면과 연결된다고 할 수 있다.

근대 과학기술과 현대 과학기술이 보여주는 이처럼 상이한 두 가지 경향은 20세기 영미 과학철학계의 실재론(realism) 논쟁과도 연관이 있을 듯하다. 그 논쟁의 핵심적인 문제의식을 과연 과학 이론이 진정 물리세계를 객관적으로 기술하는가, 아니면 정교한 허구인가 하는 물음으로 요약한다면, 여기서 실재론과 반(反)실재론은 각각 두 경향을 대표한다고 볼 수 있다. 이 논쟁은 예술철학에서 고전적 참여(participatory)와 근대적 미적 태도(aesthetic attitude) 개념 간의 갈등을 연상하게 한다. 먼저 참여 개념은 예술 향유의 일체감과 공유를 강조한다. 이때 예술 작품은 개인을 자기보다 큰 어떤 근원에 연결시켜주는 것이다. 즉 수용자는 "자아가 해체되어 작품의 경험으로 용해됨"으로써 근본적으로 중요한 무엇에 참여한다.(Townsend, 1999:221) 이 관점에서 볼 때 사적인 감상은 위험한 것인데, 수용자가 자칫 잘못된 '무엇'에 참여할 수도 있기 때문이다. 따라서 참여 개념이 강조하는 예술 향유의 공유는 기본적으로 향유의 공공성을 지향하는 것이다.

근대 과학기술에 대한 전통적인 관점은 이러한 고전적 참여의 이념을 지지하는 듯하다. 개인의 사견을 버리고 자연을 있는 그대로 기술하겠다는 의지가 지식과 표현의 공공성으로 이어지고 있기 때문이다. 실제로 근대 과학기술은 언어적 소통의 관점에서 르네상스 비학(occult science)의 비밀스런 지식 전달체계에 반대하며, 열린 지식 전달체계를 지향하는 토대 위에서 출발했다. 실험이라는 행위도 누구나 언제라도 재연할 수 있는 경험의 조건을 제시한다는 점에서 개방적 소통과 지식의 공유를 전제하는 것이다. 또한 칼 포퍼가 반증 가능한 것으로서의 과학과 '열린사회'를 언급한 의미도 이 맥락에서 이해될 수 있다.

그런데 근대적인 미적 태도 개념은 고전적 참여가 전제하는 것, 즉 어떤 근원적 실재에 대한 형이상학과 그것을 향해 사적인 자아를 버림으로써 참여한다는 함축을 받아들이지 않는 채 예술 작품의 수용을 설명하는 것처럼 보인다. 여기서 미적 경험은 이중적으로 자율적인 영역으로 간주된다. 그것은 첫째, 개인마다 고유한 경험세계를 뜻하는 동시에 둘째, 자연의 모방에서 벗어난 자유를 가리킨다. 전자는 작품의 창작과 수용이 개인적 독창성에 근거하는 개별성의 계기가 된다. 후자는 비록 보편적 경험의 대상을 전제하지 않음에도, 예술의 목표를 자연에 대한 개인적인 이해 즉 실용성이란 범주에서 해방시킨다는 면에서 개인성을 넘어 보편성을 얻는 계기가 된다. 요컨대 근대적인 미적 태도 개념이 전제하는 자율성에는 보편과 개별의 이중성이 들어 있는 것이다. 근대 미학에서 강조한 무관심(무사무욕, disinterestedness) 개념은 이처럼 미적 경험의 자율성을 지키는 동시에 보편성을 확보하려는 노력의 산물로 이해될 수 있다.

현대 과학기술을 이해하는 새로운 경향은 이러한 관점과 유사한 면이 있는 것으로 보인다. 첫째, 이론체계를 만드는 출발점에서 탐구자는 먼저 물리세계 전체에 대한 관심을 뒤로 미룬 채 개별적이고 즉각적인 자연 현상 자체에 몰두하기도 한다. 즉 개별성의 계기를 보여주는 것이다. 이 순수한 '앎의 욕망'을 두고 바슐라르는 과학자의 원초적인 태도이자 형벌이라는 뜻에서 '프로메테우스 콤플렉스'라고 부르기도 했다. 둘째, 현대 과학이 다루는 영역이 일상적인 자연이나 친숙한 사물의 경험을 넘어선다는 면에서 과학은 종종 대상 사물의 실존에 대한 관심을 배제한다. 즉 일상(감각) 대상에 대한 관심을 배제하는 것이다. 셋째, 사적인 관심과 이해, 또 실용적인 관심에 대해서라면 과학은 충분히 무관심을 표방한다고 할 수 있다.

특히 세 번째 측면을 재론하자면 과학기술에는 분명히 칸트나 가다머(Gadamer)가 언급한 예술의 유희 개념을 떠올릴 만큼 일상적인 욕구에 얽매인 유용성과 쾌락(pleasure)을 벗어나 그 자체로 가치 있는 즐거움(delight)을 향유하는 면이 있다. 즉 자신의 경험과 관념을 가다듬어 구체화하는 과정 자체에서 즐거움을 누리는 측면이 있는 것이다. 이것은 일종의 미적 유희활동이 과학기술과 예술로 전개되었다는 생각인데, 사실 가스통 바슐라르가 본 과학기술의 핵심도 여기에 있다.

## 2. 포스트모더니즘

이처럼 미학에서 고전적 참여 개념이 함축하는 개방(공공)성과 근대적 미적 태도 개념은 과학기술을 이해하는 관점에 각각 상응하는 닮은꼴로 나타났다고 할 수 있다. 그런데 근대적 미적 태도, 그리고 이것과 연관된 무관심 개념은 지나치게 이상적인 측면을 함축하고 있다. 특히 창작자와 수용자 간의 관계라든가 예술의 자율성에 대한 이상적 설정에 대해서는 논란의 여지가 있다. 그래서 1960년대 이후부터 철학사상과 문학예술 영역에서는 이른바 포스트모더니즘으로 불리는 반론들이 꾸준히 제기되어 왔다.

과학기술철학 영역에서 포스트모더니즘은 사회적 구성주의(social constructionism)가 주도한 경향들을 대표적인 사례로 들 수 있을 것이다.[2] 사회적 구성주의는 요컨대 과학기술의 탐구와 실천이 단지 실험실의 내부 공간 속에서 고립된 방식으로 진행되는 연구 활동이 아니라 실험실 안팎에 존재하는 다양한 사회적 구성인자들의 참여를 통해 진행되는 '사회적 담론'의 형태로 여긴다. 이때 과학기술을 둘러싸고 진행되는 사회적 담론은 사회의 구성인자들이 구성하는 담론들 가운데 하나에 지나지 않으며, 이 점에서 사회적 구성주의는 과학기술자들의 활동을 일반적인 문화적 활동 가운데 하나로 간주한다. 따라서 사회적 구성주의는 현대 과학기술에 대한 '문화연구'적 접근을 시도한다고 볼 수 있을 것이다. 이것이 문화연구적 접근이라는 의미는 예술 영역에서 진행된 포스트모더니즘 논의를 비교해 봄으로써 분명히 이해될 수 있을 듯하다.

예술 영역의 포스트모더니즘은 예술 작품에 대한 미학적 논의보다는 예술의 생산과 소비 활동 전반에 주목하는 경향으로서 예술을 사회・역사적인 맥락, 문화적 관계, 요컨대 담론 상황의 산물로 보는 이론적 흐름을 들 수 있을 것이다. 먼저 제도(institution)의 분석이 제기된다.(Townsend, Ibid:266, 310-318) 그것은 한 시대, 사회의 예술에서 담론의 규칙을 마련하는 제도를 고찰하는 것인데, 여기서는 사회구조와 후원(patron)의 영향력이 중요한 분석요소이다. 후원자는 예술 활동의 경제적 조건뿐 아니라 작품에 특정한 지위를 부여하는 특권적 수용자로 간주된다.

물론 후원자는 작품을 직접 만드는 작가도 아니며, 그 생산과정 전체를 지

2) 이 입장을 모은 글로는 위비 바이커(1999) 외 지음, 송성수 옮김, 『과학기술은 어떻게 사회적으로 구성되는가』, (서울: 새물결)가 있다.

배하지도 않는다. 하지만 교회나 군주가 후원자이던 중세 사회와 소비 대중이 후원자인 근대 사회에서 예술의 생산양식이 보여주는 차이는 현저한 것이다. 이것은 후원자의 내포와 외연이 사회적 상황에 따라 심대하게 변형될 수 있으며, 예술 생산양식의 변형과 확장과 깊이 연계된다는 사실을 생각하게 만든다. 포스트모더니즘 예술이론은 그래서 예술계(art world) 범주를 제안한다. 이것은 근대적 주체, 즉 공공성과 무관심 개념 등이 가정했던 '안정'된 정체성을 허구로 돌리고, 예술가와 수용자가 서로를 규정하며 변화해 가는 그물망을 설정한다. 이제 전통적으로 예술과 미(美)에 배속되는 것으로 여기던 고정된 본질은 성립하지 않는다. 한 작품을 예술 작품으로 규정하는 본질적 기준은 존재하지 않는 것이다. 다만 존재하는 것은 역사・사회적 맥락 속에서 변화해가는 예술 담론의 양상, 즉 예술을 둘러싼 사회적 담론의 변화이다.

과학기술에 관한 담론에도 비슷한 변화가 일어났다. 구성주의적 경향의 과학기술철학은 과학 이론 자체의 성격보다는 과학 '활동'의 양상을 보려는 경향이 있다. 앞에서 르네상스 비학과 근대 과학의 특성을 언어 소통의 관점에서 비밀주의와 공개주의(참여, 공유)로 대비했다. 그런데 구성주의로 접근하면 또 다르게 설명할 수 있다. 먼저 비밀주의를 대표하는 표현 방식은 자연언어에 가까운 상징, 도상(emblematic), 그림 언어들인 반면 공개주의는 표상(representation)과 규약을 전제로 하는 언어, 대수학적이며 체계적인 인공 언어로 대표된다.(이지훈, 2000) 하지만 상징, 도상 등을 무조건 진실을 감추는 언어로만 여기면 사태를 너무 단순하게 보는 것이다. 연금술사 파라켈수스만 해도 16세기 당시의 기존 의학을 공개적으로 혁신하려던 사람이었다.[3] 상징, 도상 등의 표현 방식은 적어도 그 체계를 이해하고 수용하는 이들에게는 명쾌할 수도 있다는 의미인 것이다.

이처럼 집단에 따라 판별 기준이 다르다면 명쾌함과 공개성의 표현 방식

3) 파라켈수스는 말했다. "신비스러운 헤르메스주의 철학자들 … 그들은 내가 화학의 봉인을 부수어 열었다고 비난한다. 그리하여 후손들에게 자유롭게 전달했다고 비난한다." (Golinski, 1990: 374) 이 점에서 파라켈수스는 연금술의 비밀 관습을 공격했다고 할 수 있다. 또한 그의 사망 이후 파라켈수스 학파가 쏟아낸 출판물들은 그들이 비록 상징 표현 방식을 쓴다 해도 지식을 숨기려 하지는 않았음을 말해준다.

에 대한 절대적인 기준이 성립하지는 않을 것이다. 골린스키(Golinski, Ibid: 375-376)가 지적하듯이 "이전 저작들이 모호하다고 선언하고, 자신은 과거 누구보다 명쾌하게 지식을 밝힌다고 주장"하는 것은 17세기 저자들의 "필수적인 수사학적 장비"이기도 했다. 과학자이건 연금술사이건 간에 공통적으로 쓰던 수사였다는 뜻이다. 그렇다면 오히려 하나의 판별 기준이 어떻게 지배적인 기준으로 성립되는가 하는 것에 문제의 핵심이 있다. 다시 말해 특정한 기준을 공동체 성원 전체에 설득해낸 과정이 중요한 것이다. 여기서 설득의 과정 혹은 '설득의 학문'으로서 수사학(rhetoric)의 문제가 제기된다.

수사학의 문제란 다음과 같은 물음들과 연관되는 것이다. 근대 과학이 공개주의를 표방하며 과거 비학의 유비와 문학적인 수사에 맞서 '진솔한 기술(plain description)'의 수사를 통용시킬 수 있던 사회문화적 맥락은 무엇인가? 푸코의 표현을 빌리면 근대 과학기술이 소속된 수사학의 공간, 또는 담론의 구조는 무엇인가? 이런 물음들에는 예술과 마찬가지로 후원자 분석을 도입할 수 있는데 가령 출판 시장, 제도, 개인적 후원을 예로 들어보자. 이러한 요인들은 단순히 두 가지 항 사이에 단선적인 인과관계를 설정하는 것으로는 분석되기 어렵다. 예술계에서 수용자와 예술가가 상호 구성, 변화하는 그물망을 가정했듯이, 구성주의는 과학기술 활동을 이루는 요소들의 '병렬 배치', '행위자－네트워크'를 가정하는 것이다.[4]

가령 16세기 이후로는 과거에 비밀이던 지식들이 인쇄물로 출판되고, 그 판매 부수가 저자의 부와 권위를 뒷받침해주는 출판시장이 형성된다. 또 과학자들은 대학에서 교수직을 얻거나 프랑스식 국가제도에 의해 급료를 받는 대신[5], 누구나 이해할 수 있는 공개강의를 해야 했다. 이런 상황들은 총체적으로 과거 도제관계 속에서 지키던 '침묵 서약'을 깨고 근대 과학이 내세운 명쾌함과 공공성의 기준을 확산하는 쪽으로 과학기술자들을 몰아간 것이다.

따라서 과학기술을 단지 사적인 관심과 실용적 목적을 떠난 무관심, 순수

4) '병렬 배치'란 여러 요인들이 위계서열 구조를 갖지 않는다는 뜻이며, '행위자-연결망'(actor-network)은 심지어 무생물도 한 사회의 과학기술을 결정하는 그물을 이룬다는 관점을 깔고 있다.

5) 프랑스의 식물학회(Jardin Royal des Plantes) 제도를 들 수 있다.

한 앎의 의지 등으로만 풀이하는 것은 사실 과학기술자들을 사회와 독립적이고 이상적인 인식 주체로 놓은 것이다. 그것은 인간의 '관심'이 특정한 문화적 맥락에서 형성되는 측면이 있음을 놓치게 만든다. 아마도 '과학은 우리에게 무엇인가'라는 물음에 대해 20세기 전반의 과학철학계가 적절한 대답을 할 수 없었던 까닭은 여기에 있을 것이다. 어쩌면 그들은 과학기술의 의미를 폐쇄된 실험실 공간 속에서 발견하려 했다고 할 수 있다. 마치 근대 미학에서 예술의 의미가 순수한 창조-수용자 관계, 그리고 아틀리에와 미술관 같은 이상적인 공간 속에 존재하는 것으로 여겨졌듯이, 과학기술의 의미를 순수한 인식 주체가 진리를 얻는 과정에 있다고 봄으로써 그 활동이 지니는 풍성한 문화적 의미를 배제했던 것이다.

사회적 구성주의가 보기에 과학기술을 구성하는 담론의 공간은 복잡하고 유동적이다. 여러 집단들이 뒤엉켜 서로를 규정하고, 종종 정치권력이나 소비욕망 등이 개입하기도 한다. 이러한 상황 인식은 과학과 사이비과학의 구분을 형식적인 방법론 탐구를 통해 정립하려는 전통적인 시도에 한계를 긋기도 한다. 어떤 방법론도 과학을 정의하는 절대적인 기준이 될 수 없다는 결론에 도달하기 때문이다. 따라서 구성주의는 오히려 과학자 공동체의 실제 활동에 주목하기를 제안한다. 실험실의 일상 활동을 인류학의 민속지 연구방식으로 접근하며, 과학자의 대화와 논문 저술을 일종의 '텍스트'로 여기고 분석하기도 한다. 이런 시도는 실질적으로 과학기술의 이론과 활동 전체를 하나의 문화적 텍스트로 간주함으로써, 문화연구의 방법을 과학기술 영역으로 넓힌 것이라고 볼 수 있다.

과학문헌에 대한 서사(narrative) 이론적 접근도 비슷한 맥락에서 이해될 수 있다. 가령 과학문헌의 서술자가 어떤 인칭을 쓰는지를 검토할 수도 있다. 가령 고대 그리스 자연철학이 태동하던 시기와 근대 과학혁명 이후 2세기 동안의 문헌들은 거의 모두 1인칭 단수형의 주어로 서술되었다. 반면 18세기 이후의 과학문헌에는 1인칭 복수형인 '우리'가 주어로 자리 잡았다. 이로부터 '나'가 전제하는 저자 중심(author centered) 관점이 과학 공동체의 성립과 더불어 사라졌다는 것을 추론해낼 수도 있다. 한편 '우리' 대신 3인칭 주어가 등장하기도 했는데, 이것의 수사학적 효과를 연구해볼 수도 있다.[6] 이처럼 20세기를 주도한 과학 방법론 논의를 넘어 수사학과 담론 상황을 연구하자는 제안에는 여러 가지 흥미로운 요소가 있다. 말하자면 과학기술자들의 활동을 사회문화적 맥락에 자리 잡게 하면서 "과학은 우리에게 무엇인가"라는 물음에 대답할 내용을 풍부하게 제공하는 것이다.

이런 관점에서 '경험적 상대주의 프로그램(EPOR)'에도 어느 정도 긍정적인 역할이 부여될 수 있을 듯하다. 이 프로그램은 해석적 유연성(interpretative flexibility) 개념을 전제하는데, 이때 유연성이란 하나의 사태를 놓고 여러 가지 해석이 가능하다는 현상을 가리킨다. 따라서 어떤 과학기술적 현상에 대한 해석이 사회적으로 공인되는 것은 중핵을 차지하는 논쟁집단들(core set)이 다수의 경쟁가설들을 두고 논쟁, 협상하여 단일한 가설을 확정해내는 과정의 결과라는 것이다. 이 확정과정을 종결기제(closure mechanism)라고 부르는데 과학기술학의 과제는 이러한 종결기제를 포착하고 그것이 사회정치, 문화적 맥락과 맺는 의미관계를 알아내는 것이다.

경험적 상대주의 프로그램은 고대 그리스 문명 이후로 모든 지식은 본질적으로 논쟁을 불러일으키며 논쟁은 투쟁적인 경쟁과 분리될 수 없었다는 사실을 떠올리게 한다. 이 관점은 논리적으로도 정당화될 수 있다. 과학법칙은 개연적인 가설이므로 언제나 경쟁가설을 수반한다. 그런데 논리학은 명제들의 사실 진위 자체를 확정하는 데 관여하지 않으므로 논리적 증명으로 해석들 간의 대립을 해소하기는 어렵다.[7] 그렇다고 관찰 사실의 진위 여부로 합의를 끌어내기가 어려운 상황이라면, 수사학적 논증이라는 담론적 상황이 형성되기 마련인 것이다.

물론 경험적 상대주의 프로그램은 한 행위주체(연구자)의 해석이 사회적으로 수용되는 과정을 종종 과도하게 비합리적인 과정으로 묘사하는 경우가 있

6) 정상 패러다임이 흔들리는 시기에는 1인칭 단수 주어가 많이 나타나는 듯하다. 사실 1인칭 복수형이나 3인칭 주어를 통한 서술에는 어떤 '공동체'가 전제된다. 이 공동체가 무너질 위기이거나 혹은 거기에 속하기를 바라지 않을 때는 1인칭 단수 주어의 서술이 진행되는 듯하다.

7) 논리학이 말할 수 있는 바는 "만일 전제가 참이면 결론도 참"이라는 것일 뿐, 전제의 참 거짓을 말하지는 않으므로, 거짓 전제를 포함한 타당한 논리 연역 추리도 가능하다.(Chalmers, 1985: 34-36)

으며, 이 점에서 경험적 상대주의 프로그램에 전적으로 동의하기는 어렵다. 그럼에도 이 프로그램은 과학기술이라는 현상을 폐쇄된 시험관(in vitro)에서 생생한 현실(in vivo)로 끌어내는 것에 공헌한 바가 적지 않은 듯하다.

특히 과학기술자의 활동이 과학기술자 공동체의 내부와 외부에 걸친 집단들이 서로 자기주장을 내놓고 설득하는 수사학적 논증 과정이라는 결론을 이끌어내었다는 면에서는 흥미로운 관점을 제시해주었다. 이때 수사학적 논증은 비록 논리적 증명이 지닌 필연성은 없지만 나름대로 엄격함을 가진다는 면에서 순수하게 감정적인 설득과는 다른 것이다. 과학자 집단에게 인정받으려면 그들이 공유하는 전제에 맞춰 견해를 펼쳐야 한다. 이때 하나의 견해를 과학적이라고 판단하는 공동전제는 사회역사적 맥락에 따라 유동적이지만, 일정한 시기에 상대적으로 안정되어 있다. 이 공동전제에 따라 전개되는 과학기술자들의 활동은 비유컨대 과학자 공동체라는 배심원을 앞에 둔 법정 공방에 가까운 것이다.(Pera, 1994)

## III. 수사학으로서의 과학기술

2절에서는 포스트모더니즘으로 분류한 이론적 경향에 주목했는데, 이 경향은 문화예술(학)의 영역에서도, 과학기술(학)의 영역에서도 서로 유사한 닮은꼴로 진행되어 왔다고 할 수 있다. 말하자면 위상학적 동형을 보여준 것이다. 그런데 현대의 과학기술과 예술은 단지 닮은꼴을 넘어 서로 깊이 상호작용하는 측면이 있는가 하면, 좀 더 큰 틀 속으로 포섭되는 측면도 있는 듯하다. 3, 4절은 후자를 고찰하고자 하는데, 수사학 개념을 근거로 삼고자 한다. 여기서 핵심은 인간의 의사소통이 대부분 설득과 설복의 성격을 가진다는 것이다. 이러한 주장의 의미는 과학기술자나 예술가들이 구성하는 문화 현상들에서 수사학이 차지하는 위치를 이해하는 것이 아니라 문화라는 것 자체가 수사학의 성격을 지닌다는 사실을 이해하는 것이다. 다시 말해 수사학이 문화적인 현상이라기보다는 문화가 궁극적으로 수사학의 현상임을 이해하는 것이다.

그런데 과학기술자들의 활동이 수사학의 과정이라고 한다면 언뜻 '진리'와 무관한 설득 효과만을 떠올리기 쉬울 것이다. 물론 가설들이 경쟁하는 상황은 감정과 신뢰 같은 요소를 끌어들이기도 한다.(Harré, 1990: 81-101) 말하자면 심리학적 설득 전략을 내포하는 것이다. 그러나 칼 포퍼가 말했듯이 "책상을 탁 치며" 소리친다고 해서 과학자를 설득할 수는 없다. 비유컨대 과학기술자들의 활동은 '시험관' 속의 작업도 아니지만 '마구잡이 놀음'도 아닌 것이다. 이처럼 과학담론의 수사학적 성격을 인정하되 심리학적 설득으로 환원되지 않으려면 담론의 특수성, 즉 과학기술의 고유하고 '합법'적인 담론 양상을 밝혀야 할 것이다.

아리스토텔레스에서 출발해보는 것이 좋겠다. 그는 철학으로 대표되는 진리와 수사학을 구별했지만 플라톤과는 달리 진리를 위해 수사학의 가치를 부정하지는 않았다. 그에 따르면 참된 앎이란 근본 원리에서 추론된 앎이다. 그럼에도, 우리가 직접 근본원리에 대해 "무엇인가를 말하는 것은 불가능"하다. 그래서 "통념(endoxa)으로부터 따져" 물어보는 수밖에 없다. 이 통념이란 플라톤이 경멸한 의견(doxa)과는 구별되는 것으로 일반적인 전제, 통용되는 믿음, 전문가에게 수용되는 견해, 문자로 기록된 견해, 주목받는 이론들이며, 이 통념으로부터 제일원리를 추론하는 것을 가리켜 변증(dialectic) 추론이라고 했다.(Aristoteles, 1998: 14-16)

통념 속에 이미 선택을 둘러싼 논쟁의 요소가 들어 있음을 볼 수 있다. 그러나 이런 논쟁은 학문의 발전에 도움이 된다. 한 문제의 "양 측면을 보고 난점을 제기할 수 있다면, 하나하나의 점에서 참과 거짓을 보다 쉽게 식별해낼 수" 있기 때문이다. 이러한 변증론이 학문에 유용하다는 관점은 지금도 타당할 듯하다. 과학은 담론을 통해 한 가지 원리를 고르는 과정이므로 논쟁을 피할 수는 없다. 이렇게 선택되는 원리는 개연성을 띠는 가설에 지나지 않으며, 이 선택을 향한 논쟁도 개연성을 띨 수밖에 없다. 그러나 과학적인 성과를 얻으려면 논쟁은 반드시 설득력 있는 추론을 포함해야 한다. 따라서 이 논쟁은 개연적이되, 엄격한 논증을 필요로 하게 되는 것이다.

이런 맥락에서 아리스토텔레스는 수사학적 논증을 정의한다. 수사학적 논증은 근본 전제가 확실하지 않으므로 절대적인 필연성을 갖추지 못하지만, 오히려 절대 진리에 대비되는 개연성이야말로 경험에 충실한 과학의 영역일 수 있다. 반면 개연적인 전제에서 출발하는 수사학적 논증이 경쟁가설의 논쟁에서 합법적인 역할을 할 수 있는 까닭은 그것이 아무 원칙 없는 선동과는 다르기 때문이다. 수사학적 논증의 바탕이 되는 '논거'들의 성격을 살펴보자면 『수사학』(1355b)은 기술(技術) 내적인 논거들과 외적인 논거들을 나누었다. 둘은 적극적으로 제시되었는가 아니면 미리 주어진 논거들에 기대어 호소되었는가에 따라 구분된다.

기술 내적인 논거에는 논리 객관적인 논거들(logos), 도덕 주관적인 논거들(ethos, pathos)이 있다. 특히 논리 객관적인 논거들에 바탕을 둔 설득이야말로 과학담론의 전형인 것처럼 보인다. 한편 외적 논거에는 말하는 이의 '명성'이나 '맹세' 같은 주관적인 것이 포함된다. 따라서 언뜻 보기에 외적 논거는 과학과 전혀 무관한 것처럼 보이기도 한다. 그러나 외적인 논거는 판례와 증언("다른 사람들이 x라고 말한다"), 자백, 계약서, 소송서류 같이 "증명할 수 있는 객관적인 요소들"을 포함한다. 특히 증언, 문서기록의 논거는 직접 관찰한 기록(phainomena)에 대조되는 레고메나(legomena)에 속한다. 또 레고메나는 아리스토텔레스가 과학 영역에 적용한 변증 추론의 바탕인 통념(endoxa)에 속하는 것이다.

레고메나는 현대 과학에서 표준 실험의 인용, 통용되는 이론의 전제, 실험 데이터의 이론적 구성 등과 연관된다. 따라서 과학적 논증은 기술 내적인 요소만이 아니라 기술 외적 요소도 포함한다고 할 수 있다. 이처럼 개연적 자료들로부터 구성되는 개연적인 논증 과정을 요구한다는 면에서 과학은 수사학적 논증과정을 포함한다. 르불은 후자를 "제3의 길"이라고 불렀다. 그는 정밀과학적 증명(démonstration)과 정서적 영향(유혹, 선동) 사이에 있는 제3의 길로서 논증(argumentation)이 있다고 했다. 이 '논증'은 곧 수사학적 논증을 가리키는데, 이것이 제3의 길인 이유는 정밀과학적 증명의 엄격함도, 객관성도 없지만 정서적 영향 같은 비합리적 요소도 없기 때문이다. 이 점에서 과학담론 연구는 무엇보다 수사학적 논증의 성격을 재검토하는 일이 되는 것이다.(Reboul, 1992, 1999: 95-97. 박성창, 2000: 55-56)

수사학적 논증이 밟는 과정을 전통적인 범주로 표현하면 이렇게 요약할 수 있다. 먼저 경쟁이론들이 어디서 부딪히는지를 알아내어야 한다. 쟁점(stasis)[8], 또 쟁점에 맞는 논거들을 찾아내고 "무엇을 말할 것인가"에 대한 주제 설정(논거발견)이 필요한 것이다.[9] 다음은 그 설정된 주제들의 자료를 정돈 배열(dispositio)해야 한다. 가령 연구자는 가설연역 모델을 따라 가설을 세운 다음 그것을 검증했다는 순서로 연구결과를 제시해야 한다. 즉 가설이 결과들의 축적보다 선행하는 것으로 배열해야 하는 것이다.[10] 이때 가설연역 모델은 연구 결과를 제시하는 일종의 서사적 관례라고 볼 수 있다. 수사학적 논증은 이 관례들을 통해 과학 공동체를 설득하는 과정을 포함하며, 과학 논쟁에서는 실제로 이런 작업이 이루어진다.

이러한 수사학적 합리성은 원칙적으로 의견들 간의 분쟁에서 반대되는 입장도 허용한다. 그러므로 하버마스의 표현을 빌리면 이처럼 과학기술자들의 활동을 수사학적 논증의 특성을 통해 이해하는 것은 과학기술이 "좀 더 나은 논거의 강제성 없는 강제"를 통해 수용되는 측면을 보여줄 수 있을 것이다. 다만 전통적인 과학기술자의 활동이 연구자와 자연의 대결, 혹은 라이벌 연구자들 간의 대결에 초점을 맞추는 '두 경기자(player) 게임'으로 이해되었다면, 이제 현대 과학기술자들은 경험적 상대주의 프로그램이 전제하듯이 과학기술자 이외의 다양한 경쟁자들이 더해진 '복수 경기자 게임'에 참여하는 것

8) 키케로(Cicero)에 따르면 추측(conjecture), 정의(definition), 성질(quality), 수속(procedure)의 요소로 나뉜다. 법정변론의 전형적인 요소들이다. 영어로는 각각 "Is it?", "What is it?", "What is its nature or quality?", "Is the action implied appropriate to the immediate situation?" 등에 해당한다. (Prelli, 1989: 53)

9) 토픽(Topica) 이론은 논거 발견의 핵심이다. 논증 내용들 즉 공론(公論, topos)을 연결해 분류하는 법을 다룬다. 이 분류는 마치 잘 정비된 도서관을 이용하는 것처럼 성공적인 논쟁을 위해 불가결하다. 아리스토텔레스가 예시한 것은 예증과 생략 삼단논법이다. 후자는 수사학적 삼단논법으로도 불리는데, 대전제를 생략한 논증이다. 청중은 생략된 전제를 복원하면서 수사학적 영향을 받는다. 이 생략된 전제에는 자명한 것도, 개연적인 것도 있을 것이다. 수사학적 논증의 경우는 물론 후자가 많다.

10) 실제 연구가 그렇게 진행되는 일은 드물다. 대부분 결과를 먼저 발견한 뒤, 연구 프로그램을 고안해낸다. (R. Harré, Ibid: 88)

으로 볼 수 있다. 말하자면 수사학적 논증의 범위가 확대되는 것이다. 그리고 이 과정에서 하나의 과학기술적 해석은 비교적 자발적인 '동의'를 거쳐 타당성을 얻게 되므로 과학기술자들이 수행하는 수사학적 논증은 사회적 담론의 장에서 상대적으로 합리적인 방향을 중재할 가능성을 얻게 되는 것이다.

## Ⅳ. 과학의 비유법(tropology)

니체는 "언어는 곧 수사학"이라고 보았는데, 이 말의 의미는 언어가 세계를 모방적으로 모사하는 것이 아니라 주관적인 감동을 전달하고 그와 더불어 수사학적 문채(文彩, figure)들, 특히 은유를 통해 작동하기 때문이다.(Ueding, 2010:90) 한편 언어가 곧 수사학이란 의미는 적어도 인류가 언어를 통해서만 세계와 관련을 맺을 수 있는 한, 인류와 세계의 만남에는 필연적으로 수사학이 관여한다는 의미가 되는 것이다. 따라서 과학담론의 고유함을 문화적 전망 속에서 찾으려는 노력은 비유법 연구로 이어질 수 있다. 이때 비유법은 단순히 문학적인 기교 차원을 넘어, 매우 넓은 뜻으로 이해된다. 가령 야콥슨이 은유와 환유의 두 과정이 언어활동 일반의 중심에 있다고 할 경우처럼 의사소통의 원리적 차원에서 이해되는 것이다. 마찬가지로 과학 활동에서 비유법 연구는 과학자의 대화, 논문 저술 등에 직접 나타나는 비유나 문채가 아니라, 정신영역이 개념화되는 방식을 일반적으로 파악하는 원리를 연구하는 과제를 맡을 것이다.

### 1. 은유

레이코프(Lakoff)가 강조하듯이 은유는 일상 언어뿐 아니라 사고를 가능하게 해주는 조건이다. 그는 실재를 인식하는 개념 조직이 기본적으로 은유의 성질을 띤다고 했다. 가령 "논쟁(argument)은 전쟁"이라는 은유를 가진 이와 "논쟁은 춤"이라는 은유를 가진 이가 논쟁을 통해 동일한 일을 수행하지는 않을 것이다.(정원용, 1996: 113) 이처럼 은유는 언어만이 아니라 사고과정의 문제이다. 그래서 은유의 자리(locus)는 "언어 속에 있는 게 아니라, 한 정신 영역(mental domain)을 다른 영역의 용어로 개념화하는 방식 속에 있다.(Lakoff, 1993: 203) 이때 은유는 "개념 체계 속에서의 횡단-영역 사상(cross-domain mapping)"으로 정의된다.[11] 가령 '사랑은 여행'이라는 은유는 한 경험 영역을 매우 다른 경험 영역을 통해 이해하는 것이며, 여행이란 원천(source) 영역에서 사랑이라는 목표(target) 영역으로 투사되는 사상(寫像)인 것이다. 이때 사상이란 "개념적 상응의 집합들"이다.

언어학에서 사상과 같은 수학용어를 차용한 것은 프레게나 옐름스레우의 함수(function) 개념에서 찾을 수 있다.[12] 그럼에도, 사상 개념으로 은유를 형식화하는 것에는 고전적인 정의 즉 전이(transfer)라는 계기가 유지되는 동시에 새로운 의의가 있는 듯하다. 특히 원천 영역에서 목표 영역으로 나아가는 방향성을 강조함으로써, 원천 영역이 근원임을 밝힌다. 이때 원천 영역은 인간의 물질·신체적이고 문화적인 경험에 바탕을 둔다. 이 영역에 속하는 은유를 레이코프는 뿌리(root) 은유라고 부른다.[13]

그는 고(高)에너지, 고차(high-level) 함수 등과 같은 순수한 지적 개념, 과학 개념들도 인간의 원초적인 공간 인지와 연관된 뿌리 은유에 바탕을 둔다고 보았다. 이런 맥락에서 그는 니체를 계승하는 측면이 있다. 물론 현대 과학 용어들은 최초의 어원에서 너무나 멀어지고 추상화되어 기원의 흔적을 대부분 지워버렸다. 바슐라르의 말대로 과학은 어원과 단절하는 것이며, 현대 물

---

11) 사상은 '집합에서 집합으로 대응하는 사상'이나 '두 집합의 요소들 사이 대응'을 뜻한다.

12) 프레게의 함수는 한 명제에서 관계의 전체를 나타내는 불변 부분이다. '지구는 태양보다 가볍다'는 명제에서 지구 대신 달을 대입해보자. 원래 지구와 태양의 관계와 같은 불변 부분이 함수이며, 지구, 달 같은 기호가 차지하는 부분이 함수의 대상 값(argument)이다. 옐름슬레우의 경우, 함수(기능)는 "분석의 조건을 충족시키는 의존성"이다. 어떤 사항들 사이에 기능이 있을 때, 이 사항은 기능소(fonctif)이다.

13) 공간 위치의 은유를 예로 들 수 있다. 위아래, 앞뒤, 안팎, on-off, 깊이-너비, 중심-주변 등이 있다. 레이코프에 따르면 언어활동의 기본 개념들은 이 공간적 은유들의 뿌리에서 파생된 것이 많다. 가령 위(up)에 해당하는 것으로는 행복, 의식, 건강, 힘, 많음(more), 높은 지위, 미래, 좋음, 덕 등이 있다. 공간 은유들은 신체, 문화적 경험에 바탕을 둔다. 문화권에 따라 다를 수 있다.

리학의 질량(mass) 개념에서 '커다란 반죽덩어리'이라는 뜻을 가진 그리스어 마자(Maza)가 남긴 흔적을 찾아내기는 어려운 것이다.

그러나 추상 개념의 뿌리 은유를 밝히는 작업은 한 과학개념의 변천과 발전을 보여주는 작업이 될 수 있다. 가령 미셸 세르는 근대 기하학의 추상적인 용어 사용과 기원전 3세기의 기하학 용어들을 비교하는 관점에서 후자를 신체-감각과 관련하는 관점을 제시하기도 했다.(Serres, 1980: 165-195) 그 결과 후설(Husserl, 1992)처럼 근대 기하학이 자연에 "이념의 옷"을 덮어 씌웠고 그 때문에 인간정신의 "위기"가 찾아온 것으로 진단하든지, 아니면 바슐라르처럼 근대 과학의 단절적 측면을 긍정적으로 평가하든지 간에 이런 작업은 "우리에게 과학은 무엇인가"하는 물음에 대답할 계기를 하나 더 마련해줄 수 있을 듯하다.

## 2. 환유

화이트(White, 1991: 49)는 과학이론에서 개념화 과정이 본질적으로 '환유'라고 보았다. 그에 따르면 물질세계에 대한 새로운 관념은 원래 비유적인 것에서 출발하지만, 비유로 파악한 통찰을 다른 과학자들과 함께 공유하려면 자신의 비유를 조정해야 한다. 즉 규정된 언어 체계에 맞게 자신의 통찰을 조정해야 하는 것이다. 이때 기존의 과학자들이 공유하는 언어 체계란 "어떤 비합리적인 도약이나 대용어도 포함하지 않는 표현 질서"를 뜻하며, 이 체계 속에 새로운 비유를 끼워 넣는 작업은 근본적으로 환유라는 것이다. 이때 화이트는 체계 바깥의 비유가 체계 속의 개념으로 대체되는 과정을 염두에 두는 것처럼 보이는데, 여기에는 약간의 설명이 필요하다.

전통적인 환유는 "50개의 돛"이 "50척의 배"를 가리키듯이, 사물 한 부분의 이름이 사물 전체의 이름 대신에 쓰이는 비유법이다. 그래서 화이트에 따르면 환유란 이름 바꾸기(name change)로서 본질적으로 환원(reduction)적이다. 돛이란 단어가 배 전체를 한 부분으로 축소하고 환원하며 대체했다는 것이다. 이 점에서 돛과 배에는 부분과 전체의 관계가 있는 것처럼 보이기도 한다. 그러나 이 관계는 돛 속에 배가 들어 있다는 의미의 소우주 대우주 관계가 아니며, 배와 돛이라는 대등한 대상들이 공유하는 특성을 나타낸다. 말하자면 한 대상과 대상 간의 관계를 나타내는 것이다.

다시 말해 은유가 대체로 다른 차원의 개념영역 사이에서 일어나는 전이 현상이라면, 환유는 동일한 차원의 영역 속에서 일어나는 현상이다.(김욱동, 1999: 196-197) 가령 "인플레이션이 내 저축을 도둑질해갔다"라는 표현에는 은유가 있으며 "그 햄 샌드위치가 계산서를 기다리고 있다"라는 표현에는 환유가 있다.(Lakoff, 1995: 62) 통화가치가 날아가는 인플레이션과 저축이 도둑맞는 사건은 비록 유사성이 있기는 하지만 엄연히 서로 다른 영역이다. 반면 샌드위치를 먹은 손님은 샌드위치와 동일한 개념 영역에 놓여 있으며 시공간적으로 인접해 있다. 또한 의인화된 인플레이션이 실재 사람을 지칭하지는 않는 반면, 사람의 속성이 전혀 없는 샌드위치는 오히려 그것을 주문한 손님을 직접 가리킨다. 초상화의 얼굴이 실재 인물을 대신하는 것에 빗대어 볼 수 있다. 따라서 레이코프는 은유를 이해로, 환유를 지시 기능으로 규정하는 것이다.

이 점에서 한 체계 속에 비유를 끼워 넣는 활동은 하나의 비유를 그것과 동일한 영역 속에서 인접한 개념으로 바꾸는 일이라는 뜻에서 환유이다. 여기에는 "부분과 부분의 관계 형식이 상호 연관성"을 맺고 있다. 이 상호 연관성은 두 가지 현상을 구분하는 동시에 A를 B의 표현 형태로 환원하는 관계이다. 그것은 대리뿐만 아니라 인과관계도 포함한다. 가령 "천둥의 노호"는 환유로서, 천둥소리의 모든 과정을 원인(천둥)과 결과(노호)라는 두 현상으로 나누며, 인과관계라는 환원에 의해 천둥을 노호와 연결한다. 노호의 의미를 천둥이 표현된 결과로 환원하는 것이다.

이렇게 환유의 상호 연관을 지시 기능으로 생각하면, 화이트가 지적하듯이 과학의 개념화 과정에 상응하는 측면이 있다. 마치 노호가 천둥의 표현 결과로 환원되는 것이 곧 노호가 천둥을 지칭하는 것이 되듯이, 과학이 이론화하는 대상의 성격을 '지칭성'으로 규정할 수 있는 것이다. 들뢰즈(Deleuze, 1995: 169-192)에 따르면 과학의 대상은 "담론체계 안에서 명제 형태로 제시되는 기능(fonction)들"인데, 이러한 주장도 일종의 환유 과정에 대한 언급으로 이해될 수 있다. 먼저 수학에서 기능이 함수와 동의어라는 점에 착안해보자. 그렇다면 들뢰즈는 과학의 대상이 함수라고 주장한 것이 된다.

물론 '실수(實數)와 실수 사이 일의적 대응'이란 의미의 함수 개념을 과학의 역사 전반에 적용하기는 어렵다. 하지만 함수를 넓은 뜻에서 사상(寫像)으로 보면 좀 더 일반화될 수 있을 것이다. 이 사상이란 다만 '한쪽이 이러할 때 다른 쪽은 저러하다'는 정도로 두 요소의 지칭 관계를 표현하므로, 실수 관계나 물리적 시간적 인과관계보다 훨씬 넓은 개념이 된다. 그리고 A→B 사상에서 A와 B가 서로 다른 차원에 속한다면 레이코프가 말한 은유이지만, A와 B가 동일한 차원에 있다면 환원 즉 환유가 될 수 있다. 들뢰즈가 말한 과학대상의 기능은 후자에 가까울 것이다. 따라서 들뢰즈의 주장에서 기능을 사상으로 보고, 이것을 다시 환원의 지칭으로 볼 때 우리는 몇 가지 긍정적인 통찰을 얻을 수 있을 듯하다.

실제로 과학의 대상은 즉각적인 사건이나 사물 따위가 아니라, 지칭에 의해 규정된 대상이다. 하나의 기능(함수), 또는 "최소한 두 변수들 사이 관계에 의존하는 복합적인 변수"로 파악되는 것만이 과학의 대상으로 인정되는 것이다. 예컨대 무한 개념의 과학화를 생각해보자. 미적분학은 무한을 특정한 관계 속에서 지칭될 수 있는 대상(0, ∞)으로 만들었다. 즉 인간이 파악할 수 없는 존재를 기능소(fonctif)로 대상화한 것이다. 또 현대 집합론은 심지어 미적분학의 변량 개념마저 넘어 무한을 농도와 순서관계 등의 기능 속에서 현실적 개체로서 다룬다.

여기서 두 가지를 생각해보자. 첫째는 "잠재성을 현실화할 수 있는 지칭(référence capable d'actualiser le virtuel)" 가능성이다. 들뢰즈의 이 표현은 단순하지만 명쾌하다. 한 대상이 과학화되는 과정은 결국 기능(함수)을 통해 지칭 가능성을 획득하는 과정이다. 잠재적 가무한이 실무한으로 바뀌었듯이 자연은 '지칭의 도식-즉-기능'의 관점에 맞게 바뀌어 수용되는 것이다. 둘째, 기능의 지시 관계는 "정지된 이미지"라는 사실이다. 그것은 "사건"의 흐름 자체보다는 "사물의 상태"를 가리키는 것에 가깝다. 모든 사건이 준거좌표 속의

한 점으로 찍히며, 사건의 흐름은 이 점들을 잇는 선으로 그려지는 것이다. 심지어 혼돈 이론조차도 혼돈의 "무한성"을 내던지고, 하나의 지시 관계를 얻으려 한다는 면에서 이 주장은 설득력이 있다.

## 3. 아이러니

이렇게 볼 때 과학의 개념화는 뿌리 은유에서 발생하는 은유인 한편 한 대상이 다른 대상과의 관계 속에서 지칭 가능성으로 바뀌는 환유의 운동을 따른다고 할 수 있다. 그런데 과학자는 전혀 이질적인 차원에 있는 것처럼 보이는 현상들에서 동일성을 발견하기도 한다. 아마도 잘못된 전설이기는 하겠지만 뉴턴이 밀물 썰물의 운동과 어깨 위에 떨어지는 사과의 낙하운동을 동일한 인력 현상으로 이해했다는 이야기는 과학의 핵심적인 인식 태도를 보여주고 있다. 말하자면 과학이 서로 다른 현상들을 보편적인 관점으로 인식한다는 측면을 보여주는 것이다.

이 보편적 인식의 과정은 은유로도, 환유로도 이해될 수 있을 법하다. 여기서 두 가지 비유법이 갈라지는 것은 각각 보편화의 과정 자체와 보편화의 결과 가운데 하나를 강조하기 때문이다. 먼저 보편화를 이룬 뒤에 여러 현상들을 모두 보편중력의 표현으로 이해하는 것은 개별사실들을 일반법칙으로 환원한다는 뜻에서 환유라고 할 수 있다. 비코(Vico)가 일찍이 신의 시대에는 환유가 지배적으로 쓰였다고 한 것도 이런 맥락에서 이해된다. 가령 천둥과 번개를 주피터 신의 분노로 이해하는 것은 전자를 후자의 표현결과로 환원하는 환유라고 볼 수 있기 때문이다.

하지만 보편화가 이루어지는 과정 자체는 그렇지 않다. 이질적인 차원 간의 동일성을 깨닫고 통합하는 것은 유비에 의한 은유라고 할 수 있다. 여기서 의미의 전이는 환유와 달리 매우 급격하다. 이런 측면에서 과학은 상상력 위에서 형성된다고 말할 수 있는 것이다. 바슐라르의 언급처럼 "사람은 우선 꿈꾼 것만을 연구할 수 있다"는 원리를 따라 일종의 "비합리적인 도약과 결합"에 의해 발전하는 것이다. 기존의 이론 체계를 뚫고 새 것이 만들어질 때 나타나는 도약은 결코 점진적이고 연속적인 지칭과 대체로 환원될 수 없는 것이다.

그런데 급격한 도약이 반전을 수반한다는 면에서 과학은 아이러니(irony)를 포함한다고 볼 수 있다. 아이러니는 대체로 '문자 그대로는 긍정적으로 인정된 표현이 내용적으로 부정되는 과정'이다. 예컨대 '차디찬 열정'처럼 언뜻 보기에 말이 될 법하면서도 실은 모순되는 말이라든가, 혹은 전혀 자애롭지 않은 사람을 두고 '매우 자애롭다'고 말할 때 나타난다. 이처럼 '부정'을 통해 역설적으로 현실의 본색이 밝혀지는 비유법을 아이러니라고 한다면 과학은 아이러니의 활동이라고 할 수 있을 것이다.

앞에서 말했듯이 과학은 언제나 '어원'에 대한 연결을 부정하며, 용어의 의미를 수없이 바꾸며 재규정한다. 바슐라르는 현대 물리학의 질량 개념이 원래 '(완성되지 않은) 보리 케이크'라는 뜻에서 출발해 '큰 덩어리', 나아가 '무게'를 거쳐 '힘에 대한 가속도의 비율'이라는 수학적 정의를 얻기까지 거쳤던 언어의 자기 부정을 언급하기도 했다. 만약 아이러니가 기존의 상식과 비유를 부정하며 자의식의 각성을 재촉하는 메타-비유로 정의될 수 있다면, 과학은 아이러니를 행사한다고 할 수 있다. 과학은 한 대상에 붙여진 이름이 주는 선입견, 또 문자 그대로 표면적인 차원에서 수용되고 기대되는 내용을 전혀 뜻밖의 내용으로 뒤집어버린다. 바슐라르는 그래서 "스스로 조소(嘲笑)하기. 이 자기 비판의 아이러니 없이는 객관적인 인식에서 진보란 있을 수 없다"고 쓰기도 했던 것이다.

## 4. 제유

과학의 개념화에는 제유(提喩, synecdoche)도 작용한다. 대체로 제유는 부분으로 전체를 나타내는 비유법, 혹은 전체로 부분을 나타내는 비유법으로 생각되지만, 실은 대단히 모호한 면이 많다. 연구자에 따라 제유가 환유에 속한다고 보기도 하고, 은유에 속한다고 보기도 한다. 그럼에도, 제유가 환유와 다르다는 것은 분명하다. 가령 '그의 가슴은 따뜻하다'는 문장을 생각해보자.

일단 '가슴'이 '그'를 대신한다는 점에서 환유로 보이기도 할 것이다. 그러나 만약 앞의 문장이 '그는 마음이 따뜻하고 자애롭다'는 뜻이라면 가슴은 신체의 흉곽이나 심장을 가리키지 않는다. 즉 돛이 배를 대신하고 샌드위치가 손님을 대신하는 환유처럼 어떤 해부학적 부분이 그것과 인접한 대상을 가리키지는 않는 것이다. 가슴은 오히려 그 사람 전체를 대표하며 그의 성격 전체를 대표한다. 말하자면 소우주 대우주의 관계를 포함하는 것이다.

따라서 제유는 환유처럼 인접한 것의 외적 관계가 아니라 질적인 관계를 포괄한다. 말하자면 어떤 성질을 지닌 전체를 가리키는 이름 바꾸기가 일어난다고 할 수 있다. 그렇다면 은유와는 어떻게 다른가? 은유에는 부분과 전체를 표현하는 형식이 없다. '그녀는 장미'라고 할 때 그녀와 장미 사이에는 부분과 전체의 관계가 없다. 이 문제를 좀 더 살펴보려면 아리스토텔레스가 든 예를 따라 "노년은 인생의 저녁때"라는 표현을 떠올려볼 수 있다. 이 표현은 일단 은유로 간주될 수 있다. 생물학 영역의 단어인 늙음을 기상천문학 계열의 단어인 저녁으로 옮겨 놓았기 때문이다. 아리스토텔레스에 따르면 이 전이는 유비 관계에서 나온다. 즉 "저녁 때(B)와 하루(A)의 관계는 노령(D)과 인생(C)의 관계와 같다"(B:A=D:C)는 유비에서 나온 것이다.

이렇게 볼 때 은유에는 "동일성"에 바탕을 두고 "다른 대상을 자기화"하는 측면이 있다.(구모룡, 2000: 41) 또한 은유를 통한 사물의 이해라는 것도 자기 동일성에 근거하는 듯하다. '내가 이미 아는 것'을 '내가 아직 모르는 것'과 동일시함으로써 후자를 짐작하는 일이기 때문이다. '그녀는 장미'라는 말을 들으면 관례적으로 이미 알려진 장미의 속성으로부터 미지의 그녀를 짐작할 수 있다. 마찬가지로 "노년은 인생의 저녁때"라는 말을 들은 어린이는 자신에게 친숙한 저녁의 의미에 기대어 노년의 의미를 이해할 수 있는 것이다. 그럼에도 노년과 저녁은 부분과 전체 관계로 맺어지지 않는다. 다만 특정한 속성의 유비에서 이루어지는 동일성만이 있는 듯한데, 이것은 존재론의 차원이라기보다는 차라리 미지의 것에서 기지의 것을 재확인하는 인식론적 반복의 차원이라고 볼 수도 있을 것이다.

오히려 인생과 하루 사이에는 제유 관계가 있다고 생각해보면 좋을 듯하다. 단순히 일생을 구성하는 부분으로서의 시간 단위라기보다는 인생 전체를 압축적으로 재현하는 부분으로서 하루를 표상해보자. 이때 하루와 인생은 내적으로 통합된 일치 속에 들어온다. 그리고 이 경우에 제유는 오히려 은유를 뒷받침해줄 수 있다. 제유로 파악된 하루와 인생의 내적 통합이야말로 노년과 저녁 사이에 놓일 유비의 동일성에 근거를 세워줄 수 있기 때문이다. 이처럼 동일성의 계기를 부분과 전체 속에서 재현한다는 면에서 제유는 은유를 포함하는 동시에 넘어선다고 할 수 있다. 따라서 제유에는 은유에 의한 이해보다 더 깊은 이해를 얻게 해주는 측면이 있는 것이다.

수학에서 제유 형식을 찾자면 무엇보다 재귀(recursive) 함수를 떠올릴 수 있다. 이것은 거짓말쟁이의 역설처럼 어떤 것이 자신을 지칭한다는 뜻에서 자기 참조(self-reference)를 형식화한 것이다. 재귀적 구조는 자기와 구조적으로 동일한 구성부분들로 만들어진다고 할 수 있다. 자동차로 표현하자면 "엔진이나 변속기 등이 각각 자동차의 축소판"이 된다는 식이다. 이런 구조는 생명 현상에서 쉽게 발견된다. 괴테의 식물 연구는 요컨대 식물의 성체가 보여주는 형상은 자신의 작은 부분인 잎의 형상이 변형(metamorphosis)된 것이라는 주장을 담고 있다. 이것은 한 장의 잎사귀 속에 나무 전체가 들어 있다는 발상을 보여주는 것으로서 괴테의 식물연구가 제유의 인식론을 통해 진행되었다는 것을 말해주는 것이다. 오늘날 생물학의 관점에서도 한 세포 속에는 몸 전체를 압축한 정보가 들어 있으며, 정맥과 동맥이 이루는 복잡한 가지의 한 부분을 쪼개보면 전체 가지와 비슷한 모양을 하고 있다는 사실이 주목되고 있다.

재귀적 구조는 컴퓨터 소프트웨어 공학에서는 친숙한 구조이며, 복잡성(complexity)의 과학에서 다루는 프랙털(fractal) 기하학이나 비(非)선형 동력학은 모두 재귀 함수를 포함한다. 이 재귀 구조들은 현대 과학에서 의미론적 대전환을 요구하는 측면이 있다. 비선형 방정식으로 표현되는 재귀 구조는 자기 참조의 형식을 통해 초기 값을 반복적으로 되먹임(iteration) 하는데, 이것은 물리적인 차원에서 전혀 분별할 수 없었던 초기 값의 차이가 '급수'적으로 증대하는 결과를 낳게 된다. 다시 말해 초기의 극소한 차이가 이후에는 극대화되어 나타날 수 있는 것이다. 흔히 나비효과로 부르는 이 현상은 고전 과학의 의미론적 패러다임을 벗어나는 듯하다.

고전 과학은 일종의 일의적인 의미론을 가정했으며, 한 물체의 변화와 그것을 기술하는 방정식이 일대일로 대응한다고 믿었다. '같은 원인에 같은 결과'라는 표현이 그런 가정을 표현한 것이다. 이때 한 계의 진화는 한 방정식의 전개에 지나지 않았고 '말과 사물'의 결합은 그만큼 투명했다. 그러나 복잡성의 상황은 매우 다르다. 방정식과 해(解), 즉 법칙과 물체의 상태 사이에 일의적인 결정 관계가 성립하지 않는다. 다시 말해 물리학적으로 복잡하다고 규정되는 상황에는 하나의 원인에 다수의 결과가 상응하며, 하나의 방정식에 여러 개의 해가 상응할 수 있기 때문에 다의적 의미론을 요청하는 것이다.

그런데 한 대상이 복잡성으로 변화해가는 상황에서는 한 국면이 전체 변화 구조를 작은 규모로 담고 있는 경우도 있다. 가령 뇌파 구조나 심장박동, 나아가 주가변동 연구에서 주목하는 현상이다. 이때 과학적 인식론은 단지 다의적 의미론을 넘어 제유의 의미론을 요청한다. 이렇게 볼 때 제유의 비유법이 가장 유용하게 활용될 수 있는 영역은 바로 복잡성 영역이라고 할 수 있을 것이다. 여기서 제유는 일의적인 결정론에 입각한 인식 방법 대신에 유형적 인식 방법을 활성화함으로써 은유도, 환유도 접근할 수 없는 현상들을 과학적 인식의 대상으로 개념화할 수 있는 것이다.

## V. 결 론

지금까지 과학기술이라는 활동을 좀 더 넓은 문화적 맥락 속에서 볼 수 있는 가능성을 살펴보았다. 만약 과학기술의 탐구활동에서 사회적이고 문화적인 맥락에서 완전히 벗어난 자율성을 주장한다면 그것은 과학연구 활동을 고립되고 닫힌 체계로 보거나, 혹은 과학이 산출한 결과로서의 이론만을 고려하는 인식론적인 견지에서 보는 것이다. 이 점에서 과학기술학의 범위는 좀 더 확장될 필요가 있을 듯하다. 이에 대해 포스트모더니즘은 과학기술자의 활동을 문화적 맥락 속에서 보는 관점을 촉발했다고 할 수 있다. 이 글은 거기서 한 걸음 나아가 과학기술 활동의 고유함을 수사학이라는 범주로 이해하는 실마리를 찾으려 해보았다.

이 글에서 이해하려는 과학기술 활동은 순수하게 인식론적인 문제가 아니다. 그렇다고 사회적 권력이나 이익집단의 욕망에 의해 모두 결정되는 문제도 아니다. 과학기술은 인식과 무지라는 이분법을 넘어서 있다. 필연적 논리와 개연적 논증, 앎과 설득이 교차하는 영역 속으로 진입해 있는 것이다. 이 글은 이처럼 앎이 삶과 만나는 상황, 다시 말해 과학기술 활동이 수사학으로 대표되는 의사소통 활동과 연결되는 상황을 고려한 것이다. 현대사회는 이러한 상황을 마주하고 있는 듯하다. 그러므로 과학기술 활동의 수사학적 이해는 좀 더 깊은 연구를 필요로 할 것이라고 생각된다.

## 참고 문헌

구모룡(2000), 『제유의 시학-서정시 · 주변부 · 동아시아』, 서울: 좋은날.

김욱동(1999), 『은유와 환유』, 서울: 민음사.

박성창(2000), 『수사학』, 서울: 문학과지성사.

이지훈(2000), 「근대 화학의 출현과 언어의 의미 : 라부아지에와 르네상스 비학」, 『과학철학』, 한국과학철학회.

이지훈(2009), 「과학활동의 문화적 이해를 위한 전망」, 인문학논총 제14집 2호, 경성대학교 인문과학연구소.

정원용, 『은유와 환유』, 新知書院(1996), 113.

Aristoteles(1998), Topica, 『변증론』, 김재홍 옮김, 서울: 까치글방, 서울.

Chalmers, A. F.(1985), 『현대의 과학철학』, 신중섭 외 옮김, 서울: 서광사.

Deleuze, G.(1995), *Qu'est-ce que la philosophie?*, 『철학이란 무엇인가?』, 서울: 현대미학사.

Golinski, J.(1990), *Reappraisals of the Scientific Revolution*, (ed) D. Lindberg, R. Westman, Cambridge University Press.

Harré, R.(1990), "Some narrative conventions of scientific discourse", *Narrative in Culture*, (ed) C. Nash, Routledge.

Husserl(1992), G., 「기하학의 기원」, 『선험적 현상학과 유럽학문의 위기』, 서울: 한길사.

Lakoff, G., Johnson, M.(1995), *Metaphors We Live By*, 『삶으로서의 은유』, 나익주 외 옮김, 서울: 서광사.

Prelli, L. J.(1989), *A Rhetoric of Science*, Univ. of South Carolina Press.

Reboul, O.(1992), *Introduction à la rhétorique*, Paris: PUF.

Reboul, O.(1999), *La Rhétorique*, 『수사학』, 박인철 옮김, 서울: 한길사.

White, H., 『19세기 유럽의 역사적 상상력-메타 역사』, 문학과지성사, 서울, 1991.

Pera, M.(1994), Scienza e retorica, Gius. Laterza & Figli, *The Discourses of Science*, University of Chicago Press.

Serres, M.(1980), "L'origine de la géométrie 3", Hermes V, Paris: Minuit.

Townsend, D.(2000), *An Introduction to Aesthetics*, Blackwell, 『미학입문』, 장호연 옮김, 서울: 이론과실천.

Ueding, G(2010), 안미현 옮김, 『수사학의 재탄생』(2010), 고려대학교출판부.

# 2. 과학기술과 시각 문화예술

# 디지털 노마드와 유비쿼터스:
## 영화 〈본 시리즈〉를 중심으로*

**심혜련**
전북대학교

## Ⅰ. 들어가며

읽는 것보다 보는 것이 일상화된 지금, 영화는 중요한 이론적 텍스트가 되었다. 이제 영화는 영화와 직접 관련된 분야뿐만 아니라, 다른 학문 분야에서도 빈번히 분석의 대상이 되곤 한다. 과학기술 분야도 예외는 아니다. 왜냐하면 많은 영화들이 첨단 과학기술을 직접 다루거나 또는 첨단 과학기술이 발전한 사회에서 발생할 수 있는 문제들을 다루기 때문이다. 그렇기 때문에 지금까지 영화와 과학기술의 관계가 많이 논의되었다. 그런데 과학기술 분야에서 영화를 텍스트로 삼아 분석하는 경우에는 주로 '과연 영화가 첨단 과학기술을 올바르게 반영하고 있는가?'의 문제를 주제로 다룬다. 더 나아가 '많은 영화들에서 등장하는 과학자 또는 과학기술이 대중에게 미치는 영향이 과연 올바른 것인가?'라는 문제가 자주 제기되곤 했다. 즉 영화에서 과학기술이 제대로 다루어지고 있는지 또는 과학기술이 발전한 미래 세계에 대해 어떻게 표현하고 있는지 또는 영화가 과학기술과 과학자들에 대해 어떤 표상들을 제공해주고 있는지를 주로 다루었다. 이러한 분석들은 영화 내용을 중심으로

* 이 논문은 2008년 과학문화연구센터의 지원에 의해 연구되었고, 『인문학연구』 제38집(2009, 조선대학교 인문학연구원)에 발표되었음.

표현된 또는 인용된 과학기술의 정확성을 분석하는 것이다. 그러나 과학기술과 영화의 관계는 내용적인 측면에서만 문제가 되는 것은 아니다. 왜냐하면 첨단 과학기술을 기반으로 한 첨단 영상기술은 영화의 형식마저도 규정하기 때문이다.

이제 인간이 상상할 수 있었던 것들은 모두 표현할 수 있게 되었다. 기술적 또는 매체적 도움으로 상상된 것들은 아무런 장애 없이 표현된다. 첨단 영상기술이 지금처럼 발전하기 이전에, 즉 기술 발전이 상상력을 따라오기 이전에, 영상에 표현할 수 없는 것들은 주로 만화라는 형식으로 표현되었다. '만화적 상상력'은 '영화적 상상력'과는 달리, 인간의 손으로 종이라는 표면 위에 또는 애니메이션이라는 형식으로 표현되었다. 그렇기 때문에 표현하기 위해 사용되는 기술적 제약의 문제는 없었다. 이와는 달리 실사 영화는 기술적 제약을 받을 수밖에는 없었다. 그러나 이제 상황은 다르다. 실사 영화에서도 기술적 제약 때문에 이전에 표현할 수 없었던 이미지들을 이제 표현할 수 있게 된 것이다. 어디까지가 실사 영화이고, 어디까지가 첨단 영상기술에 의해서 만들어진 영상인가가 구별되지 않는다. 실재와 가상 또는 현실과 환상이 전혀 구별되지 않고 영상에 표현된다. 문제는 무엇을 표현할 것인가를 끄집어낼 수 있는 상상력이다.

표현을 하기 위해서는 표현할 내용을 상상하는 상상력이 필요하다. 상상력이야말로 다양한 문화 콘텐츠에 내용을 제공할 수 있기 때문이다. 그렇기 때문에 상상력에 관한 많은 논의들이 '인문학적 상상력' 또는 '예술적 상상력'이라는 이름으로 진행되고 있다. 그러나 첨단 과학기술이 놀라울 정도로 발전하고 있는 지금, 이러한 상상력만으로는 새로운 내용과 표현을 제시하기에는 조금은 부족하다. 왜냐하면 이제 영상들은 적극적인 기술의 개입에 의해서 만들어진 "기술적 영상(technische Bilder)"이기 때문이다.[1] 플루서(Flusser)에 따르면 이 기술적 영상이 만들어내는 세계는 이전의 세계와는 다르다. 플루서는 커뮤니케이션을 중심으로 해서 세계를 알파벳 이전과 알파벳

1) Vilém Flusser, *Für eine Philosophie der Fotografie*, 『사진의 철학을 위하여』, 윤종석 옮김, 커뮤니케이션북스 1999, 16쪽.

시대 그리고 알파벳 이후의 시대로 구분한다. 바로 알파벳 이후의 시대가 기술적 영상이 지배적인 커뮤니케이션 수단이 되는 시대다.[2] 물론 알파벳 이전의 시대와 알파벳 이후의 시대는 '그림' 또는 '영상'이라는 공통점을 가지고 있다. 그러나 플루서는 이 둘 사이에는 알파벳, 즉 역사 시대가 놓여 있기 때문에 이러한 공통점에도 불구하고 하나의 커다란 간극이 존재할 수밖에 없다고 주장한다. 즉 기술적 영상은 앞서 설명한 바와 같이 장치가 개입해서 만들어낸 '그림'이긴 하지만, "텍스트로부터 추상화"되었기 때문에 일종의 개념처럼 작용한다는 것이다.[3] 따라서 이 기술적 영상은 하나의 새로운 암호화된 새로운 세계와 개념들을 보여준다.[4] 따라서 이 기술적 영상을 보는 사람은 이를 그림으로 이해하는 것이 아니라, 하나의 창문으로 여기며, 이 창문을 통해 세계를 분석한다는 것이 바로 플루서의 주장이다.[5] 이를 위해서는 이전에 중요하게 취급되었던 상상력 외에도 또 다른 "기술적 상상력(Technoimagination)"이 필요하다.[6] 이 기술적 상상력은 "개념의 코드를 텍스트에서 영상으로 변환시키는 능력"이다.[7] 더 나아가 영상으로 변환된 텍스트와 그 세계관 그리고 개념을 읽을 수 있거나 또는 상상할 수 있어야 한다. 그러기 위해서는 기술적 상상력은 먼저 기술에 대한 이해와 철학이 있어야 한다. 이를 바탕으로 해야만 기술적 영상에 대한 이해가 가능해지기 때문이다. 내가 보고 있는 저 기술적 영상에 마치 암호처럼 작동하고 있는 기술과 그 기술에 대한 철학적 이해가 무엇인지를 알고 나서 기술적 영상을 이해하면 다른 시각에서 그 영상을 이해할 수 있을 것이다. 다시 말해서 내가 읽고자 하는 기술적 영상이 무엇이며, 그것에 깔려 있는 텍스트를 읽을 수 있어야 할 것이다. 이것이 바로 기술적 영상을 이해하는 첫 번째 단계다. 그 다음 개념적 능력이 어떻게 상상력으로 대체될 수 있는지를 알 수 있을 것이다.

---

2) 같은 책, 16쪽 참조.
3) 같은 책, 16-17쪽.
4) 같은 책, 18쪽.
5) 같은 책, 17-18쪽.
6) 참조; Vilém Flusser, *Kommunikologie,* 『코무니콜로기』, 김성재 옮김, 커뮤니케이션북스, 2001, 226-231쪽.
7) 앞의 책, 18쪽.

이러한 관점을 전제로 해서 나는 이 글에서 하나의 기술적 영상인 영화를 분석할 것이다. 특히 그 기술적 영상의 서사 구조를 지배하고 있는 철학을 중심으로 분석할 것이다. 영화가 현대 사회에서 중요한 텍스트로 작용하고 있고, 또 많은 사람들이 영화를 통해 많은 지식과 상식을 갖게 된다. 그러므로 영화에서 첨단 과학기술이 어떻게 이해되고 있으며, 또 어떻게 반영되고 있는지를 연구하는 작업은 매우 중요하다.

영화를 분석할 수 있는 이론적 틀과 과학기술에 대한 논의는 매우 많다. 그렇기 때문에 이 글에서 이 모든 것을 다룬다는 것은 불가능하다. 따라서 이 글에서는 첨단 과학기술 중에서도 '디지털 매체 기술'을 중심으로 디지털 매체 기술이 가지고 온 인간 주체의 변화 문제와 공간의 문제가 어떻게 영화 속에 반영되고 있는지를 분석할 것이다. 또 디지털 매체 기술이 기본적으로 '속도'의 문제와 밀접하게 관련이 있기 때문에, 속도를 중심으로 자신의 기술 철학적 의견을 전개한 폴 비릴리오(Paul Virilio)의 철학을 중심으로 '주체'와 '공간' 그리고 '속도'와 시각의 문제가 어떻게 영화 속에 작용하는지를 구체적으로 살펴보겠다.

분석 텍스트로 삼은 영화는 〈본 아이덴티티The Boune Identity〉(2002)와 〈본 슈프리머스The Boune Supremacy〉(2004) 그리고 〈본 얼티메이텀The Boune Ultimatum〉(2007)이다.[8] 이 세 편의 영화 주제는 한마디로 말해서 '속도'와 '공간'이다. 그것도 첨단 디지털 매체 기술로 인해 재편된 공간의 구조와 속도 그리고 첨단 디지털 매체 기술을 사용하는 인간들의 모습을 보여준다. 한마디로 말해서 이 영화들은 비릴리오 철학의 영화판이라고 해도 과언이 아니다. 즉 텍스트가 기술적 영상으로 작용하고 있다. 그렇다면 이제 비릴리오가 디지털 매체 기술을 어떻게 파악하고 있으며, 그의 철학을 기술적 영상인 영화를 통해 어떻게 읽을 수 있는지를 살펴보기로 하겠다.

---

8) 이 글에서는 이 세 편의 영화를 동시에 언급할 경우, 앞으로 <본 시리즈>라고 서술할 것임을 밝힌다.

## II. 언제 어디서나 그리고 누구나

디지털 매체 기술은 모든 것들을 아주 급격하게 바꾸어버렸다. 인간의 사유 방식, 존재 방식, 놀이 방식 그리고 다양한 표현 방식 등을 단번에 바꾸어 버렸다. 거의 모든 것들이 디지털 매체 기술 이전과 그 이후로 나눌 수 있다 해도 과언이 아니다. 특히 인간의 존재 방식과 관련해서 디지털 매체 기술이 가져온 변화는 거의 혁명적이다. 왜냐하면 장소에 고정된 정주적 인간을 탈장소화시켰으며, 이러한 탈장소화로 인하여 인간은 이제 이전과는 전혀 다른 존재 방식으로 살아가고 있기 때문이다. 즉 새로운 유목인, '디지털 노마드(nomade)'라는 새로운 인간 유형이 탄생한 것이다. 이러한 존재 방식을 가능하게 만드는 전제 조건은 바로 '유비쿼터스(ubiquitous)'다. 다시 말하면 디지털 노마드는 디지털 매체 시대에 새롭게 등장한 인간 유형이며, 유비쿼터스는 이 인간들이 살아갈 수 있는 새로운 공간인 것이다. 산업 혁명의 결과, 대도시라는 새로운 공간이 형성되었으며, 또 이 공간에 살아가는 새로운 인간 주체인 대도시인들이 탄생했다. 지금도 진행 중에 있는 디지털 혁명도 마찬가지로 새로운 공간과 새로운 인간 유형을 탄생시켰다.

유비쿼터스라는 디지털 연결 기반이 사회의 대표적 인프라 구조가 되었다. 이 디지털 인프라 구조로 이제 사회는 하나의 망으로 연결되고 있다. 이렇게 하나로 연결된 망으로 인하여, 이제 인간은 어디서나 존재할 수 있는, 말 그대로 편재할 수 있는 신과 유사한 존재가 된 것이다. 이 새로운 인프라 구조가 가지고 있는 특징은 물질적인 인프라 구조가 아니라, 하나의 비물질적인, 즉 디지털적 인프라 구조라는 데 있다. 더 나아가 유비쿼터스는 보이는 또는 물질적인 제약이 될 수 있는 망으로부터의 해방을 의미한다. 휴대가능해진 다양한 디지털 장비를 가지고 연결망으로부터 자유로운 공간을 제공한다. 유비쿼터스는 디지털적으로 세계를 하나로 묶는다. 여기서 중요한 것은 물질적이며 자연적인 시공간적 제약이 아니다. 이미 이러한 제약은 산업 혁명 이후 많이 상실되었다. 그렇기 때문에 유비쿼터스 세계에서 중요한 것은 오히려 '속도'다. 얼마나 빨리 연결, 또는 접속을 통해서 이 구조와 연결되는가가 중요한 것이다. 그렇기 때문에 이 구조 안에서는 '지금'이라는 시간적 제약과 '여기'라는 공간적 제약이 전혀 문제가 되지 않는다. 공간적으로 멀리 떨어진 '저기'는 유비쿼터스 시스템에 의해서 언제든지 어디서나 '여기'가 될 수 있기 때문이다. 얼마나 빨리 '저기'가 '여기'로 전환될 수 있는가가 중요하다. 그렇기 때문에 지금 여기에 존재하는가도 중요하지 않다. 거기가 지금 여기가 될 수 있는 '원격 현전(téléprésence)'이 가능해졌기 때문이다.[9] 원격 현전이야말로 유비쿼터스 시대에 디지털 노마드가 살아가는 전형적인 존재 방식인 것이다.

〈본 시리즈〉는 더 빨라진 운송 수단의 발전과 디지털 매체 기술로 인하여, 현대인들에게 더 이상 공간이 제약이 되지 않음을 보여준다. 이들이 활동하는 무대는 물론 물질적인 실제적 공간이다. 그러나 이 실제적 공간은 매체적 공간과 결합된 또 다른 공간이다. 또 이러한 새로운 공간에서 활동하는 인간들은 특별한 '정착지'를 갖지 않는다. 그들에게는 모든 '저기'가 바로 '여기'로 작용할 수 있기 때문이다. 즉 디지털 노마드의 전형적인 특징을 보여준다. 또한 이들은 하나의 자아만을 소유하고 있지 않다. 디지털 매체 기반에 근거한 다양한 디지털 자아로 인하여, 현실과는 다른 주체가 되어서 이 공간을 배회한다.

이 영화 시리즈의 주인공인 본(Boune)은 디지털 노마드의 전형적 인간이다. 그에게 시공간적 제약이란 전혀 문제가 되지 않는다. 그의 아이덴티티는 바로 '디지털 노마드'이기 때문이다. 또 그가 디지털 노마드로 활동할 수 있는 전제 조건은 빠른 운송 수단과 '유비쿼터스'라는 전자적 공간의 등장이다. 빠른 운송 수단과 이 새로운 공간은 인간의 일상적인 삶을 재편한다. 하나는 물질적으로 또 다른 하나는 비물질적인 방식으로 말이다. 그러나 이 두 공간은 서로 분리되지 않는다. 디지털 매체 장치로 인하여 물질적 공간과 비물질적 공간은 서로 융합해서 또 다른 공간을 형성한다. 이러한 새로운 공간은 '현실-가상'임과 동시에 '가상-현실'인 것이다.[10] 이러한 공간에서 디지털 노

---

9) 참조: Paul Virilio, *La Bombe informatique*, 『정보과학의 폭탄』, 배영달 옮김, 울력 2002, 15쪽.

마드는 디지털 장비만 있다면, 언제 어디서나 '접속'을 통해 자신의 실존을 이어간다. 접속이 새로운 존재 방식이 된 것이다. 비릴리오가 지적하고 있는 것처럼, 산업 혁명이 "실제 공간의 도시화"를 가져왔다면 디지털 매체 혁명은 "실시간의 도시화"를 실현시킨 것이다.[11] 이를 통해 우리가 살고 있는 공간은 물질적 공간과 비물질적 공간이 서로 복잡하게 얽히게 되었다. '현실-가상'과 '가상-현실'이 등장한 것처럼 공간은 이 둘의 경계를 없앴다.

영화 〈본 시리즈〉는 이러한 주체의 변화와 장소의 변화 그리고 물질적 공간과 비물질적 공간이 서로 어떻게 관계를 맺으며 작용하는지가 그대로 드러난다. 이 시리즈의 1편에 해당하는 영화는 〈본 아이덴티티〉(2002)다. 말 그래도 이 영화의 주인공인 제임스 본의 정체성을 묻는 것으로 이 영화의 시리즈는 시작된다. 1편의 제목이 '아이덴티티'라는 점이 매우 흥미를 끈다. 디지털 매체 시대에 '나는 누구인가'라는 질문과 맥락을 같이한다고 볼 수 있기 때문이다. 디지털 매체 시대가 만들어 낸 사이버스페이스에서 주체의 정체성은 늘 논의되는 문제다. 물론 현실에서의 정체성 문제와 사이버스페이스에서의 정체성 문제는 동일한 문제는 아니다. 왜냐하면 현실에서의 정체성은 '실제의 나' 또는 '몸'을 가진 주체가 중심이기 때문이다. 내가 아무리 현실에서 벗어나고자 발버둥쳐 봤자, 나는 한국이라는 국적을 가지고 있으며, 언제나 나를 증명할 수 있는 주민등록번호와 이를 위한 지문 등을 등록해 놓았기 때문에, 현실의 나는 '실제의 나', 즉 '내 몸'을 벗어나지 못한다. 그러나 사이버 세상에서의 나는 현실의 나와 반드시 동일한 필요가 없다. 다양한 아바타와 아이디를 가지고 나는 사이버스페이스에서 다중적인 인격체로 존재할 수 있으며, 그렇게 존재하는 방식이 아무런 문제가 되지 않는다. 왜냐하면 사이버

10) 참조: Frank Hartmann, *Medienphilosophie*, 『미디어의 철학』, 이상엽, 강웅경 옮김, 북코리아 2008, 19쪽. 역시서 하르트만은 현재 매체적 상황에서 중요한 것은 '가상 현실(Virtual Reality)'이 아니라, '현실 가상(reale Virturalität)'이라고 강조한다. 그 이유는 우리가 살고 있는 현실이 미디어 현실적 조건에 의해 형성된 것이고, 그 속에서 매체와 현실 사이에 많은 상호 작용이 일어나고 있기 때문이라고 한다. 이렇게 형성된 현실은 이제 점차 가상의 모습을 갖게 된다.

11) Paul Virilio, *La Vitesse de libération*, 『탈출 속도』, 배영달 옮김, 경성대학교 출판부 2006, 20쪽.

스페이스에서 우리의 존재 방식은 "사이버 행위자" 혹은 "사이버 자아"의 방식으로 존재하기 때문이다.[12] 이러한 주체의 모습은 "일종의 정보로서 몸 없는 정신, 탈육화한 정보인"이다.[13] 그러나 현실의 나는 '몸'을 가지고 있기 때문에 몸과 나의 정신의 일치하는 그런 정체성이 확보되어야만 하는 것이다. 그렇지 않으면 사이버스페이스와는 달리 '이중인격' 또는 '다중 인격'의 소유자로 문제적 인간이 되기 때문이다.

그런데 〈본 아이덴티티〉에서 본은 도무지 자기가 누구인지 모른다. 이탈리아 근처의 지중해에서 구출된 그는 기억 상실증에 걸렸다. 그래서 그는 거울 또는 창문을 보면서 끊임없이 자기 자신에게 묻는다. '나는 누구인가'라고 말이다. 몸에 스위스 은행의 비밀 구좌 번호를 지니고 있었던 그는 은행을 찾아가 이전의 자기가 보관해 놓은 가방을 찾고, 그 안에 있는 많은 여권들을 보고 극심한 혼란에 빠진다. 그는 6개의 국적을 가지고 있으며, 6개의 다른 이름을 가지고 있었던 것이다. 도대체 나는 누구인가? 은행에 출입할 수 있었던 것은 단지 그가 비밀번호를 알았기 때문만은 아니다. 그의 오른손에 있는 모든 지문과 등록된 지문이 일치했기 때문에 가능한 것이다. 여기서도 현실의 몸이 지표가 된 것이다. 어쨌든 그는 비밀 금고를 통해 자신에 관한 정보를 얻지만, 그럼에도 불구하고 자신이 누구인지 아직도 알지 못한다. 6개의 여권을 가진 그가 존재하기 때문이다. 여기서 바로 사이버 자아와 현실의 자아에 관한 철학적 논의를 읽을 수 있다. 즉 6개의 여권을 가진 본은 일종의 여러 개의 아이디와 아바타로 존재할 수 있는 사이버 자아를 의미한다고 읽을 수 있다. 반면 지문으로 자신의 정체성을 드러낼 수밖에 없는 본은 현실에서 탈육화된 존재가 아니라, 철저히 육화된 존재로 남을 수밖에 없는 몸을 가진 자아를 의미한다고 볼 수 있다. 이러한 다중의 사이버 자아와 현실에서 몸을 가진 자아는 이들이 활동하는 공간이 그러하듯이 물질과 비물질의 경계를 무화시킨다.

---

12) 김선희, 『사이버시대의 인격과 몸: 사이버자아의 인격성 논의를 중심으로』, 대우학술총서 2004, 218쪽.

13) 같은 책, 218쪽.

정체성을 잃어버린 본을 누군가가 계속 추적하며, 그를 없애려고 한다. 그 조직은 이전에 그가 몸담았던 조직이다. 그 조직원들은 세계 도처에서 비밀 요원으로 활동한다. 이 비밀 요원들의 활동을 원활하게 해주는 것은 바로 유비쿼터스라는 새로운 사회 구조다. 이 요원들은 언제 어디서나 명령 체계와 접속할 수 있다. 휴대 전화와 이메일을 통해서, 또는 디지털적 판옵티콘 체계에 의해서 그들은 명령을 받고 그 명령을 수행한다. 그들은 '디지털 노마드'다.

디지털 노마드는 두 개의 유형으로 나누어질 수 있다. 하나는 휴대 가능한 디지털 매체 기기들로 자신을 '확장'시켜서 언제 어디서나 연결망과 접속할 수 있는 유형이다. 그렇기 때문에 그들이 파리에 있든, 마드리드에 있든, 미국에 있든지 간에 현실의 장소는 그들의 활동에 전혀 제약이 되지 않는다. 연결망에 접속한 그들은 빠른 운송 수단을 이용해서 그들이 원하는 장소에 언제든지 갈 수 있기 때문이다. 다시 말해서 이런 유형의 디지털 노마드는 소프트웨어적인 것은 디지털 기기로, 하드웨어적인 것은 기존의 운송 체계를 사용한다. 즉 연결은 디지털로 이동은 비행기나 철도를 사용한다. 물질적 세계와 비물질적 세계가 결합되고 있는 공간의 구조를 보여주는 것이다. 또 다른 디지털 노마드의 유형은 사이버스페이스에서만 존재한다. 그들은 사이버스페이스 안에서 현실적인 시공간의 제약 없이 활동할 수 있다. 영화를 예를 들어 보면, 추격자들, 특히 직접 본을 추격하는 자들이 아니라, 이들을 통제하고 감시하는 권력 있는 자들은 본이 어디에 있든지 상관없이 언제든지 추적할 수 있다. 한 장소에서 말이다. 왜냐하면 모니터와 스크린만 있으면 이러한 감시와 통제가 얼마든지 가능하기 때문이다. 결국 매체는 공간에서 인간을 탈장소화시켰다. 이로써 "공간은 해체되고, 그리고 사물들은 사라지게 되고, 모든 것들은 인간이 지각하기에는 너무 빠르게 되었다."[14] 그렇기 때문에 속도의 문제가 필연적으로 제기될 수밖에 없다.

---

14) Daniela Kloock/Angela Spahr, *Medientheorien. Eine Einführung*, München 2000, S. 136.

## III. 속도와 공간

앞서 설명한 디지털 매체에 의해 야기된 새로운 시공간의 구조와 디지털 망으로 연결된 새로운 사회 시스템에 관해서는 이미 많은 철학자들과 매체 이론가들이 연구를 해왔다. 대표적으로 장 보드리야르, 마이클 하임, 폴 비릴리오, 피에르 레비, 페터 바이벨, 마크 포스터 등이 바로 그러한 예다. 물론 각자의 매체적 전망에 따라 디지털 매체로 의해 재편된 새로운 시공간의 패러다임을 다르게 파악하며, 또 다르게 진단하고 있다. 그러나 이 이론가들이 가지고 있는 공통점은 디지털 매체가 새로운 시공간적인 패러다임을 가져왔다는 점을 인정하며 또 새로운 시공간에 적합한 새로운 인간 유형이 탄생했다는 점을 지적했다는 것이다.

이들 이론가들 중에서 유비쿼터스 또는 디지털 매체 기술 또는 기술 발전이 가져온 시공간의 변화에 가장 많은 관심을 보이고 있는 사람은 바로 폴 비릴리오다. 그는 변화된 시공간의 문제, 그리고 변화된 시공간을 중심으로 재편되는 인간의 삶과 존재 방식, 더 나아가 지각 방식을 매우 심오하게 다룬다.[15] 그는 이 모든 것을 아우르는 핵심 개념을 속도로 파악한다. 그에게 있어서 속도는 단지 속도만의 문제가 아니다. 왜냐하면 그는 속도를 사회를 규정하는 하나의 결정적인 요소로 보았기 때문이다. 그렇기 때문에 그는 속도 뒤에 숨겨진 권력과 부의 관계를 파악한다.[16] 즉 속도가 바로 정치적 핵심 문제가 된다.[17] 즉 속도를 소유하고 있는 자가 바로 권력과 부를 가진 자가 될 수 있다는 것이다. 뿐만 아니라 속도는 인간의 현존재 방식과 시간과 공간에 대한 인간의 관계를 변화시키는 데 결정적인 요소가 되기 때문이다.[18] 그

---

15) 질주학과 관련해서 비릴리오가 가장 관심 있게 본 것은 지각이었다. 그는 한 인터뷰에서 "존재는 지각하며 그리고 지각된다"라고 이야기한 것처럼, 그에게 있어서 인간 존재 방식은 바로 지각이다. 참조: Daniela Kloock/Angela Spahr, *Medientheorien. Eine Einführung*, München 2000, S. 137.

16) Daniela Kloock/Angela Spahr, *Medientheorien. Eine Einführung*, München 2000, S. 134.

17) Claus Morisch, *Technikphilosophie bei Paul Vililio*, Würzburg 2002, S. 17.

18) Daniela Kloock/Angela Spahr, *Medientheorien. Eine Einführung*, München 2000, S. 135.

렇기 때문에 그는 '질주학(Dromologie)'이라는 새로운 학문을 제안하는데, 이 질주학은 일종의 속도에 관한 철학이자, 정치학이라고 할 수 있다.[19] 즉 정치 또한 "질주정(Dromokratie)"인 것이다.[20] 비릴리오는 이 질주학이란 새로운 학문을 토대로 속도와 권력의 관계를 심층적으로 분석한다. 왜냐하면 그에게 있어서 모든 사회적 상황과 시기 그리고 정치적 결과들은 "속도의 현상"이기 때문이다. 즉 모든 것들은 "속도 관계"이기 때문이다.[21] 따라서 속도를 소유한 자가 바로 권력을 가진 자가 되며, 권력을 쟁취하기 위한 싸움 또한 더 빠른 속도를 보유하기 위한 싸움이 되는 것이다. 좀 더 빠른 속도를 가진 자는 자신의 임의대로 공간을 재편하고 공간을 점유할 수 있다.

속도는 매우 중요한 문제다. 왜냐하면 속도는 시간과 공간의 연결 지점으로 작용하기 때문이다.[22] 그렇기 때문에 속도에 관한 문제는 이미 산업 혁명 이후 많은 사람들이 이에 대해 논의해 왔다. 뿐만 아니라, 많은 사람들은 "속도에 대한 광기 어린 욕망"을 지니고 있으며, 이를 실현시키려고 했으며, 또 실현되었다.[23] 지금의 속도에 익숙해진 사람들은 결코 지금의 속도에 만족하지 않는다. 처음에는 빠른 속도에 혼란스러워하고 이를 우려하기도 하지만, 바로 속도에 대한 내성이 생기게 마련이다. 그래서 사람들은 '좀 더 빠른 것'을 추구하며, '좀 더 빠른 것을 추구'하는 것이 새로운 가치이자 척도가 된다.[24]

이러한 비릴리오의 속도의 철학은 영화 〈본 시리즈〉의 기본 전제다. 이 영화의 주제는 '속도'와 '공간'이라고 해도 과언이 아니기 때문이다. 이 영화서 끊임없이 자기의 과거를 되찾고자 하는 주인공 본과 이를 막기 위해 그를 뒤쫓는 사람들은 끊임없이 질주한다. 여기서 이기는 자는 권력을 가진 자가 될 수 있다. 뿐만 아니라, 너무도 많은 도시들을 뛰어넘는다. 즉 비릴리오가 언급

---

19) Stefan Bauer, *Die Gesellschaft des Verschwindens. Von der Selbstzerstörung der technischen Zivilisation*, Hamburg 2000, S. 131.

20) 같은 책, S. 139.

21) Daniela Kloock/Angela Spahr, *Medientheorien. Eine Einführung*, München 2000, S. 134.

22) 참조: Stephen Kern, *The Culture of time and space*, 『시간과 공간의 문화사』, 박성관 옮김, 휴머니스트 2004, 22쪽.

23) 같은 책, 227쪽.

24) 페터 보르샤이트, 『템포 바이러스』, 두행숙 옮김, 들녘 2008, 11쪽.

한 것처럼 속도가 공간과 지역을 어떻게 무의미하게 만드는지를 보여주고 있다. 비릴리오는 지금의 기술, 특히 매체 기술이 인간의 삶에 가져온 가장 큰 변화를 '탈영토화'에서 찾는다. 그는 삶의 공간인 도시뿐만 아니라, 정치적 공간으로서의 도시, 그리고 지속과 머무름을 위한 도시, 그리고 이를 위해 인간이 모이는 도시는 이제 사라졌다고 본다.[25] 바로 매체 기술에 의해서 말이다. 공간은 빠른 속도와 이것이 만들어내는 시간 속으로 소멸된 것이다.

〈본 시리즈〉는 바로 이러한 탈영토화를 잘 보여준다. 즉 속도와 매체가 어떻게 공간과 공간 간의 거리를 무화시키고 있는지를 말이다. 영화에서 본은 이탈리아 근처에서 구조된 후 자신의 찾기 위해 스위스로 가는 기차를 탄다. 그가 타고 가는 기차는 프랑스 고속 철도인 TGV다. TGV가 무엇인가? 바로 TGV는 빠름을 상징하며, 또 속도에 대한 인간의 욕망이 낳은 결과다. 뿐만 아니라, 그를 쫓는 사람들도 유럽 곳곳에서 파리로 온다. 이때 그 장소가 파리와 얼마나 멀리 떨어져 있는가는 중요하지 않다. 또 어디서 출발해서 어떤 도정을 거쳐 본이 있는 그곳으로 가는지도 중요하지 않다. '언제 그곳에 도착하는가?'만이 중요한 문제가 된다. 이를 비릴리오는 "도정성(trajectivité)"의 문제로 분석한다.[26] 즉 한 곳에서 다른 한 곳으로 이동할 때 생기는 도정의 문제가 없어지고, 단지 도착만이 존재하게 된다는 것이다. 마치 순간 이동처럼 말이다. 운송 수단이 지금처럼 발전하기 전에 여행의 의미와 여행 일정은 지금과는 달랐다. 즉 출발지에서 도착지로 가는 긴 여정이 바로 여행의 의미가 될 수도 있었으며, 또 그 긴 여정이 바로 여행 자체가 되었다. 『80일간의 세계 일주』가 그렇듯이 말이다. 그러나 비릴리오가 지적했듯이, 이제 우리의 여행에는 이러한 도성성이 상실되었다. 비행기 표에 찍혀 있는 출발지와 도착지만이 의미를 가지며, 여행은 도착지에서 시작된다. 이 긴 도정을 채우는 즉 자연적으로 먼 공간은 해체된다. 속도와 공간이 서로 뒤섞이면서 자연적인 공간과 공간의 제약들은 빠르게 소멸된다. 정말 속도는 비릴리오가 지적했

---

25) 참조: Daniela Kloock/Angela Spahr, *Medientheorien. Eine Einführung*, München 2000, S. 153.

26) Paul Virilio, *La Vitesse de libération*, 『탈출 속도』, 배영달 옮김, 경성대학교 출판부 2006, 36쪽.

듯이, "도시와 더불어 생겨난 것이 아니라 오히려 도시 사이, 즉 공간 사이를 빨리 뛰어넘으려는 사람들"에 의해서 생겨났을 것이다.[27)]

어쨌든 〈본 시리즈〉는 이러한 질주의 정치를 아주 잘 보여주고 있다. 특히 속도를 가진 자가 권력을 가진 자가 될 수 있으며, 현대 정보 사회에서 속도는 물질적인 공간을 뛰어넘는 속도일 뿐만 아니라, 정보를 빨리 소유할 수 있는 속도의 문제와 긴밀하게 연결되어 있는데, 이 또한 영화에서 잘 드러나고 있다. 본이 어디로 이동하는 순간, 그의 이동 경로는 포착된다. 아니, 어떤 경우에는 본이 스스로 자신의 이동 경로를 드러내기도 한다. 마치 '따라올 테면, 따라와 봐'라는 태도를 가진 듯이 말이다.

## IV. 감시와 역감시

비릴리오가 지적했듯이, 속도의 문제는 지각의 문제다. 디지털 노마드라는 새로운 인간 유형과 그들의 존재를 가능하게 하는 유비쿼터스 그리고 속도는 인간 지각을 재편한다. 그래서 비릴리오는 지각의 문제에 관심을 돌린다. 특히 그는 속도와 시지각의 문제는 연결시킨다. 결론부터 말하자면, 전반적으로 비릴리오는 기계가 개입된 시각에 대해 부정적인 견해를 가지고 있다.[28)] 그러나 부정적인 견해를 가지고 있다고 해서 기계가 개입된 시각의 중요성을 무시하는 것은 결코 아니다. 아니, 오히려 그 중요성을 누구보다도 깊이 통찰하고 있기에 그에 대한 부정적인 견해를 펼칠 수 있는 것이다. 마치 아도르노가 대중 매체의 영향력을 인정하고 그것이 가져올 파행적인 변화에 대해 깊이 통찰했듯이 말이다. 어쨌든 비릴리오가 기계적 시각과 관련해서 가장 우려하는 부분은 기계적 시각으로 인하여 인간이 가지고 있는 자연적인 감감을 상실하게 되었다는 점이다.[29)]

---

27) Peter Borscheid, *Tempo Virus*, 『템포 바이러스』, 두행숙 옮김, 들녘 2008, 87쪽.

28) 이에 대한 자세한 논의는 다음의 졸고를 참조하길 바람: 심혜련, 「기술 발전과 시각 체계의 상관관계에 관한 고찰」, 『시대와 철학』 제18권 1호, 한국철학사상연구회, 2007.

29) Daniela Kloock/Angela Spahr, *Medientheorien. Eine Einführung*, München 2000, S.

비릴리오 이전에 이미 맥루언이 기계와 인간 지각 간의 관계에 대해 이야기했다. 맥루언은 먼저 전자 매체의 등장으로 시각 중심으로 서구 문화가 몰락하고, 청각과 촉각을 중심으로 한 공감각이 확대될 것이라고 보았다. 그 다음 그는 이러한 변화를 인간의 확장으로 파악했다. 즉 옷이 피부의 확장이듯이, 망원경과 현미경은 눈의 확장이 되며, 전화는 귀의 확장이라고 파악했던 것이다. 맥루언은 이러한 기계, 또는 매체로 인한 인간 확장을 필연적인 과정 또는 결과로 그리고 더 나아가 긍정적인 변화로 파악하고 있다. 확장된 인간은 결국 감각의 확장으로 인하여 더 많은 감각들을 체험하게 되며, 이로 인하여 시각 중심 세계는 해체될 것이라는 것이 그의 주장이다.

이와 관련해서 비릴리오는 맥루언과 전혀 다른 주장을 펼친다. 즉 그는 전자 매체와 다양한 과학기술의 발전으로 인해 사람의 지각 능력이 기계로 전이되며, 이러한 과정에서 시각이 더욱 확대될 것이라고 보았다. 그런데 문제는 이렇게 확대된 시각에 있다. 그는 확대된 시각이 원격 조정의 근거가 되며, 이로써 완전한 전자적 또는 디지털적 원격 감시의 체계가 완성될 것이라고 본 것이다: "사람이 물체를 지각하는 능력은 계속해서 기계로 전이되며, 특히 최근에는 멀리서 촉각으로 느낄 수 없는 것을 대신할 수 있는 픽업, 센서, 다른 탐지기들에도 전이된다. 일반화된 원격 조정은 지속적인 원격 감시를 완전하게 만들 준비가 되어 있다."[30]

뿐만 아니라, 이러한 기계적 시각 체계는 자연적인 시각 체계를 붕괴시킨다고 비릴리오는 보았다. 그에 따르면, 자연적인 빛의 자리에 전기적인 빛이 들어오고, 그로 인하여, 우리의 자연적 세계는 인공적인 시각 세계, 즉 모니터의 세계로 전환되고 있다는 것이다.[31] 바로 이 모니터를 중심으로 재편된 세계가 원격 감시의 전제 조건으로 작용하기도 하는 것이다. 즉 시각 기계와 통신 기계의 결합이 등장하고 이를 통해 실제 공간에서의 거리감은 완전히 사라지게 된다. 이질적인 다른 감각 기관에 호소하는 매체가 더해져서 지각

141.

30) Paul Virilio, *La Vitesse de libération*, 『탈출 속도』, 배영달 옮김, 경성대학교 출판부 2006, 21쪽.

31) Vgl.: Paul Virilio, "Die Sehmaschine", in: *Die Sehmaschine*, S. 136.

의 확장 또는 인간의 확장이 가능해졌지만, 이는 다시 인간 존재를 감시하는 기제로 작동하게 된 것이다.

그렇다면 다시 영화로 돌아가서 이야기해 보자. 〈본 얼티메이텀〉에서 본은 자신의 추적자로부터 도피하기 위해 또 때로는 자신의 추적자들을 역으로 추적하기 위해 많은 도시들을 넘나든다. 여러 도시들에서 이들은 서로 아주 치열하게 쫓고 쫓기는 관계가 된다. 가장 치열한 접전이 벌어지고 있는 도시는 바로 런던과 모로코의 구도시 지역이다. 이 영화에서 가장 인상적인 추격과 결투 장면의 배경으로 이 두 도시를 정한 이유는 우연이 아닐 것이다. 그렇다면 왜 두 도시를 배경으로 정한 이유가 우연이 아닌지를 살펴보자.

먼저 왜 런던이라는 도시를 택했는가? 그 이유는 아주 명확하다. 런던이야말로 전세계에서 가장 많은 감시 카메라가 설치되어 있는 곳이기 때문이다. 즉 전자적 또는 디지털적 판옵티콘이 제대로 작동하고 있는 곳이기 때문이다. 상식적으로 생각했을 때, 도시에서도 감시 카메라가 제일 많은 곳은, 역과 공항, 상품 판매 장소 등일 것이다. 그렇기 때문에 이 영화 또한 워털루 역에서의 쫓고 쫓기는 관계를 리얼하게 보여준다. 본과 그에 대해 취재하고자 하는 〈가디언〉지의 기자 그리고 이들이 만나는 것을 방해하고자 하는 요원들이 감시 카메라를 중심으로 흩어졌다 다시 모인다. 재미있는 것은 이 요원들은 '모빌'이라는 암호로 불린다. 모빌이라니! 말 그대로 휴대 전화로 언제 어디서나 이동하면서 정보와 자신을 지배하는 세계와 접속 가능한 디지털 노마드의 세계를 보여준다고 할 수 있다. 이 역에서 싸우는 이들은 엄밀히 말해서 권력을 가진 자들이 아니다. 그저 권력 언저리에서 싸우는 자에 불과하다. 이들을 지켜보고, 이들을 통제할 권력을 가진 자들은 그 역에 직접 모습을 드러내지 않는다. 단지 지켜볼 뿐이다. 모니터로 말이다. 이들이 진정 권력을 가진 자들이다. 즉 판옵티콘 세계를 만들고 이를 통제하는 자들인 것이다.

판옵티콘은 말 그대로 모든 것을 볼 수 있다는 것을 의미한다. 그런데 문제는 이제 판옵티콘이 아니라, 진옵티콘(Synopticon)이다. '판'이 모든, 모두를 의미하는 'all'을 의미한다면, 'Syn'은 동시성을 의미한다.[32] 즉 모든 것들을

32) Leon Hempel und Jörg Metelmann, "Bild - Raum - Kontrolle. Videoüberwachung

동시에 감시할 수 있는 "판－진옵티콘(Pan-Synopticon)"의 세계가 현실화되었다.[33] 이러한 판－진옵티콘적 세계에서 권력을 가진 자들은 원격 감시를 한다. 이들은 유비쿼터스 기반을 전제로 해서 '언제, 어디서나 그리고 누구나' 감시한다. 이들이 감시하고 통제하고자 한다면, 이 감시와 통제를 벗어날 수 없다. 디지털 매체의 발전으로 인하여 감시와 통제는 자연적 시각에서 벗어난다. 자연적 시각에서 벗어나서 모든 감시와 통제는 모니터 안에서 이루어진다. 영화에서도 몇몇 사람들만이 본을 직접 볼 뿐이다. 이외의 사람들은 모니터에서 보이는 본만을 볼 뿐이다. 기계적 시각이 자연적 시각을 대체하면서, 세계는 이제 모니터와 스크린을 중심으로 재편된 것이다. 이러한 현상에 대해 비릴리오는 다음과 같이 언급했다: "만약 접근할 수 없는 먼 곳이 사라지면서 빛의 속도에 힘입어 정보 매체의 접근이 가능해진다면, 우리는 머지않아 원거리 통신의 실시간의 원근법에 의해 야기된 뒤틀린 가상의 효과에 익숙해질 것이다. 이 원근법 속에서 예전의 지평선은 스크린 안으로 물러나고, 전자 광학이 우리의 망원경 광학을 대신할 것이다."[34]

그렇다. 정말 모든 가시적 세계는 스크린 안의 세계가 되었으며, 스크린 안의 세계가 현실인지 가상인지 확인할 수 없을 지경에 이른 것이다. 또한 도처에 있는 모니터와 스크린 덕분에 어느 누구도 모니터 밖의 세계에 저항할 수 없을 지경에 이른 것이다. 벗어날 수 있는 방법은 저항밖에는 없다. 그러나 저항의 방식 또한 디지털적 역감시의 형식을 가질 수밖에 없다. 그러기 위해서는 '판-진옵티콘'에 대한 이해가 전제가 되어야만 한다. 즉 볼 수 있는 권리를 가진 자와 그 권리를 가진 자들이 어떤 방식으로 권리를 행사하는지를 아는 자들의 싸움이 된 것이다. 본은 감시 카메라에 대해 아주 잘 알고 있으며, 자신을 감시하는 자들이 무엇을 보고 있는지 또한 아주 잘 알고 있다. 그래서는 그는 감시의 감시, 즉 역감시를 할 수 있다. 그는 교묘하게 감시 카메

---

als Zeichen gesellschaftlichen Wandenls", in: *Bild-Raum-Kontrolle. Videoüberwachung als Zeichen gesellschaftlichen Wandenls*, Leon Hempel und Jörg Metelmann(Hg.), Frankfurt am Main 2005, S. 17.

33) 같은 글, S. 18.

34) Paul Virilio, *La Vitesse de libération*, 『탈출 속도』, 배영달 옮김, 경성대학교 출판부 2006, 12쪽.

라를 피해 다닌다. 즉 카메라의 맹점 지역을 중심으로 행동한다. 결국 기계적 시각 체계 안에서 볼 수 있는 권력을 가진 자와 그 권력을 가진 자들이 무엇을 보는지를 아는 자와의 감시와 역감시의 치열한 싸움이 전개되는 것이다.

치열한 추격전과 결투가 벌어지는 또 다른 공간은 모로코의 옛 도시다. 이 도시는 매우 역사가 오래된 전통적인 도시이기 때문에, 아주 복잡한 미로로 구성되어 있다. 사람만이 겨우 지나다닐 수 있는 좁고 복잡한 길들과 그리고 이 길들과 중첩된 집들이 서로 복잡하게 존재한다. 길과 집, 즉 공적 영역과 사적 영역이 명확히 구별되지 않는 전근대적인 도시의 전형적인 모습을 하고 있다. 런던에 이어 이 도시에서 본과 그를 쫓는 추격자들은 치열한 싸움을 벌인다. 이 도시는 이들이 이전에 싸움을 벌인 현대적인 도시와는 사뭇 다르다. 삶의 공간이 그 공간에 사는 사람들의 삶의 방식을 규정하듯이, 싸움의 양상도 규정한다. 그렇기 때문에 이곳에서의 추격전의 양상은 이전의 양상과는 다르다. 즉 디지털 노마드적인 주체도 유비쿼터스적인 공간도 없는 곳에서 이들은 '몸'과 '몸'이 부딪치는 싸움을 전개할 수밖에 없다. 이러한 싸움에서는 현실적으로 빠르게 움직이며, 힘이 센 사람이 이길 수밖에 없다. 보이지 않는 비가시적 세계는 이곳에서는 소멸된다. 보이는 세계에서 현실적인 몸들의 부딪침만이 존재할 뿐이다.

## V. 나가며

지금까지 살펴본 것처럼, 영화 〈본 시리즈〉는 많은 것들을 보여주고 있다. 이 영화가 안고 있는 기술 세계에 대한 근본적인 관점은 결코 '테크노피아'나 '디스토피아'라는 이분법적 관점이 아니다. 그저 디지털 매체로 재편된 세계를 보여줄 뿐이다. 디지털 노마드가 어떻게 사유하고, 또 어떻게 행위하는지 그리고 이들이 활동하는 공간인 유비쿼터스적 공간이 무엇인지를 말이다. 그리고 이를 중심으로 속도와 시각 체계가 어떻게 작동하고 있는지를 매우 정확히 보여준다. 이 영화에서는 이 모든 것들이 경우에 따라서는 감시를 위한 도구가 될 수 있으며, 또 반대로 감시에서 벗어나기 위한 역감시의 도구가 될 수 있다는 것을 동시에 보여주고 있다. 그렇기 때문에 이 영화에 깔린 기본적인 기술 철학적 전제는 기술은 '가치 중립적'이다라는 명제를 옹호하는 듯하게 보이기도 한다. 기본적으로 기술에 대해 테크노피아적 전망을 가지고 있는 사람들의 입장은 바로 이러한 '가치 중립성'에서 출발한다고 해도 과언이 아니다. 일찍이 기술 또는 매체에 대해 사유했던 벤야민, 맥루언 그리고 플루서 등도 이런 입장에 서 있다. 이는 비릴리오가 속도와 시각 체계에 대해 사유하는 방식과는 정반대다.[35] 비릴리오는 현재의 기술들이 애초에 힘과 권력 그리고 전쟁을 위해 만들어진 것들이 때문에, 태생적으로 억압의 기제로 작용할 수 있다는 것을 강조한다. 특히 지금의 디지털 매체 시대는 이러한 억압적 상황을 더욱 가속화시킬 수 있는 것으로 보았다. 왜냐하면 언제 어디서나 누구나 접근할 수 있는 정보는 아주 일반적인 정보이며, 오히려 이런 상황에서 정보에 대한 접근 가능성의 확대보다는 정보의 독점화 현상이 강화될 수 있다고 보았기 때문이다.[36] 물론 비릴리오의 주장이 틀린 것은 아니다. 그러나 권력에 대한 반작용에서 또 다른 저항이 나올 수 있기 때문에, 역감시 또한 가능할 수 있는 것이다. 그것이 감시가 되건 또는 역감시가 되건 간에 결국 인간의 문제가 될 수밖에 없다. 인간의 문제이기 때문에, 그 시대를 사는 인간들은 기술에 대한 정확한 이해를 기초로 한 기술적 세계관이 필요하다. 이는 기술적 영상 그리고 기술적 상상력 없이는 가능하지 않는 것이다.

지금까지 비릴리오의 철학을 중심으로 영화 〈본 시리즈〉를 분석했다. 이러한 작업은 앞서 설명했듯이 기술적 영상, 즉 〈본 시리즈〉에 내재되어 있는 '텍스트'를 읽음으로써 텍스트가 어떻게 영상에서 투영될 수 있는지를 시도하고자 하는 것이었다. 더 나아가 그의 철학을 중심으로 우리가 첨단 과학기술을 어떻게 사유해야 하는지를 살펴보았다. 이러한 작업을 통해 첨단 과학기술이 야기할 수 있는 여러 문제들에 대해 생각해볼 수 있다. 앞서 이야기한

35) 참조: Mike Sandbothe/Walter Ch. Zimmerli, "Einleitung", in: *Zeit - Medien - Wahrnehmung*, Mike Sandbothe/Walter Ch. Zimmerli(Hg.), Darmstadt 1994, S. 7-8.
36) Daniela Kloock/Angela Spahr, *Medientheorien. Eine Einführung*, München 2000, S. 152.

것처럼, 영화가 다양한 학문 분야에서 하나의 이론적 텍스트로 작용한 지는 이미 오래되었다. 영화를 단지 하급 문화로 취급했던 시대는 이미 지났다. 대중문화 영역에서 영화가 차지하고 있는 위치는 매우 크다. 영화로 인하여 이미지의 시대가 만개했다고 해도 과언이 아니다.

특히 이러한 작업은 과학문화 영역에서 매우 중요하다. 왜냐하면 지금, 그 어느 때보다도 과학기술과 예술 문화의 상호 작용성에 대한 논의와 그 중요성이 강조되고 있기 때문이다. 물론 이러한 상호 작용성에 대한 논의와 새로운 시도는 이미 시각 예술을 중심으로 많이 이루어져 왔다. 그러나 이에 못지않게 영화도 이러한 상호 작용성을 논의할 때 매우 중요한 역할을 할 수 있는 장르다. 왜냐하면 SF영화뿐만 아니라, 다양한 영화들 속에서 많은 첨단 과학기술들은 대중들에게 이에 대한 지식을 주기도 하고, 또 반대로 첨단 과학기술에 대한 많은 왜곡을 가져오기도 하기 때문이다. 그렇기 때문에 영화 속의 과학은 과학문화와 매우 밀접한 상관관계를 가지고 있다. 이 때문에 국내외에서 '영화로 과학읽기' 또는 '영화 속의 과학' 등이라는 주제로 영화와 과학을 연결시키려는 시도들이 많이 있었다. 그런데 이러한 시도들은 단순히 영화 속에 나타난 과학 지식이 정당한가, 또는 정당하지 않은가에 관한 측면이라든가, 또는 영화 속에 드러난 과학과 과학자의 이미지를 중심으로 분석한 것들이 많았다. 즉 지극히 현상적인 방법이었다고 볼 수 있다. 다시 말해 이에 대한 문화 예술적인 접근이 소홀하게 취급되곤 했다. 그렇기 때문에 이러한 작업에서 더 나아가, 기술을 조망하고 있는 기술 철학이 영화에서 어떻게 작용하고 있는지를 고찰하는 작업이 필요하다. 또 영상을 중심으로 한 연구도 필요하다. 이를 통해 어렵게만 여겨지는 첨단 과학기술과 이에 대한 철학적 고찰 등을 영화를 통해 설명하는 방식은 과학 문화의 측면에서 보았을 때, 중요한 방법론이라고 본다. 이를 통해 대중문화와 첨단 과학기술 그리고 이를 이론적으로 고찰하는 기술 철학 그리고 영상 미학 등을 종합적으로 고찰할 수 있으리라고 보기 때문이다.

## 참고 문헌


Claus Morisch, *Technikphilosophie bei Paul Vililio*, Würzburg 2002.

Daniela Kloock/Angela Spahr, *Medientheorien. Eine Einführung*, München 2000.

Frank Hartmann, *Medienphilosophie*, 「미디어의 철학」, 이상엽, 강웅경 옮김, 북코리아 2008.

Leon Hempel und Jörg Metelmann, "Bild - Raum - Kontrolle. Videoüberwachung als Zeichen gesellschaftlichen Wandenls", in: *Bild - Raum - Kontrolle. Videoüberwachung als Zeichen gesellschaftlichen Wandenls*, Leon Hempel und Jörg Metelmann(Hg.), Frankfurt am Main 2005.

Mike Sandbothe/Walter Ch. Zimmerli, "Einleitung", in: *Zeit - Medien - Wahrnehmung*, Mike Sandbothe/Walter Ch. Zimmerli(Hg.), Darmstadt 1994.

Paul Virilio, *La Vitesse de libération*, 『탈출 속도』, 배영달 옮김, 경성대학교 출판부 2006.

Paul Virilio, "Die Sehmaschine", in: *Die Sehmaschine*, übersetzt von Gabriele Ricke und Ronald Voullié, Berlin 1989.

Paul Virilio, *La Bombe informatique*, 『정보과학의 폭탄』, 배영달 옮김, 울력 2002.

Peter Borscheid, *Tempo Virus*, 『템포 바이러스』, 두행숙 옮김, 들녘 2008.

Stefan Bauer, *Die Gesellschaft des Verschwindens. Von der Selbstzerstörung der technischen Zivilisation*, Hamburg 2000.

Stephen Kern, *The Culture of time and space*, 『시간과 공간의 문화사』, 박성관 옮김, 휴머니스트 2004.

Vilém Flusser, *Kommunikologie*, 『코무니콜로기』, 김성재 옮김, 커뮤니케이션북스, 2001.

Vilém Flusser, *Für eine Philosophie der Fotografie*, 『사진의 철학을 위하여』, 윤종석 옮김, 커뮤니케이션북스 1999.

김선희, 『사이버시대의 인격과 몸: 사이버자아의 인격성 논의를 중심으로』, 대우학술총서 2004.

심혜련, 「기술 발전과 시각 체계의 상관관계에 관한 고찰」, 『시대와 철학』제18권 1호, 한국철학사상연구회, 2007.

## 영상 자료

<본 아이덴티티The Boune Identity>(2002)
<본 슈프리머스The Boune Supremacy>(2004)
<본 얼티메이텀The Boune Ultimatum>(2007)

# 대중예술에 나타난 연금술의 이미지*

**조정미**
대전대학교

## Ⅰ. 서 론

과학과 예술은 인간의 상상력과 창의성의 산물이라는 점에서 공통점을 갖는다. 또한 과학은 예술에 수단과 소재를 제공하고, 예술은 과학의 연구에 영감을 불어넣는다. 전자시대의 예술인 비디오 아트나 컴퓨터 아트는 과학기술의 성과를 바탕으로 하여 새로운 분야를 창조하였고, 과학적 소재를 주제로 한 SF(과학소설)는 역으로 과학자들에게 상상을 현실로 바꾸어보려는 꿈을 꾸게 한다. 특히 영화, 소설, 만화 등의 대중예술은 우리의 삶의 단면을 펼쳐 보여주고, 일상적이어서 그만큼 더 친근한 장르이다.

본 연구에서는 대중예술에 소재로 채용된 과학이 어떠한 이미지를 갖는지, 이 이미지가 실제의 과학과는 부합되는 것인지에 초점을 맞추었다. 이때 과학의 소재로는 과학의 역사에서 가장 흥미로운 주제 중의 하나인 연금술을 적용시켜 보려고 한다.

물론 연금술은 옛 과학이다. 연금술에는 두 가지 면이 혼재되어 있는데 금속을 다루는 실제 기술이면서, 다른 한편으로는 우주론과 연관된 완전함을 추구한다. 18세기가 되자 근대 화학의 성립과 계몽주의의 조류를 타고 연금

---

* 이 논문은 2007년 과학문화연구센터의 지원에 의해 연구되었음.

술에서 실제 기술적인 부분은 화학으로 흡수되고 나머지 현학적인 측면은 신비주의에 합류해 주류 과학으로부터 폐기되었다. 따라서 현대인에게 연금술은 과학이라기보다는 신비주의의 이미지를 갖는다. 그런데 이상하게도 대중들이 과학, 과학자를 보는 관점은 이제는 시효가 지나버린 연금술, 연금술사를 보는 관점과 유사하다는 것이 이 연구의 출발점이 되었다. 즉 21세기를 사는 현대인들도 과학과 연금술을 모두 초월적인 어떤 것으로 본다는 점에서 공통점이 있다. 즉 과학을 신비스러운 것으로 여기고, 과학자에게는 초인적인 능력이 숨겨져 있다는 생각이 대중들의 사고 저변에 깔려져 있는 것으로 보인다.

본 연구에서는 연금술을 주제로 한 3편의 대중예술을 선정하여 여기에 공통적으로 나타나는 연금술의 이미지를 분석하고, 이것을 현대인이 보는 과학에 대한 이미지와 관련시켜 보려고 한다.

# II. 본 론

## 1. 대중예술의 의미

대중예술이란 시대와 장소 개인에 따라 상당히 다양하다. 셰익스피어의 연극이 지금은 고급 예술의 대표적인 것들 중의 하나지만 그 당시에는 전형적인 대중예술이었다. 그러나 일반적으로 우리나라에서 '대중예술'이란 용어는 보통 '대중매체'라고 일컫는 TV, 라디오, 영화, 신문, 잡지, 음반, 만화, 복제회화, 염가판 문고류 등을 통해 많은 사람이 즐길 수 있는 통속적이고 가벼운 오락물이나 생활예술들을 가리킨다.[1] 또한 대중예술에 대한 가장 보편적인 이해 중의 하나는 대중예술이란 대중에 의해 소비되는 예술이란 것이다. 문제는 이때 '대중'이 누구인가 하는 것인데 대중문화의 소비자로서 대중은

1) 박성봉, 『대중예술의 미학』, 27쪽, 동연, 1995.

부나 교육 수준과는 무관하게 사회 전반에 폭넓게 펼쳐져 있다. 대중예술의 수용에 있어서 사회적 지위, 부, 교육 수준, 직업 등의 요인들이 문화 선택의 기준에 별다른 영향을 끼치지 않는 것으로 나타나고 있다.[2)]

대중문화는 통속성으로 특징지어지는데 여기에서 통속성은 웃음, 눈물, 성, 폭력, 환상, 공포, 엽기 등의 말초 감각적 자극이 상투적인 도식성에 실려서 우리들의 보상심리, 대리 체험, 도피주의를 만족시키는 오락적인 성격을 말한다.[3)]

## 2. 연금술

### 1) 연금술의 역사

연금술의 역사는 금속을 다루는 기술인 야금술과 그 기원을 같이한다. 그러나 야금술은 구리, 철 등의 광석을 제련하여 금속을 얻는 것이므로 연금술이라고 하기는 어렵다.

연금술은 A.D. 1세기경 이집트의 알렉산드리아를 중심으로 한 헬레니즘 시기에 그리스 철학과 이집트의 기술이 합류하여 탄생하였다. 이 시기에 쓴 연금술 문서는 1855년에 발견된 라이든 파피루스와 1913년에 발견된 스톡홀름 파피루스가 있는데, 이것은 이집트 장인의 묘지에서 발굴한 것으로 자신들의 작업장인 이집트 사원의 부속 공장에서 사용한 문서로 생각된다. 그 내용은 귀금속의 값싼 모조품과 모조 보석, 염료를 제조하는 처방으로 신비스러운 어구나 마술 같은 행위는 기록되어 있지 않다.

이후 3-4세기 경 로마가 황제의 명으로 연금술을 금지하고 이교도 사원을 철폐하자 연금술사들은 아랍으로 피신하였다. 이집트에서 시리아를 거쳐 페르시아로 연금술이 흘러 들어간 것은 6세기경으로 이후 연금술사 게베르(Geber 721?-815?)에 의해 아랍에서 뿌리내리고 이집트 시대보다 발전하였다. 10세기 무렵에는 중국의 연금술도 아랍에 알려진 것으로 보인다. 게베르의

2) 박성봉, 『대중예술의 미학』, 28쪽, 일빛, 2006.
3) 같은 책, 60쪽

저서에는 많은 종류의 물질의 분해, 증류 조작이 기술되어 있으며, 백반의 제법, 식초를 증류하여 강한 아세트산을 만드는 법 등을 기술하고 있다.

12세기가 되자 과학의 역사에서 말하는 '번역의 홍수'가 일어나게 되었다. 번역의 홍수란 십자군 전쟁의 승리로 이슬람에게 빼앗겼던 스페인 남부를 수복하게 되면서 이곳을 중심으로 그동안 이슬람 세계가 수집, 번역하여 보존해 두었던 그리스의 고전을 포함한 막대한 양의 이슬람 서적이 라틴어로 재번역이 되어 이슬람의 높은 수준의 문화가 유럽으로 전파된 것을 말한다. 이와중에서 연금술도 함께 유입되었으며 15세기 르네상스 시기에는 헤르메스주의(Hermeticism)의 모습을 갖추고 전성기를 맞게 되었다.

헤르메스주의란 연금술사의 수호신인 헤르메스에서 유래한 명칭으로 르네상스 시기 신플라톤주의의 한 지류로 유행하였으며, 연금술의 전통과 중세의 마술이 결합된 신비적 사조이다. 당시 마술은 흑색마술과 백색마술로 구별되었는데, 흑색마술은 사기술로 억압되었지만 백색마술은 자연을 변형시켜 무엇인가를 얻어낼 수 있는 초인적인 능력으로 인정되었다. 이것은 자연에 대한 적극적이고 능동적인 태도가 부각된 것으로, 이후 연금술사들은 자신의 기술의 중요성을 인식하고, 학자적 전통 즉 과학과 연결시키려는 자각을 하게 되었다. 이런 맥락에서 연금술은 과학혁명기 실험과학으로 연결되었으며, 과학사가 예이츠는 연금술-헤르메티시즘의 전통이 근대 과학의 전통에 긍정적인 영향을 미쳤다고 주장하였다.[4] 이어서 17세기 과학 혁명기를 지나고, 18세기 화학 혁명의 결과 화학자 라부아지에에 의하여 원소의 개념이 확실하게 실험적으로 정의되었고, 33종의 원소표가 발표되었다. 이제 금은 원소이며 물질들을 혼합하여 반응시켜 만들 수 없다는 사실이 명백해졌다. 게다가 이성의 시대 계몽사조는 연금술에 마지막 타격을 가하였다.

살펴본 바와 같이 연금술은 사실상 근대 화학이 시작되기 전까지 화학의 역사에서 대부분을 차지한다. 또한 연금술사들은 손을 쓰던 일을 천하게 여기던 당시의 분위기에도 불구하고 직접 손을 더럽혀가며 실험하여 현대 실험

---

4) F.A. Yates, "르네상스 과학에서 헤르메티시즘의 전통", 『역사 속의 과학』, 김영식 편저, 88쪽, 창비, 1991.

화학의 시조가 되었고, 당시에 고안해 낸 증류기를 비롯한 실험기구와 산, 알칼리 등의 화학약품은 지금도 사용되고 있다.

### 2) 연금술 이론

연금술의 이론적 근거는 아리스토텔레스의 4원소설이다. 근본물질의 원인이 되는 4가지의 성질인 온, 냉, 건, 습이 있는데, 이 네 가지 성질이 2개씩 조합되어 흙, 물, 공기, 불의 4원소가 생긴다. 원소는 성질의 조합에 의해 생기므로 얼마든지 한 원소가 다른 원소로 변하는 것이 가능하게 된다. 이것이 '원소전환'이다. 게다가 모든 것은 완전함을 향한다는 아리스토텔레스의 사상은 완전한 금속인 금을 향하여 다른 비천한 금속들이 진화한다는 생각에 확신을 심어주었다.

자연에서 일어나는 진화에는 긴 시간이 필요하지만 연금술사는 플라스크 안에서 이 시간을 단축하고 자연의 변화를 완전하게 모방할 수 있을 것이다. 성공하지 못한 기술인 연금술이 거의 2,000년간 인간의 마음을 매혹한 것은 물론 금에 대한 인간의 욕망도 작용했을 것이지만, 여기에는 아리스토텔레스라는 대학자의 권위 있는 이론이 뒷받침되었기 때문이다. 금을 만들 수 없다는 증거는 어디에도 없었던 것이다.

한편 연금술사들의 가장 큰 관심사는 현자의 돌(Lapis Philosophorum, Philosopher's Stone)인데 엘릭시르(Elixir)라고도 불리며, 천한 금속을 완전한 금속인 금으로 변하게 하는 원질료(Prima Materia)인 동시에 영생을 부여하는 불사약이었다. 이후 연금술은 두 가지 목표를 가졌는데, 현실적인 금을 만드는 것과 동시에 불로장생약을 만드는 것이다. 금을 만드는 기술은 화학으로, 약을 만드는 일은 의화학의 시대를 거쳐 약학으로 분화되었으며 18세기까지 약국은 화학자를 교육시키는 장소였다.

한편 연금술의 이론에서 인간이 자연의 과정을 대치할 수 있다는 생각은 '현자의 돌'을 만들어 이것으로 인간과 우주를 변화시킬 수 있다는 관념으로 확대되었다. 즉 땅속의 천한 금속이 진화하여 서서히 완전성을 가진 금으로 변하듯 인간도 영원성과 완전한 영혼을 가진 존재가 될 수 있을 것으로 믿었다. 연금술에서 영혼적 완성의 추구는 원질료(Prima Materia)가 모든 존재에 내재되어 있으며, 소우주로서의 인간이 대우주와의 조화 및 대응관계에 있다는 상응의 원리에 의해 뒷받침된다. 즉 4원소가 조합에 의하여 형식을 갖추면 원질료는 이것에 형체를 부여하게 된다. 따라서 물질, 인간, 우주는 서로 상응관계에 있다. 아울러 인간은 영혼적 구원을 위해 필요한 것을 그 안에 다 갖추고 있으며 천한 재질로부터 순수한 정화를 이끌어낼 수 있게 된다.

그 예로서 천체의 행성이 지상의 인간과 금속에 지배력을 행사한다는 점성술적인 상응관계가 성립된다. 태양-금, 달-은, 수성-수은, 금성-구리, 화성-철, 목성-주석, 토성-납과 상응하며, 이런 관계는 그리스 로마 신화의 신들의 이름에도 연관된다. 금성은 비너스-미의 여신-여성이며, 화성은 전쟁의 신 마르스-남성을 상징한다는 것은 만화 세대인 청소년들에게는 상식이다. 『화성에서 온 남자, 금성에서 온 여자』라는 남녀 차이에 대한 이야기를 다룬 스테디셀러를 읽어 보지 않았다면 제목이라도 들어본 적이 있을 것이다.

상응관계에 대하여 심리학자 융은 '집단 무의식'이라는 개념으로 설명한다. 그는 개인 무의식 너머 선험적으로 존재하는 '집단 무의식'의 저장고를 내재적 본성으로 가지고 있다고 가정하였다. 연금술사들은 자신의 실험 용기에서 온갖 생명들이 탄생하는 것을 지켜보았는데, 물질 안에서 연금술사가 보거나 자신들이 보았다고 생각한 것은 그가 물질에 투사하고자 했던 자신의 무의식 세계라는 것이다. 이러한 투사는 알지 못하는 것을 부여잡고 어떻게 해보려고 할 때 반드시 일어나게 되는 것으로 일단 과학적 사고가 작용하기 시작하자 잠재적인 무의식적인 투사는 이전의 기능을 잃어버리게 되었다고 한다.

> … 실험자는 화학실험을 수행하는 동안 어떤 정신적인 체험을 하는데, 그 체험들이 그에게는 화학적인 과정의 특별한 행태로 보인다는 것이다. 그것이 투사이기 때문에 그는 물론 그러한 체험들이 질료 그 자체(즉, 오늘날 우리가 알고 있는 질료)와 아무런 관계가 없다는 사실을 의식하지 못하였다. 그는 자신의 투사를 질료의 특성으로 체험했다.5)

5) C. G. Jung, 융 기본저작집 6, 『연금술에서 본 구원의 관념』, 38쪽, 솔, 2004.

상응설은 투사 체험의 합리화라고 주장한다. 연금술사는 이론적인 이유로 상응설을 믿기 때문에 그의 기술을 실행하는 것이 아니라, 오히려 물질 속에서 관념의 현존을 체험하기 때문에 상응이론을 갖고 있는 것이다.

이런 상응관계에 입각하여 금속 변환의 실제 작업에 착수해 보자. 우선 '죽은' 물질을 만들어야 한다. 죽은 물질은 자신의 성질을 모두 잃어버리고 모든 색깔이 없어진다(흑색화). 이것을 오랫동안 가열하면서 몇 가지 종류의 정기(Spirit)와 물(액체 시약)을 가하여 다시 생명을 소생시켜 발육시킨다(백색화—은의 제조). 다음에는 금의 씨앗을 소량 가하면 전체가 금으로 변한다(황색화—금의 제조). 이런 흑, 백, 황의 순서가 표준이다. 이런 처방은 신비적인 어귀를 빼고 보면 틀림없는 염색의 과정이다.

금속 표면의 색을 바꾸기 위하여 황, 비소, 수은 등으로 착색하는 기술이다. 그러나 연금술사의 노 속에서 일어나는 일련의 과정은 제련-정화-재생 또는 단련-정화-완성 혹은 수난-죽음-부활의 등식으로 인간을 단련시켜 완성 단계에 도달하는 과정과 유비된다.

위에서 살펴본 것을 간단히 요약하면 다음과 같다. 연금술은 두 가지 측면이 있는데 하나는 장인들의 전통에서 나온 초보적인 화학기술이며, 다른 하나는 인간의 영혼적 완전함을 지향한다는 신비주의이다. 즉 과학적 실험적 기술이자 신비주의적 철학이다.

### 3) 연금술과 예술

연금술의 이미지와 연금술적 상상력은 예술에서 소재로서 자주 등장한다. 예술가에게 있어 연금술은 금속을 불 속에서 단련시키고 정화하여 금으로 만드는 일이 조잡스러운 것에서 세련된 것을 추출하고 인간의 감성을 고양시키는 예술가의 작업과 동일시되기 때문인지도 모른다. 조동열에 의하면 연금술은 19세기 아일랜드의 시인 예이츠(W. B. Yeats)의 인생과 예술을 형성하고 창조하는 데 중요한 도구적 원리였다고 한다.[6] 또 이성희는 시인 박재삼의 시에 나타나는 상상력이 연금술적 상상력이라고 하였으며[7] 김선형은 괴테의

6) 조동열, "W. B. Yeats와 연금술", 『조선대 외국문학연구』 제22집, 3쪽.

『파우스트II』 속에는 신비주의, 연금술의 세계 그리고 신화의 세계 속에 자연과 예술, 역사와 현대 그리고 정신과 감각이 일체화되어 구현되어 있음을 볼 수 있다고 하였다.8)

이런 예술 분야뿐만 아니라 연금술적 상상력은 우리의 눈과 귀에 익은 여러 대중예술 속에 스며들어 있다. 초인적인 능력과 성취되는 환상만큼 매력적인 소재가 어디 그리 흔하겠는가? 본 논문에서는 예술에 소재로써 연금술이 등장할 때, 작품에 나타난 연금술과 연금술사에 대한 묘사가 과학사적으로 합당한지 또 과학사에 나타나는 연금술의 두 가지 측면－실험적 기술과 신비주의 철학－중 어느 쪽에 더 비중을 주었는지에 초점을 맞추어 분석하였다.

## 3. 대중예술에 나타난 연금술의 이미지

대중예술의 특징은 통속성이며 대중이 향유하는 예술이라는 것이다. 따라서 어떤 작품이 성공했는가의 기준은 많이 팔렸는가에 두는 것이 합당할 것이다. 여기서 분석한 세 가지의 샘플은 이 기준에 맞추어 최근에 대박을 터트린 소설, 영화, 만화 중에서 연금술의 이미지를 직접 소재로 사용한 작품을 선택하였다.

위의 기준에 맞추어 선정한 『해리 포터와 마법사의 돌』, 『연금술사』, 『강철의 연금술사』 세 작품을 다음에 간략하게 소개하였다. 그리고 연금술과 유비되는 세 가지 방식으로 접근하여 일반화를 시도하였다. 세 가지 접근 방식은 ⅰ) 단련-정화-완성, ⅱ) 플라스크와 알럼빅, ⅲ) 초월이다.

『해리 포터와 마법사의 돌*Harry Potter and the Philosopher's Stone*』
조앤 K. 롤링, 블룸즈버리 출판사, 1997.
(한국어판, 문학수첩, 1999년)

---

7) 이성희, "박재삼 시에 나타난 연금술적 상상력 연구", 문학석사학위 논문, 1쪽, 2003.
8) 김선형, "괴테작품 파우스트II 속에 나타난 연금술과 신화적 개념", 『인문논총』 제 15편, 275쪽, 2002.

한국출판마케팅연구소(소장 한기호)가 집계한 21세기 밀리언 셀러 중에서 해리포터 시리즈가 2천만 부가 팔려 1위를 기록했다. 뉴욕타임즈 베스트셀러 1위, 퍼블리셔스 위클리 1998년 최우수 도서로 선정되어 『피터팬』이나 『이상한 나라의 앨리스』에 비견되기도 한다. 작가 롤링은 인세 수입으로 미국의 경제전문지 포브스가 선정한 세계 부호 여성 리스트에 2위로 억만장자 반열에 올랐으며 영향력 있는 여성 50인에 뽑히기도 하였다.

해리 포터 시리즈는 해리가 11살 되는 생일날부터 이야기가 시작되어 17살이 될 때까지 총 7권으로 구성되었으며, 최종편이 2007년 7월 발간되었고, 한국어 번역판은 오는 11월 15일 출판 예정되어 대대적인 선전에 들어갔으며 독자들의 마음을 설레게 하고 있다. 영화로는 5편인 '불사조 기사단'이 올여름 상영되었다. 1권부터 6권까지 이 소설은 전 세계 64개 언어로 번역되었으며 3억 2500만 권이 팔렸다. 『해리 포터와 마법사의 돌』 초판본 한 권이 올 8월 말 경매에 부쳐져 2천만 원에 육박하는 낙찰가를 냈다.

줄거리는 고아 소년 해리가 친척집에 맡겨져 천대받다가 마법학교에 입학하면서 마법사 세계의 영웅이 된다는 모험과 환상을 중심으로 한 성장소설이다. 해리는 한 살 때 부모를 살해한 마왕을 물리치고 살아남은 영웅이지만 안전을 위해 이모네로 보내진다. 자신이 마법사라는 사실도 모른 채 온갖 멸시와 학대를 당하며 계단 밑 벽장에서 살아간다. 그러나 11번째 생일날 영국 최고의 마법학교 호그와트에 입학하라는 통지서를 받는다. 호그와트에서 해리는 마법을 배우고 빗자루를 타고 하늘을 날며 경기하는 퀴디치 게임의 스타가 되고, 악의 힘으로부터 학교와 마법사 세계를 구한다.

『연금술사*El Alquimista*』
파울로 코엘료, 1988년
(한국어판, 문학동네, 2001년)

『연금술사』는 한국출판마케팅연구소(소장 한기호)가 집계한 21세기 베스트셀러 200선에 올랐으며 이 소설의 작가 코엘료의 다른 작품 3가지도 목록에 포함되어 있다. 이 소설은 60여 개 언어로 번역되어 150여 나라에서 3,000만 부 이상 판매되었으며 우리나라에서도 120만 부 이상 팔렸고, 2004년 소설 부문 베스트셀러이다. 2005년에는 우리나라에서 가족용 뮤지컬(악어컴퍼니 기획, 박정의 연출)로 공연된 적도 있고, 미국에서 영화화(배리 오스본 제작, 로렌스 피시번 감독)될 예정이다. 전 미국 대통령 클린턴이 휴가 중에 읽고 싶은 책으로 꼽아 유명해지기도 하였다.

줄거리는 다음과 같다. 평범한 양치기 청년 산티아고는 마음의 속삭임에 귀를 열고 보물을 찾으러 길을 떠난다. 험난한 여정을 헤치고 늙은 왕과 도둑, 연금술사 등을 만나며 긴 탐색의 끝에 떠나온 고향 마을의 버려진 교회에 숨겨진 보물을 찾는다.

『강철의 연금술사*Full Metal Alchemist*』
히로무 아라카와, 스퀘어 에닉스, 2002년
(한국어판, 학산, 2004년)

『강철의 연금술사』는 일본에서 2002년 연재된 이후 단행본은 1500만 부 이상 팔렸으며, 2003년 일본 민영 TV에서 애니메이션으로 방영되었다. 2004년에 정식 한국어판이 출간되기 이전에 2003년부터 3종류의 해적판이 나돌아 50만 권 이상 판매되었다. 현재 한국어 번역본은 16권까지 나왔으며, 아직 완간되지 않았다. 플레이스테이션 2인용 비디오 게임과 모바일 게임, DVD, 극장판 DVD로도 출시되었고, 국내의 위성과 케이블 채널로 방영되었다. '등가교환'이라는 낯선 경제용어를 초등학생에게까지 퍼트렸다.

국가연금술사인 에드는 죽은 어머니를 되살리기 위해 인체 연성에 도전했다가 한쪽 팔과 다리를 잃었다.(의수족 때문에 강철의 연금술사로 불린다) 동생은 육신을 잃어버리고 간신히 영혼만이 갑옷에 붙어 있는 상태라, 둘은 몸을 되돌리기 위하여 '현자의 돌'을 찾는 여정에 나서게 되고, 온갖 인물들과 사건에 휘말린다.

### 1) 단련-정화-완성

연금술사의 노 속에서 일어나는 금속 변성은 단련-정화-완성 혹은 수난-죽음-부활의 등식으로 인간을 단련시켜 완성에 이르도록 하는 것에 비유된다. 최종 목표에 도달하기 위해서는 혹독한 시련을 이겨내고, 그에 상응하는 대가를 치러야 한다. 위의 세 작품에서 성공한 연금술의 대가는 다음과 같다.

해리 포터

> 마법사의 돌(현자의 돌)이 있는 곳을 찾기까지 머리 셋 달린 개를 잠재우고, '악마의 덫'이라는 식물에 감겨 죽을 뻔하고, 날아다니는 열쇠를 잡아 문을 열고, 체스 게임에 이기고, 수수께끼를 풀고 간신히 도착해보니 '자신을 위해 사용하지 않을 사람'만이 마법사의 돌을 손에 넣을 수 있다는 마지막 관문이 기다리고 있다.

연금술사

> 안정된 직업을 버리고 바다와 사막을 지나고, 도둑에게 전 재산을 털리고, 전쟁의 와중에서 죽을 고비를 여러 번 넘긴 후에야 목적한 것(보물)이 떠나온 고향의 오래된 교회의 손닿는 곳에 있다는 것을 안다.

강철의 연금술사

> 죽은 어머니를 살려내려다가 실패하면서 자신의 팔과 다리, 동생은 신체 모두를 잃었다. 본래의 모습으로 돌리기 위해서는 현자의 돌을 만들어 인체 연성을 해야 하는데, 한 생명을 바치지 않으면 한 생명을 얻을 수 없다(等價交換).

왜 주인공들은 이런 힘든 상황에 처해야만 할까? 왜 꼭 단련하고 수난을 당해야 하는 것일까? 박성봉은 이것을 대중문화와 관련된 수사학적 미학의 영역으로 '서스펜스와 감정이입 동일시 효과'라고 하였다.[9] 쉽게 말하자면 독자에게 이런 식으로 심리적 보상을 준다. '성공한 사람은 처절한 노력을 했어, 나는 시도도 하지 않았지만 평온한 일상에 만족해.'

---

9) 박성봉, 『대중예술과 미학』, 80쪽 일빛, 2006

### 2) 플라스크와 알렘빅

연금술의 현대 화학에 대한 기여 중의 하나는 기초적인 실험기구와 약품을 제조하였다는 것이다. 알렘빅은 연금술사들이 사용하던 증류기로 현재에도 같은 형태의 것이 화학실험실에서 필수적인 기구로 비치되어 있다. 위 세 작품에서는 연금술의 실험장면과 부호, 상징이 등장한다.

해리 포터

그 지하 감옥이 초록빛 산성 연기와 쉬쉬거리는 시끄러운 소리로 가득 찼을 때에도 스네이프 교수는 모두에게 말포이가 뿔 모양의 민달팽이들을 얼마나 완벽하게 삶았는지를 보라며 그를 추켜세울 뿐이었다.[10)]

연금술사

그들은 수도승의 부엌으로 들어갔다. 연금술사가 불을 피우는 사이, 수도승은 약간의 납을 가져왔다. 연금술사는 쇠로 만든 그릇에 납을 녹였다. 납이 다 녹아 액체가 되자 연금술사는 짐 보따리에서 미묘한 노란색 유리알을 꺼내 머리카락 두께 정도의 얇은 막을 벗겨내고 밀랍으로 둘러싼 후 녹인 납이 담겨 있는 쇠그릇에 던져 넣었다. … 그릇의 열이 다 식었을 무렵 … 눈부시게 빛나는 물체가 거기 있었다. 녹았던 납이 그릇 모양을 따라 둥그렇게 굳어 있었는데 그것은 더 이상 납이 아니었다. 바로 금이었다.[11)]

강철의 연금술사

DVD로 출시된 애니메이션 '강철의 연금술사' 13편에서 주인공 에릭은 몸이 물로 되어 있어서 잘라지지도 않고 계속 되살아나 죽일 수 없는 호문쿨루스(연금술사가 만들어낸 인간)의 신체 성분을 물에서 알코올로 변성시킨다. 알코올은 상온에서 증발하고 몸은 공기 중으로 기화되어 사라진다.

산성 연기, 쉬쉬거리는 소리, 불, 납, 노란색 유리알, 상온에서 증발하는 알코올, 이런 그럴싸해 보이는 소도구의 등장은 독자(관객)에게 과학적, 논리적

10) 『해리 포터』 상권, 209쪽
11) 『연금술사』, 224쪽

이라는 인상을 주고, 나아가 사실 이해할 수 없는 황당한 이야기인 연금술이라는 소재에 현실감을 부여한다. 또 시각적인 상상력을 불어넣어 불가능한 것이 가능한 듯 여겨지면서 스토리 전개에 신뢰감을 조성한다. 위에 서술한 장면들은 약간만 주의하여 보면 과학적인 것과는 상관없는 것이라는 것을 알 수 있다. 이런 효과는 이런 식으로 비유할 수 있을 것이다.

장마가 끝났는데도 철에 맞지 않게 폭우가 내린다. 사람들은 내심 왜 이럴까 하고 짜증이 난다. TV의 기상 캐스터가 친절하게 설명한다. "예년에는 오호츠크해 기단과 북태평양 기단이 한반도에서 만나 장마전선을 이룬 후, 북태평양 기단이 확장되어 올라가면서 장마가 그치게 되는데, 올해는 북태평양 기단의 세력이 약한 탓에 불안정한 기층의 영향으로 국지적 호우가 내립니다." 이 설명을 이해하는 사람이 몇 명이나 될까? 그러나 보통은 '아, 그런 거였어'라고 폭우를 인정하고 넘어가고 만다.

### 3) 초월

이 세 작품의 공통점은 곳곳에 인생에 대한 통찰을 표방하는 현학적인 경구들이 등장한다는 것이다. 특히 코엘료의 '연금술사'에는 거의 매 페이지마다 멋진 경구가 등장하여 일일이 발췌할 수도 없을 정도이다. 추하고 타락한 영혼을 맑고 순수하며 지적으로 고양된 단계에 이르게 하는 일 역시 일종의 연금술이며, 연금술사는 기술자가 아니라 물질에 갇혀 있는 영혼을 이끌어내는 창조자의 역할을 한다.

해리 포터

> 위대한 마법사에게 죽음이란 그저 또 하나의 위대한 모험에 불과하단다. 그 돌은 사실 그렇게 굉장한 것은 아니란다. 원하는 만큼의 돈과 오랜 삶 대부분의 인간은 이 두 가지를 선택하겠지. 문제는 인간들이란 꼭 자신에게 이롭지 못한 것을 선택하는 나쁜 버릇을 갖고 있다는 것이지.
>
> … 볼드모트라고 부르거라, 해리. 사물에는 항상 정확한 이름을 사용해야 한단다. 어떤 이름에 대한 공포심은 그 사물 자체에 대한 공포심을 커지게 하니까 말이다.[12)]

연금술사

자아의 신화를 이루어내는 것이야말로 이 세상 모든 사람들에게 부과된 유일한 의무지. 세상 만물은 모두 한 가지라네. 자네가 무언가를 간절히 원할 때 온 우주는 자네의 소망이 실현되도록 도와준다네.[13)]

… 난 음식을 먹는 동안엔 먹는 일 말고는 아무것도 하지 않소. 걸어야 할 땐 걷는 것. 그게 다지. … 내겐 오직 현재만이 있고, 현재만이 내 유일한 관심거리요. 만약 당신이 영원히 현재에 머무를 수만 있다면 당신은 진정 행복한 사람일 게요.[14)]

강철의 연금술사

연금술사가 말하듯이 세상의 섭리를 등가교환으로 나타낼 수 있다면, 새로 태어날 세대가 행복을 누릴 수 있도록, 그 대가로 우리는 시체를 짊어지고 피의 강을 건너는 것입니다.[15)]

이런 현학적이고 철학적인 표현들은 오락성이라는 대중예술의 속성에 어울리지 않는 것 같아 보인다. 그러나 이런 약간의 이탈은 독자에게 지적 만족을 제공하여 고급 예술로서의 가능성을 열어놓고, 독자들의 경험에 공명하여 나름대로의 해석을 가능하게 한다. 위에서 살펴본 것처럼 세 가지 작품에 나타나는 공통점은 다음과 같다.

첫 번째, 중심 주제로는 연금술 이론인 단련-정화-완성이라는 세 단계를 기본으로 한다. 이것은 『해리 포터』에서는 고단한 어린 시절을 거쳐 악의 힘으로부터 마법사 세계를 구하는 영웅이 되기까지의 과정으로 나타나고, 『연금술사』에서는 손닿는 곳에 존재하던 보물을 알아보고 찾기 위해서는 험난한 여정이 필요했었다. 『강철의 연금술사』에서는 등가교환－같은 가치를 가진 것끼리의 교환－즉 원하는 것을 얻으려면 그에 상응하는 대가를 치러야 하는 것

12) 『해리 포터』, 하권, 206-207쪽.
13) 『연금술사』, 48쪽
14) 같은 책, 144쪽
15) 『강철의 연금술사』, 15권, 171쪽

으로 묘사된다. 즉 주인공들은 이런 시험을 통과하여 초인적인 존재가 된다.

두 번째, 중심 주제에 현실감과 신뢰성을 부여하기 위한 소도구로서 연금술의 실험장면이 등장한다. 그런데 이 실험장면이라는 것이 실제 연금술 기술과는 많이 다르다. 실제 연금술사들은 현자의 돌이나 금을 만들지 못했다.

세 번째, 연금술을 소재로 채택했다고는 하지만 화학기술로서가 아닌 신비주의로서의 측면만이 반영되어 있다. 소우주로서의 인간이 대우주와 대응관계에 있다는 상응의 원리에 따라 인간의 정신과 영혼을 고양시키고 완성한다는 영혼의 연금술이 강조된다. 즉 연금술은 과학의 역사적 사실과는 달리 신비주의만 강조되어 있고, 연금술사는 장인이 아닌 초인적인 존재로 나타난다. 세 작품에서 연금술과 연금술사의 이미지는 다음과 같다.

『해리 포터』: 마법 / 마법사
『연금술사』 : 초능력 / 구도자(현자, 예언가)
『강철의 연금술사』 : 초인적인 기술 / 전문가

다시 말하면 대중예술에 나타나는 연금술은 신비주의라는 정형화된 이미지를 갖는다.

## 4. 대중이 보는 과학의 이미지

옛 과학인 연금술을 보는 이미지가 정형화되어 있다면, 현대 과학에 대한 이미지는 어떤지 비교해보는 것도 의미가 있을 것이다. 과학을 소재로 한 대중예술은 SF(Science Fiction)이라 불린다. 보통 SF는 우주, 미래, 외계인 등을 다루는 과학소설인데, 작가 평론가들 사이에서는 SF를 엄밀하게 정의하는 데 있어 논란이 있다. 그러나 어떤 경우에든 SF의 요건을 갖추기 위해서는 소설의 주제 및 소재 등에서 과학이 밑바탕이 되어야 한다. 예로서 1918년에 발표된 메리 셸리의 『프랑켄슈타인』, 로버트 스티븐슨의 1886년 작 『지킬 박사와 하이드 씨의 이상한 사건』은 SF이다. 반면에 브램 스토커의 『드라큘라』는 초

자연현상만 다루고 있기 때문에 SF라고 할 수 없다.

박상준[16)]은 국내에서는 SF를 공상과학소설로 부르고 있는 것에 강한 거부감을 나타내며, 이것은 일본에서 SF와 판타지 소설을 모두 포함하여 지칭하는 것으로 두 가지를 엄격히 구분하고 있는 서구전통과는 큰 차이를 보이고 있는데도 불구하고 국내에서는 일본식 해석을 따르고 있다며 우려를 나타내고 있다. 즉 SF를 당연히 과학소설로 불러야 한다는 것인데 판타지를 과학소설로 혼동한다는 것을 보면 현대 과학의 이미지에도 신비주의가 끼어들어 있다는 뜻이 된다. 21세기 과학의 시대에 과학을 왜 신비스럽게 여기는 것일까? 스트로스베르는 다음과 같이 설명한다.

> '과학(Science)'은 자연법칙에 대한 지식이다. 달리 표현하면 과학은 객관적이고 검증 가능한 사실들에 근거한 연구방법을 수행하면서, 보편적인 의미를 갖는 모든 학문을 구현한다. 그러나 우리는 수백 년 동안 형이상학, 신학, 철학이 우세하였고 과학 역시 신념의 자양분을 받았다는 사실을 기억해야 한다. '방법과 객관성'같은 개념은 최근에야 나타났으며, 아직도 과학을 신비스럽게 생각하는 사람이 많다.[17)]

스트로스베르의 지적처럼 과학적 방법이 인류의 긴 역사에서 보면 최근에 나타났기 때문일 수도 있고, 또 과학을 일종의 거대한 행진으로 가르치는 과학교육 때문일 수도 있다.

> 거의 모든 과학 교과서에서는 과학 내용을 논리 정연하게 연결되는 일련의 장들로 제시하고 있다. 본문 내용은 과학의 개념들이 얼마나 많은 노력이 있었는지를 보여 주기 위한 의도에서 벗어나는 일 없이 과학의 전체 발달과정을 서술한다.[18)]

또는 과학자를 영웅시하는 언론의 보도 태도 탓인지도 모른다. 과학 분야

16) 박상준, 월간 판타스틱 편집장, 서울대 인문대학원에서 과학소설사 연구 중, 인터넷 과학신문 사이언스 타임즈 2007년 5월 7일자 '공상과학소설은 잘못된 용어'라는 기사에서 발췌

17) 엘리안 스트로스베르, 김승윤 역, 『예술과 과학』, 17쪽, 을유문화사, 2002.

18) 핼 헬먼, 이충호 역, 『과학사 속의 대논쟁』, 10쪽, 가람기획, 2000.

에서 일어난 실수에 대한 보도가 나오는 경우는 아주 드물며 대개의 경우 인간 승리의 표상으로 비춰진다. 그 결과 대중들의 눈에는 과학자들이 수많은 시행착오 끝에 도달한 결과만을 볼 뿐 그간의 과정은 알 수 없다.

예로서 지난 연말 선발된 한국 최초의 우주인을 들 수 있다. 우주인이야말로 첨단과학과 과학자를 대표하는 모델이다. 언론에 공개된 선발과정을 보면, 수치상으로 3만 대 1의 경쟁률부터 우리를 압도하지만, 거기에 6G의 중력을 이기는 체력과 정신력, 무중력상태에서의 적응, 우주공간에서의 과학실험, 유창한 외국어 실력 등이 소개되었다. 아울러 잘생긴 외모까지. 일반 대중의 눈에 그들은 보통 인간이 아니라 초인간이다. 게다가 뉴턴, 파인만, 스티븐 호킹의 전기를 읽고 누가 그들을 우리와 같은 인간이라고 생각하겠는가. 즉 과학, 과학자에게는 초인적인 능력이 숨겨져 있고 과학은 신비한 것이라는 생각은 그다지 이상하지 않다.

임성만에 의하면 과학자에 대한 이미지는 정형화되어 있으며 학생의 경우 학년이 높아지면 정도가 심해진다. 안경, 연구의 상징, 남자, 중년, 또는 노년, 실내에서 일하는 과학자 항목에서 정형성이 높게 나왔다. 실제로 과학자는 다양한 분야에서 개방되어진 활동을 하고 있음에도 불구하고 과학자를 실험실에서 실험복을 입고 시험관과 같은 실험기구를 가지고 연구에 몰두하고 있는 사람으로 생각하고 있었다.[19)]

즉, 현대 과학에 대한 이미지도 과학의 본모습과는 달리 신비주의가 끼어들어 있으며, 과학의 그 많고 다양한 전문 분야는 생략되어 버리고 정형화된 이미지로 대중들에게 기억된다.

## Ⅲ. 결 론

대중예술에 나타난 연금술의 이미지는 과학의 역사에서 나타난 실제의 모

---

19) 임성만, "초중고 학생과 예비교사 및 초등교사가 생각하는 과학자에 대한 이미지 분석", 한국교원대학교 교육대학원 석사학위 논문, 2006년.

습과는 다르다. 연금술의 두 가지 흐름인 화학기술과 신비주의 중에서 신비주의 쪽만 강조된 정형화된 이미지가 나타난다. 실험적 과학기술로서의 측면은 주제를 부각시키기 위한 소도구로만 쓰일 뿐이다. 한편 현대 과학도 옛 과학인 연금술의 경우와 유사한 양상을 보인다.

과학이 예술이라는 이질적인 문화현상 속으로 이입될 때 과학이 가진 다양성이 모두 수용되기에는 무리가 있는 것으로 보인다. 어떤 식으로 과학의 소재를 채용하여 작품을 구성할 것인가는 작가의 세계관과 예술적 상상력에 의해 선택받기 마련이기 때문이다. 따라서 과학과 예술이라는 낯선 두 영역이 조우하기 위해서는 두 분야의 다양한 측면을 서로 인정하고 이미지가 정형화되는 것을 경계해야 할 것이다.

## 참고 문헌


김선형, "괴테작품 파우스트II 속에 나타난 연금술과 신화적 개념", 『인문논총』 제15편, 275쪽, 2002.

김영식 편저, 『역사 속의 과학』, 창비, 1991.

김준양, 『이미지의 연금술』, 한나래, 2001.

롤링, 『해리 포터와 마법사의 돌』, 문학수첩, 1999.

박성봉, 『대중예술의 미학』, 동연, 1995.

박성봉, 『대중예술과 미학』, 일빛, 2006.

박승억, 『계몽의 시대와 연금술사 칼리오스트로스 백작』, 프로네시스, 2006.

스트로스베르, 『예술과 과학』, 을유문화사, 2002.

이성희, "박재삼 시에 나타난 연금술적 상상력 연구", 서울대학교 대학원 문학석사학위 논문, 2003.

이지훈, 『예술과 연금술』, 창비, 2004.

임성만, "초중고 학생과 예비교사 및 초등교사가 생각하는 과학자에 대한 이미지 분석", 한국교원대학교 교육대학원 석사학위 논문, 2006.

융, 융 기본 저작집 6, 『연금술에서 본 구원의 관념』, 솔, 2004.

조동열, "W. B. Yeats와 연금술", 『조선대 외국문학연구』 제22집, 1-19쪽.

쿠더트, 『연금술이야기』, 민음사, 1995.

코엘료, 『연금술사』, 문학동네, 2001.

포빼르, 『전자시대의 예술』, 예경, 1999.

헬먼, 『과학사 속의 대논쟁』, 가람기획, 2000.

히로무 아라카와, 『강철의 연금술사』 1-14권, 학산, 2004.

# 항공사고의 표상:
## TWA800 추락사고 조사보고서의 경우*

이영준
계원디자인예술대학

## Ⅰ. 항공사고의 표상

필자는 항공사고를 겪은 적은 없다. 그러나 항공사고에 근접한 경험은 몇 번 있었다. 국적항공사의 여객기를 타고 어디론가 가던 중 항공기가 갑자기 왼쪽으로 급선회하는 것을 보았다. 그때 필자는 항공기가 항로에서 변침을 하는 웨이 포인트(way point)에서 왼쪽으로 선회를 했다고 생각했다. 항공기는 웨이 포인트에서 각을 이루며 방향을 바꾸기 때문이다. 그때 오른쪽 창문으로 필자가 탄 항공기와 같은 항로로 지나치는 다른 항공기를 보았다. 만일 필자가 탄 항공기가 변침을 하지 않고 그대로 진행했다면 어떻게 되었을까? 기내방송으로 아무런 안내가 없었기 때문에 그것이 어떤 상황인지 파악할 수는 없었으나 만일 변침하지 않고 그 항로로 계속 운항했으면 마주 오던 항공기와 충돌하지 않았을까 생각된다. 항공기가 150미터 이내의 간격으로 스치는 사고를 니어 미스(near miss)라고 하는데, 최소한 니어 미스가 아니었을까 생각한다.

또 한 번의 사고 비슷한 경험은 역시 국적항공사의 항공기를 타고 미국으로 가는 도중 태평양 상공에서 일어난 일이다. 어느 순간 네 개의 엔진이 모

---

* 이 글은 2010년 과학문화연구센터의 지원을 받아 연구되었음.

두 꺼지고 항공기는 쥐 죽은 듯이 고요해졌다. 필자가 탄 항공기는 순간적으로 비행이 아니라 활강을 하고 있었던 것이다. 즉 엔진이 비행 도중 꺼지는 인플라이트 셧다운(Inflight shutdown)이었던 것이다. 곧바로 엔진이 다시 돌아가기 시작했지만, 만일 3만 피트 상공에서 엔진이 다시 켜지지 않는다면? 항공기는 아니지만, 필자가 타고 가던 디젤 기관차의 엔진이 꺼진 후에 다시 시동이 켜지지 않아 기관사가 애를 먹는 것을 본 적이 있었기 때문에 하늘을 나는 항공기가 엔진이 꺼진다는 것은 그리 달가운 일은 아니다. 당시 기관사는 이리저리 스위치들을 조작해봤지만 시동은 걸리지 않았고, 역에서는 왜 출발하지 않느냐고 무선으로 재촉하고 있었으므로 약간 패닉에 빠진 상태였다. 다시 시동이 걸리기까지의 5분은 꽤 긴 시간이었다.

이 경험들은 공포스럽거나 실제로 위험하지는 않았지만 만일 사고였다면 어떻게 되었을까 하는 생각을 계속 떠오르게 한다. 그것은 트라우마적인 경험은 아니었지만 실제 사고였다면 매우 트라우마적이었을 것이다. 이 경험들은 수년이 지난 지금도 자꾸만 떠오른다. 실재의 귀환처럼, 계속 되돌아온다. 그런데 왜 그 생각이 자꾸 날까? 왜 잊어버리는 것이 좋을 사고의 기억을 계속 떠올리는 것일까? 아마도 프로이트가 말한 반복강박(Wiederholungszwang, Repetition compulsion)이라고 할 수 있을 것이다. 반복강박이란 어떤 고통스러운 일을 잊어버리기는커녕 자기도 모르게 자꾸 되새기는 것을 말한다. 프로이트는 〈쾌락의 원칙을 넘어서〉에서 "신경증은 반복해서 환자를 사고의 상황 속으로 다시 끌고 들어간다"고 썼다. 인간은 쾌락과 편안함을 추구하며, 그것을 방해하는 조건을 제거하려고 노력하지만, 역설적이게도 고통스러운 경험을 반복해서 떠올리게 된다는 것이다. 이 경우 주체가 스스로 일부러 고통스런 경험을 반복하는 것은 아니다. 반복하다의 독일어인 'wiederholen'은 자꾸만 되풀이해서 끌어낸다는 뜻을 가지고 있다. 즉 주체가 원하지 않아도 어떤 힘에 의해 이끌려서 같은 경험을 다시 떠올리게 되는 것이다. 결국 반복강박은 주체의 바깥에서 어떤 것이 자꾸만 주체를 이끌어서 제자리로 되돌아놓으려는 어떤 힘이다. 프로이트의 심리분석에서는 그 힘을 충동(treiben, drive)이라고 하지만 여기서 힘이라고 쓰는 이유는 결국 인간이 제어할 수 없는 어떤 힘이 충동의 원천이기 때문이다. 그 힘에 비하면 의식에 의존하고 있는 인간 주체란 별 것 아니다.

그런 충동은 표상을 낳는데, 개인적인 것도 있지만 공적이고 객관적인 것도 있다. 여기서 다룰 TWA800기의 추락사고에 대한 조사보고서는 그런 반복강박의 한 표상형태라고 보인다. 즉 사고라는 고통스런 경험을 다시 체험하려는 형태인 것이다. 물론 사고조사보고서의 중요한 내용은 사고의 원인을 밝혀서 같은 종류의 사고가 다시 일어나는 것을 막자는 것이지만, 사고조사보고서의 상당 부분은 사고가 난 그 순간에 어떤 일이 일어났는가에 집중돼 있다. 항공기의 이력, 기체의 구조, 항공기의 유지관리, 기계적 결함가능성, 조종사들에 대한 인적 관리, 근태관리, 사고 당일의 기상 혹은 특이조건, 공항과 관제탑의 조건 등 사고와 연관될 수 있는 모든 요인들을 따지고 드는 조사보고서는 수많은 조각들을 맞추어 큰 그림을 만드는 퍼즐처럼 사고 순간을 다시 체험하도록 만든다.

프로이트가 말한 유명한 포트/다(fort/da) 놀이에서 어린 아이가 엄마가 없는 고통을 'fort/da=있다/없다'라는 언어적 표상으로 만들어서 다룰 수 있는 어떤 것으로 만들고 극복하려고 하듯이, 사고조사보고서라는 표상을 통해 사고의 트라우마는 극복될 수 있을 것이라고 믿는다. 그러나 사고의 순간은 모든 체계가 조각나 버리는 극단적인 균열과 붕괴의 지점이므로 그것을 다시 되살려낸다는 것은 분명하다. 그러므로 사람들은 사고조사보고서로 다시 돌아오게 된다. 그것을 읽고 또 읽으면서 사고의 순간을 다시 겪어낼(relive) 수 있을 것이라고 믿는다. 그러나 그것은 반복강박일 뿐이다.

이 글은 1996년 6월 17일 미국 뉴욕 롱아일랜드 앞바다에 추락하여 230명 탑승자 전원이 사망한 사고에 대해 미국립교통안전위원회(National Transportation Safety Board: NTSB)에서 발행한 조사보고서에 대한 분석을 담고 있다.[1] 위에서 잠시 기술한, 사고라는 것이 무엇인가, 특히 항공사고란 무엇이고 어떤 특성과 유형을 가지는가에 대해 쓸 것이며, 이런 형태의 문서는 다른 종류의 과학기술 문서와 무엇이 다른가에 대해 알아볼 것이다. 궁극적으로, 사고란 우

1) www.ntsb.gov

연히 끼어든 어떤 것(contingency)이지만 막을 수 없는 것이기도 하다. 사고란 막으려고 할 수는 있지만 없앨 수는 없다. 그것은 근대 이후의 거대해지고 빨라지고 무거워지고 정교해진 과학기술이 만들어낸 필연의 산물인 것 같다. 즉 사고는 우연히 일어나지만 확률적으로 반드시 일어나게 돼 있다는 점에서 사고(즉 우연)의 본질은 필연이라고 할 수 있다. 사고는 잘 짜여진 시스템에 난 균열이나 파열 같은 것이다. 근대의 과학은 더 정교해진 시스템을 만들면서 그 내부와 외부를 철저히 단절시켜 왔고, 그 벽이 허물어졌을 때 얼마나 무서운 일이 벌어지는가를 강조해왔다. 미국 영화에 많이 나오듯이, 높은 고도를 빠른 속도로 날던 항공기의 동체에 구멍이 나서 사람이 밖으로 빨려나가는 공포나, 생물학 실험실의 유리벽이 깨지면서 해로운 바이러스가 퍼지는 공포, 혹은 주한미국대사관에서와 같이 직원과 손님을 방탄유리로 막아놓는 공포는 시스템의 안과 밖을 철저히 나누는 관습에서 나온 것이다. 안과 밖을 나누는 벽에 균열이 생겨서 바깥의 해로운 요소가 안으로 들어오면 그게 사고다.

그러나 사고란 바로 그런 시스템의 안과 밖이 소통하는 매우 고통스럽지만 희귀한 경우가 아닐까. 인간은 어쩌면 사고를 통해 시스템 바깥에 어떤 것이 있는지 배울 수 있는 기회를 만나는지도 모른다. 그러므로 사고를 통해 배워야 한다는 말은 더 이상의 사고를 막기 위해 배워야 한다는 뜻도 있지만 사고를 통해 인간이 디뎌 보지 못한 영역에 대해 배운다는 뜻도 포함되어 있다고 볼 수 있다. 따라서 항공기사고조사보고서는 당대에 가지고 있는 항공기술의 한계를 파악하고, 그 너머에 무엇이 있는지 가늠해 볼 수 있는 리트머스지라고 할 수 있을 것이다.

필자는 사고조사보고서가 사고의 순간을 재구성함으로써 트라우마에 대처하는 방편이 되고 있다는 관점에서 1997년 괌에서 추락한 대한항공801편에 대한 조사보고서에 대해 해석한 적이 있었는데,[2] 이 글에서는 1996년 미국 뉴욕 롱아일랜드 앞바다에 추락한 TWA800편에 대한 조사보고서를 다루고

2) 이영준 "사고의 트라우마와 그 치유책으로서의 사고조사보고서: 괌 대한항공추락사고의 경우", 한국미학예술학회, 2010년 봄.

있다. 두 사고의 유형이 다르기 때문에 사고조사보고서의 초점도 다르며, 따라서 이 글에서 다루려는 초점도 다르다. 대한항공 사고는 조종사는 정상적으로 조종하고 있다고 믿었는데 어떤 원인에 의해 항공기가 제대로 비행하지 못하고 지면과 충돌해버린 이른바 'Controlled Flight into Terrain'이고, 따라서 인재(human Error)로 취급되었고, 조사보고서도 조종사와 관제탑의 착오, 관리기관인 대한항공과 한국의 건설교통부, 미국의 연방항공청(FAA)의 관리감독 소홀에 초점이 맞춰져 있었다. 따라서 보고서의 내용은 기술적인 면보다는 인간적인 면에 더 초점이 맞춰져 있고, 형식적으로도 그래픽이나 사진 같은 시각 데이터보다는 글로 된 기술이 많다.

반면, 공중분해(In-Flight Breakup)로 결론지어진 TWA800의 경우는 사고의 원인이 동체중앙부연료탱크의 폭발에 있었으므로 조종사의 과실과는 상관이 없으며, 사고조사보고서는 주로 항공기 기체의 구조와, 왜 폭발이 일어났는가에 대한 분석에 초점을 맞추고 있다.[3] 부록 포함하여 446페이지에 달하는 이 조사보고서는 많은 사진과 스케치, 다이어그램 등을 싣고 있다. 이 논문은 그런 시각적 표상들이 어떤 작용을 하고 있는지, 거기 동원된 수사법은 어떤 것들이 있는지, 글로 된 담론과는 어떤 관계에 있는지 살펴볼 것이다.

## II. TWA800 추락사고의 개요

1996년 7월 17일 미국 뉴욕 JFK공항을 출발하여 프랑스 파리 샤를 드골 공항으로 향하던 TWA항공사의 보잉747기(N93119)는 뉴욕 이스트 모리셰 부근의 대서양에 추락했다. 그 항공기에 타고 있던 230명의 탑승자(승무원 18명

---

3) 이 사고조사보고서의 제목은 다음과 같다.
Aircraft Accident Report
In-Flight Breakup over the Atlantic Ocean
Trans World Airlines Flight 800
Boeing 747-131, N93119
Near East Moriches, New York
July 17, 1996

포함)는 모두 사망했다. 이 항공기가 관제탑의 레이더 스크린에서 사라진 21시 31분쯤 인근을 지나던 이스트윈드 항공의 보잉737의 기장이 폭발을 봤으며, 뉴욕과 롱아일랜드 부근의 많은 항공관제소에서 폭발을 목격했다는 보고가 들어왔다. 또한 사고해역 주변의 많은 목격자들은 폭발의 섬광을 목격했고 폭발음을 들었으며, 파편들이 바다로 떨어지는 것을 목격했다고 했다. 목격자의 3분 2 정도는 섬광처럼 보이는 빛줄기가 하늘로 솟아올라 항공기의 폭발로 생긴 화염을 향해 뻗쳐 있었다고 진술했다. 이런 진술 때문에 TWA800의 사고가 어떤 종류의 미사일에 맞아서 일어난 것이라는 추측이 일었고, 이에 대한 다양한 책들이 나와 있다. 그런데 이런 추측이 나온 이유는 1988년 페르시아만에서 미국 해군의 이지스함 빈센스호가 대공미사일을 발사하여 이란항공의 A300 여객기를 격추하여 타고 있던 290명 전원을 사망시킨 사건 때문이다. 즉 군사력이 잘못 판단하여 민간항공기를 격추시킨 전례가 있었기 때문에 TWA800의 참사도 같은 맥락으로 추측되었던 것이다. NTSB는 미사일 공격에 대한 가능성을 두고 많은 조사를 벌였으나 TWA800의 추락은 어떤 외부로부터의 공격에 의한 것이 아니며, 기체 내부의 중앙부연료탱크의 폭발이 원인이라는 결론을 내렸다. 보잉747에는 날개에 네 개의 연료탱크와 날개 한 가운데에 연료탱크가 있는데, 이중 추락의 원인이 된 것은 중앙에 있는 연료탱크의 폭발인 것으로 추정된다. 중앙연료탱크에는 잔여 연료의 양을 측정하는 연료량지시계(Fuel quantity indication system)가 있는데, 그 전기회로를 통해 들어간 전기에너지가 연료탱크 내부에 전기충격을 주었고, 여기서 점화가 일어나 폭발이 일어난 것으로 보고 있다.

## III. 사고조사보고서라는 문서의 성격과 내용

이 사고조사보고서는 학위 논문의 포맷을 하고 있다. 이 보고서가 학술적인 성격을 띤 것은 아니지만 객관적인 조사의 보고서라는 점에서 학위 논문의 포맷은 어떤 사실에 대해 객관적인 가설을 세우고, 과학적인 절차를 통해 검증하고 논리적으로 추론하는 데 필요한 것으로 보인다.

조사보고서는 사고기의 이력과 조종사들의 경력, 항공사의 유지관리 같이 사고와 직접적으로 관련이 없는 부분으로부터, 사고 당시의 상황, 사고기체의 잔해 수습의 과정, 사고원인의 추정, 가능한 원인에 대한 분석, 결론, 항공사에 대한 권고사항을 담고 있다.

PB2000-910403
NTSB/AAR-00/03
DCA96MA070

NATIONAL
TRANSPORTATION
SAFETY BOARD
WASHINGTON, D.C. 20594

AIRCRAFT ACCIDENT REPORT

In-flight Breakup Over the Atlantic Ocean
Trans World Airlines Flight 800
Boeing 747-131, N93119
Near East Moriches, New York
July 17, 1996

TWA800 사고조사보고서의 표지

## Contents



TWA800 사고조사보고서의 목차 일부분

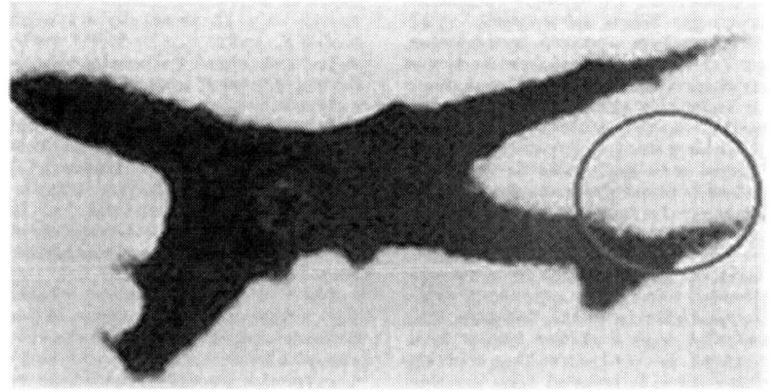

JAL123의 추락 직전 사진

어느 일본인이 자기 집 베란다에서 찍은 이 사진에는 추락의 원인이 들어 있다. 흐릿한 사진이지만 사고기의 수직꼬리날개가 완전히 떨어져 나간 것을 알 수 있다. 이를 통해, 사고조사위원회는 추락의 원인이 수직꼬리날개의 분리로 인한 조종능력상실이라고 결론짓고, 수직꼬리날개가 떨어져 나가게 된 원인을 찾은 결과 기체 후미 부분의 피로균열 부위가 제대로 수리되지 않았음을 밝혀내게 된다.

이 글에서 주로 다룰 부분은 조사보고서에 나타난 시각적인 표상이다. 시각적인 것 자체는 논리적이지 않다. 시각적인 것에 논리를 부여하는 것은 구조와 담론이다. 즉 어떤 그림이 개념을 나타낼 수 있도록 특정한 스타일로 구조화하고, 거기에 담론을 부여하여 의미를 띠도록 하는 과정이 사고조사의 중요한 부분이다. 사고조사보고서에 나타난 시각적인 것은 사진과 그림으로 나눌 수 있다.

사진은 개념적이지 않다. 즉 사진은 어떤 대상의 보편적인 상태를 나타낼 수 없고, 특정한 순간에 특정한 각도에서 본 모습만 나타내므로 어떤 개념적인 내용도 담을 수 없다. 여기서 개념적이란 어떤 사물의 구조, 상태, 작동을 보편적으로 나타낼 수 있음을 말한다. 사진에는 그런 능력이 없다. 반면, 사진은 증거능력을 가지고 있다. 물론, 사진이라고 해서 자동으로 증거능력을 가지는 것은 아니고, 어떤 조건에서 어떤 사람에 의해서 어떤 방식으로 찍혔는지 하는 전제조건이 성립되어야 한다. 네스호의 괴물 네시를 찍었다고 주장하는 사진이 증거로서 받아들여지는지를 생각해보면 어떤 경우에 사진이 증거가 되는지 알 수 있다. 반면, 1977년 JAL123편의 추락 직전을 어느 일반인이 찍은 사진은 그 사진이 증거가 될 수 있는 조건이 갖춰져 있지 않지만 촬영의 임의성, 즉 사진을 조작하거나 날조하기 위한 절차가 없이 바로 찍혔다는 사실 때문에 증거로 채택되었고, 추락의 원인을 밝히는 데 일조했다.

TWA800 사고조사보고서에 실린 사진들은 대서양에서 잔해를 수거하는 장면의 스케치, 수거한 잔해를 격납고에서 재조립해 놓은 상태를 보여주는데, 이는 사고조사에 결정적인 증거나 담론을 제공해준다기보다는 사고조사의 한 절차를 보여주는 데 그치고 있다. 따라서 이 사고조사보고서에서 사진이 차지하는 비중은 거의 없다고 봐도 무방하다.

역사상 사진을 가장 개념적으로 활용한 사람은 19세기말 프랑스의 생리학자 에티엔 쥘 마레(Etienne Jules Marey)다. 그는 여러 가지 사물들의 움직임에 관심이 많아서, 동작을 찍을 수 있는 동체사진(chronophotograph)의 기법들을 개발해냈다. 그가 찍은 인체의 움직임 사진은 나중에 동작연구를 통해 인체공학이 생겨나는 데 기여했고, 어둠 속에서 연기를 통해 공기의 흐름을 찍은 사진은 풍동(wind tunnel)실험을 통해 항공기나 자동차의 공기역학적 특성을 파악하는 데 중요한 기초를 놓았다. 그러나 TWA800 사고조사보고서의 사진은 전혀 그런 성격이 아니다. 이 사진들은 텍스트에 곁들이는 부수적인 역할을 하고 있을 뿐, 어떤 진술능력도 가지고 있지 않다.

이 보고서에서는 그래픽이 중요한 역할을 하고 있다. 결국 그래픽들을 연결하면 TWA800이 추락한 원인에 대한 논리적 추론이 가능하다. 그래픽은 다시 세 가지로 나뉜다.

사실적이지는 않으나 개념적인 것들: 기체의 구조와 작동의 계통 묘사. 이 그래픽들은 사물의 형태를 있는 그대로 묘사하고 있지 않으나 그것이 설계된 의도와 작동의 구조를 정확히 보여주고 있다. 예를 들어 보잉747의 공기조절 시스템을 보여주는 그래픽은 실제 사물의 어떤 부분도 정확하게 묘사하고 있지 않지만 거대한 기체 내부에 공기조절 시스템이 어떤 회로를 이루고 있고 어떻게 작동하는지 보여주고 있다. 이 그림들에서는 원근감이 묘사되어 있지 않으며, 입체감도 묘사되어 있지 않다. 그것은 개념도일 뿐이다. 개념도는 사실성(verisimilitude)은 전혀 없으나 기체의 구조와, 각 부분의 작동의 원리를 파악하게 해준다.

사실적이면서 개념적인 것: 기체의 특정부위를 입체적으로 나타낸 것. 이 사고의 원인이 된 중앙연료탱크를 보여주는 그래픽은 최대한 사실에 가깝게 세부가 묘사되어 있는데, 선원근법에 따라 묘사되었으며, 표면의 일부를 절개하여 속의 구조를 보여주고 있고, 연료탱크 내부를 이루는 빔과 스파의 형태와 구조도 보여주고 있다.

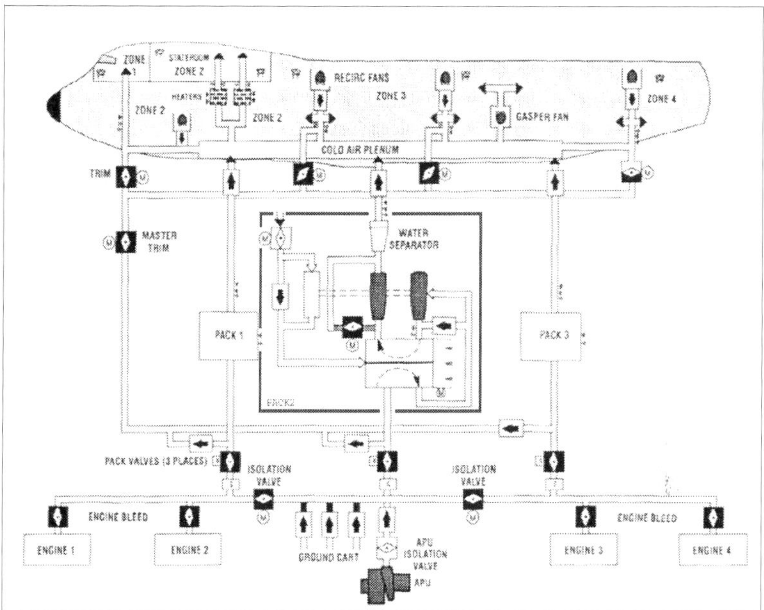


**Figure 6.** A schematic diagram of the 747-100's air conditioning system.

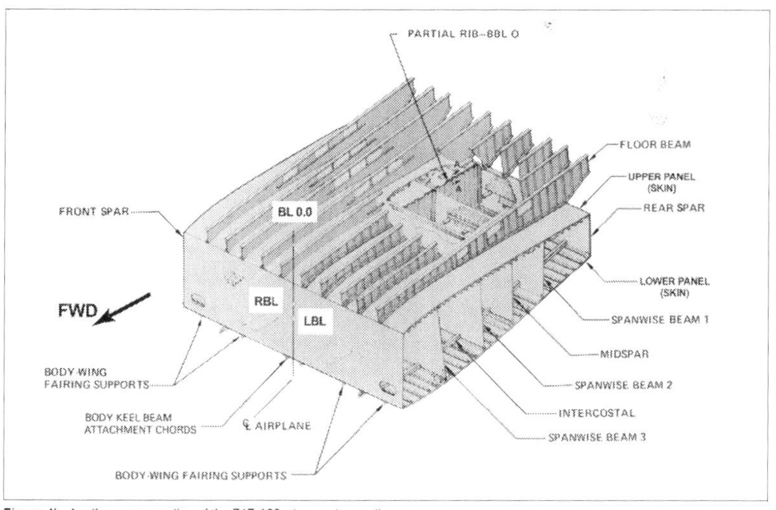


**Figure 4b.** Another cross-section of the 747-100 wing center section.

사실적이지만 개념적이지 않은 것들: 중앙연료탱크의 파편들의 그을음 기록. TWA800 사고조사보고서를 이루는 시각자료 중에서 가장 중요한 것이 중앙연료탱크의 파편들이다. 이 파편을 조사한 위원회는 파편들이 폭발의 영향으로 그을린 패턴을 분석한 결과 연료량지시계(Fuel quantity indication system)의 전기배선을 통해 연료탱크 안으로 들어간 전기에너지가 폭발을 위한 점화를 일으킨 것으로 보고 있다. 따라서 이 파편들의 그림들은 사고의 직접적인 원인을 밝히는 매우 중요한 역할을 하고 있다고 볼 수 있다. 그러나 컴퓨터 그래픽으로 처리된 앞서의 개념적인 그래픽과는 달리, 이 그래픽들은 전부 손으로 그린 것들이며, 선원근법을 따르고 있지만 그래픽 자체의 정확성을 기하기 위한 어떤 개념적인 장치들(척도나 크기를 알려주는 어떤 표시도 없다)을 갖추고 있지 않다. 그리고 그을음의 정도를 표시하기 위하여 깨끗한 표면과 많이 그을린 표면 사이의 정도를 비교하는 작은 스케일도 손으로 그린 것이어서, 어떤 정확성이나 객관성도 가지고 있지 않다. 또한, 조사보고서에는 이 파편들의 그을음을 어떻게 분석했는지에 대한 서술이 없으므로 이 그래픽이 어떤 식으로 사고의 원인을 밝히는 데 기여했는지는 알 수 없다.

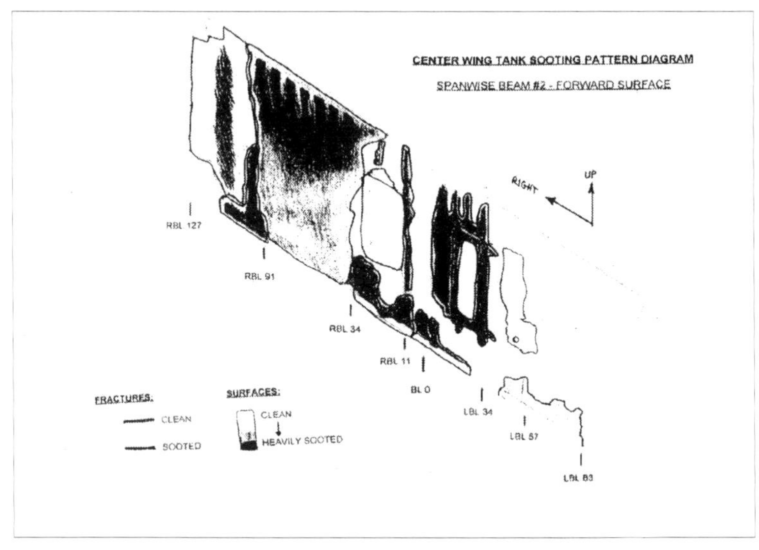

그래픽이라기보다는 드로잉이라고 해야 할 이 그림의 선은 손으로 그린, 매우 서투르고 개념화돼 있지 않은 선이다. 구불구불한 선이 실제로 파편의 굴곡인지 손이 서툴러서 굴곡이 생긴 건지 구분하기 어려울 정도이다. 그러나 그림의 전체적인 솜씨로 봤을 때 그것은 손의 서투름에서 오는 굴곡인 것으로 보인다. 따라서 이 그림은 사고기의 잔해를 수습해 놓은 현장에서 바로 그린 것으로 추정되며, 좀 더 개념적인 그래픽이나 다이어그램으로 옮겨 놓기 전의 예비적인 스케치로 보인다. 그리고 시점과 원근법은 매우 초보적인 투시도법으로서, 르네상스 때 나타난 3차원 공간을 평면에 옮겨 놓는 방법을 그대로 사용하고 있다. 놀랍게도 500년이 된 선원근법적인 투시도법은 전혀 진전이 없이 여기서 되풀이되고 있다. 그림의 스타일로 보면 파편이 쪼개진 모양, 그을린 모양 등 모든 우연성을 가감 없이 표현하려 했다는 점에서 사물의 구조와 작동을 체계적으로 보여주는 기계드로잉(mechanical drawing)이라기보다는 자연의 모든 우연성(contingency)을 표상하고 있는 르네상스 때의 식물드로잉에 가깝다.[4)]

청각 데이터 혹은 발화. 이는 조종실 내부에서 조종사들 간에 이루어진 대화를 녹음한 CVR(Cockpit voice recorder) 데이터를 글로 풀어놓은 것이다. 이 데이터에는 조종사의 대화뿐 아니라 비행 도중 발생하는 중요한 소리, 즉 폭발음 등도 기록이 되므로 사고의 원인을 밝히는 데 매우 중요한 데이터가 된다. TWA800의 경우 이륙 직후 조종사가 "Look at that crazy fuel flow"라고 말한 것이 기록돼 있었고, 이에 따라 연료계통에 뭔가 문제가 있음을 추정할 수 있게 해주며, 따라서 연료탱크 안에서 연료량을 재는 계기에 어떤 문제가 있음을 추정하게 되었다. 또한, CVR 데이터에는 조종사들의 모든 대화 내용이 기록되므로 추락 직전까지 기체가 어떤 상황이었는지, 놀라움이나 충격 등 감정적인 것까지 알 수 있어서, 사고의 순간을 재구성하는 데 큰 도움이 된다.

이들 구성요소들은 표상의 세 가지 단계를 이룬다.

---

4) 식물드로잉의 사례는 발부르츠 맨라인(Walurtz Männlein)의 Brunfels: Herbarumm vivae eicones (Strasbourg 1532). Brian W. OGilvie, "Image and Text in Natural History 1500-1700" p.143 from *The Power of Images in Early Modern Science*, ed. Wolfgang Lefevre, Jürgen Renn and Urs Schoepflin, Birkhäuser, Basel, 2003, p. 143을 볼 것.

① 실제 사물: 수거된 잔해와 파편. 사고의 원인을 품고 있으나 그 자체로는 발화할 능력이 없다. 조사의 시선과 담론이 적용돼야 정보를 방출한다.
② 시뮬레이션된 사물: 잔해와 파편으로부터 조립된 사고기체. 잔해의 세부에는 사고의 원인이 되는 흔적들, 특히 폭발로 인한 그을음이 있으나 재조립된 기체 전체는 아무런 사고원인도 제공하지 않는다. 기체의 부분은 폭발의 양상이나 방향에 대한 정보를 제공해줄 수는 있다.
③ 내러티브와 담론: 사고의 원인에 대한 추론과 분석.
④ 이미지: 실제 사물과 담론을 연결해주는 역할을 한다.

## Ⅳ. 과학 도큐먼트는 무엇을 하는가?

과학은 도큐먼트의 도움 없이는 아무것도 할 수 없을 것이다. 설사 대단한 이론을 떠올렸다고 해도 도큐먼트의 형태로 외화되지 않으면 공표될 수도, 전달될 수도 없기 때문이다. 그렇다고 과학 도큐먼트가 과학의 내용을 단순히 전달하는 데 그치는 것은 아니다. 다른 모든 종류의 도큐먼트가 다 그렇지만, 그것은 어떤 역할을 한다. 결국 사고란 모든 것이 한순간에 내파하여 주체와 상징질서와 현실 등 이 세계를 이루는 주요요소들이 사라져버리는 것인데, 사고조사보고서는 이렇게 사라지고 흩어지고 파열된 것들을 한데 끌어모아 다시금 질서를 회복하려는 시도라고 볼 수 있다. 그것이 과학 도큐먼트가 하는 일이다. 여기서 필자가 도달한 결론은 사고는 그 자체로 부정적인 사건이 아니라 이 시대의 과학기술의 한계를 알게 해주는 측정기 같은 것이며, 과학기술의 역사 자체가 사고를 통해 드러난 그런 한계를 토대로 그것을 극복한 기술을 개발한 역사이기도 하다는 것이다. 물론 폴 비릴리오 같이 사고라는 것이 인간이 개발해낸 과학기술이 막장에 다다른 종말적인 징후로 보는 견해도 있으나, 과학기술의 역사는 항상 사고와 파괴의 잿더미 한쪽에서 구원을 찾으려 하고 있다는 점도 기억해야 할 것이다.

# 3. 디지털 매체 기술과 문화예술

# 현대 건축에서 '장소'의 구축과 테크놀로지의 활용*

박영욱
연세대학교

## Ⅰ. 모더니즘 건축과 장소의 상실

오늘날 우리가 살고 있는 공간과 관련하여 프랑스 사회학작 장 보드리야르는 매우 의미심장한 지적을 하였다. 그는 디즈니랜드의 효과는 디즈니랜드가 가상적인 공간처럼 보임으로써 역설적으로 디즈니랜드 외의 나머지 공간(le reste) 담 바깥의 공간, 즉 올랜도나 L.A.시의 공간을 실재적인(réel) 공간처럼 느끼게 만드는 것이라고 하였다.[1] 말하자면 사람들이 디즈니랜드에 들어서는 순간 상상(imaginaire)의 공간에 들어섰다고 여기지만, 다시 디즈니랜드의 문을 나서면서 실재의 공간에 나왔다고 느끼게 만든다는 것이다. 하지만 보드리야르에 따르면 이미 디즈니랜드의 문밖에 존재하는 세계, 즉 우리들이 실재라고 믿는 세계 또한 이미 가상화된 세계에 지나지 않는다. 디즈니랜드의 효과는 디즈니랜드 바깥의 세계는 마치 실재의 세계라고 착각하게 만드는 이데올로기적 효과이다.

이 말을 뒤집으면 결국 디즈니랜드를 포함하여 오늘날 모든 도시의 공간이 가상화되었다는 것이다. 공간의 이러한 현상을 프랑스의 문화인류학자 마

---

* 이 논문은 2008년 과학문화연구센터의 지원에 의해 연구되었고, [박영욱 (2009), 『필로아키텍처－현대건축과 공간 그리고 철학적 담론』, 향연]에 수록되었음.

1) Jean Baudrillard, Simulacres et simulation, éditions galilée, 1985, p. 26.

르크 오제(Marc Augé)의 표현을 빌려서 표현하면, 오늘날 장소는 사라지고 '비-장소(non-lieu)'만 남아 있다. 장소란 특정한 공간을 뜻한다면 비-장소란 실체성이 없으며 아무런 특이성도 존재하지 않는 공간을 뜻한다. 가령, 대도시의 쇼핑몰 공간이나 거리 혹은 국제공항의 공간은 획일화됨으로써 국적을 상실하였다. 화려한 간판이나 쇼윈도, 수많은 사람들의 행렬이 없어진 밤의 쇼핑몰 공간은 그 실체감을 결여한다. 말하자면 쇼핑몰의 공간은 가상의 공간이다. 이렇게 모든 공간이 가상화됨으로써 세상은 인간의 오감적 감응이 교류되는 장소가 상실된 채, 즉 비-장소의 현상이 나타났다고 할 수 있다.[2)]

이러한 장소의 상실은 지나치게 기능이나 합리성에 치중하는 근대 건축에 바탕을 둔 근대적 공간개념과 밀접한 관련이 있다.[3)] 근대인들에게 공간은 인간의 지각이나 체험과 상관없이 존재하는 하나의 실체로서의 공간이었다. 건축가 브루넬리스키의 원근법이나 마사치오에서 다빈치로 이어지는 르네상스 회화의 원근법은 바로 이러한 근대적인 의미에서의 기하학적 공간 개념을 완벽하게 구현하는 사례로 볼 수 있다. 건축에서 이러한 합리적 공간개념은 철근 콘크리트의 발명 이후 미스 반데어로에(Mies Van Der Rohe)에 의해서 '국제주의 양식(International Style)'으로 구현되었다.

용어 그 자체가 함축하듯이 국제적인 양식은 그야말로 자본주의 국가, 나아가 20세기까지 존재하였던 소련을 포함한 동구 사회주의 국가를 포괄하는 보편적인 양식으로 자리 잡았다. 실제로 흥미로운 사실은 20세기 초반 대표적인 건축가인 긴즈부르그 역시 모더니즘의 환상으로부터 자유롭지 못하였다. 그는 건축물을 단순히 거주하기 위한 기계로 본 것을 넘어서 어떤 공간을 창출하는가에 따라서 그 속에 거주하는 사람의 의식을 형성하거나 바꾸어 놓을 수 있다고 보았다. 그는 건축물을 단순한 거주기계가 아니 '사회적 응축기(social condenser)'로 본 것이다. 하지만 이러한 급진적인 생각에도 불구하고 그의 건축에 바탕이 되는 것은 모더니즘 건축의 대표자인 르코르뷔지에의 건

2) Marc Augé, *Non-Places*, tr. by John Howe, Verso, 2000,
3) 근대건축과 원근법적 시각주의, 그리고 시각중심적 공간의 패러다임의 관계에 관한 논의는 박영욱, "시각 중심적 건축의 한계와 불투명성으로서의 공간", 시대와 철학, 한국철학사상 연구회, 2007년 제18권 4호를 참조할 것.

축이었다. 한마디로 모더니즘 건축은 획일적이고 보편적인 공간만을 창출할 뿐 인간들이 심리적으로나 정서적으로 정체감을 발견할 수 있는 '장소'를 창출하지 못하였다.

<그림 1> 미스 반데어로에, 시그램빌딩, 1954년

<그림 2> 미스 반데어로에의 시그램 빌딩 모작 여부를 둘러싸고 논란이 되기도 하였던 김중업의 삼일빌딩

손쉬운 예로 서울의 거리와 동경, 그리고 뉴욕의 거리는 점차로 그 특수성을 상실하고 동질화되는 것이다. 이러한 현상은 획일화된 국제주의 양식 건축물이 말 그대로 국제화됨으로써 나타난 가시적인 결과이다. 그러한 가시적인 현상의 밑바탕에는 장소의 소멸이라는 보다 근원적인 현상이 숨어 있다.

여기서 말하는 '장소(place)'라는 개념은 추상적인 공간이라는 개념과 대비되어서 사용된다. 공간(space)이라는 개념은 다분히 기하학적인 의미를 담는 것으로서 사실상 어떠한 특정한 위치성과 의미를 결여하고 있으며, 그저 측정의 대상이 될 뿐인 양적인 개념이다. 모더니즘 건축은 기하학적이고 추상적인 공간을 반영하고 그러한 공간론이 형상화된 것으로 볼 수 있다. 하지만 사회학자 르페브르(Henri Lefevre)가 제시하였듯이, 공간은 사물로부터 독립된 별도의 실체가 아닌 사물들 간의 관계 자체를 나타내는 것이다. 말하자면 공간은 사물과 독립된 공허로서의 실체가 아니라 사물들 간의 관계 자체이다. 이를 메를로-퐁티의 현상학에 기대어 표현하자면, "공간이란 사물들이 배치되는 별도의 영역(le milieu)이 아니라 사물들의 위치가 가능해지는 수단(le moyen)"[4]이라는 것이다. 이때 수단이란 단순히 주관적인 도구를 뜻하는 것이 아니다. 말하자면 객관적인 어떤 실체가 있고 그것을 포착하기 위해서 사용하는 어떤 것을 수단이라는 뜻이 아니다. 이때 수단이란 그것이 없이는 어떠한 공간적 배치도 불가능하다는 점에서 공간적 배치 혹은 사물들 간의 관계 자체를 의미한다.

이러한 공간론은 하이데거 건축론의 핵심이기도 하다. 하이데거 또한 공간이란 단순한 공허나 실체가 아니다. 거꾸로 공간을 애초에 비어 있는 그 어떤 것으로 생각하는 것이야말로 공간을 비실체적인 것으로 관념화하는 것이다. 하이데거에게 거주하는(wohnen, living) 공간으로서 건축함(bauen, building)은 어떤 비어 있는 공간을 만드는 것이 아니라 그가 말하는 독특한 의미에서 존재(seien, being)하기 위한 것이다.[5] 이때 '존재'한다 함은 박스라는 빈 공간에 들어 있는 내용물처럼 존재한다는 것이 아니다. 하이데거의 경우에 존재함은 어떤 상황에 처해 있음(sich befinden)이다.

가령 우리가 존재하는 매순간 우리는 어떤 외부의 환경에 처해 있다. 그런데 그 환경이란 단순한 외부가 아닌 우리에게 언제나 길들여진 어떤 공간이다. 가령 지금 내가 이 글을 쓰고 있는 내 방은 그저 몇 평의 공간이 아닌 나에게 독특한 의미와 정황을 지닌 공간이다. 그러한 의미와 정황성은 항상 공간에 따라서 다르게 나타난다. 그 이유는 공간이란 항상 인간의 실존적 체험과 맞물려 존재하기 때문이다. 말하자면 공간이란 어떠한 정황 속에 거주하는 것을 의미하며, 인간 존재가 자신의 존재성을 발현하고 느끼는 장소인 것이다. 그러한 공간은 이미 추상적인 공간이 아니며 실존적인 체험의 공간이며, 더 정확하게 말하면 일종의 정체성을 갖는 공간인 것이다.

노버그-슐츠(Noberg-Schulz)가 건축을 공간의 형성이 아닌 '장소(Platz,

---

4) Maurice Merleau-Ponty, *Phénoménologie de la perception*, Gallimard, 1945, p. 281.
5) Martin Heidegger, "Bauen Wohnen Denken", Martin Hedeggers Gesamtliche Werke 7, Vorträge und Aufsätze, Verlag Güter Neske, 1978. p. 141.

place)'의 구축이 되어야 한다고 주장하는 논리의 배경에는 전적으로 하이데거의 공간론이 자리 잡고 있다. 그가 말하는 건축에서의 '장소' 개념 또한 인간이 자신의 정체성을 확립할 수 있는 하나의 중심적인 공간을 의미한다.[6] 그것은 어떠한 건축에서도 가장 기본적인 원리로 작용하고 있는 것이다. 심지어 지금 논의되는 모더니즘 건축 또한 원래부터 장소성을 배제하려는 것은 아니다. 그에 따르면 원래부터 모더니즘 건축 자체가 이러한 장소성을 배제하는 것은 아니지만, '기능주의'의 원칙이 강하게 작용함으로써 공간의 기능주의적 원칙이 장소의 상실을 만들어 내었다.[7]

## II. 모더니즘 공간의 비판과 '장소'의 복원

1970년대 이후 나타난 현대 건축은 이러한 장소의 상실이 합리주의에 기초한 근대적 공간론에 바탕을 둔다는 전제에서 장소를 어떻게 구현할 것인가의 문제에 직면한다. 로버트 벤투리(Robert Venturi)로 대변되는 포스트모더니즘 건축의 등장은 모더니즘 건축에 대한 비판과 동시에 장소의 구현의 의미를 지닌다.

벤투리 자신의 설명에 따르면 이 건물은 기능과 단순함만을 강조하는 모더니즘 건축과 달리 답답하면서도 개방적인 이중적인 특성을 나타내며, 유리창도 제멋대로의 크기를 지닌다. 모더니즘 건축으로부터의 이러한 일탈이야말로 벤투리를 포스트모더니즘 건축의 창시자로 만든 요소이다.

그는 건축의 모든 요소가 기능으로 제약되는 것을 거부한다. 이러한 거부

---

6) Christian Norberg-Schulz, *Architecture: Meaning and Pla - Selected Essays,* Electa/Rizzoli, 1988, p. 24. 그에 따르면 비록 정주하는 인간의 삶의 형태가 아닐지라도, 인간은 태어나서 죽을 때까지 자신의 존재를 정위해야 할 하나의 거점, 집이 필요하다. 이 집이라는 공간은 단지 공간적으로나 좌표로 고정된 어떤 특정한 지점을 나타내는 것이 아닐 것이다. 그것은 정서적이고 지각적인 거점, 즉 자신의 정체성을 확립할 수 있는 의미 있는 공간인 장소를 나타내는 것이다.

7) 흥미로운 사실은 노버트-슐츠에 따르면 정작 기능주의는 초기 모더니즘 건축가들에게는 잘 나타나지 않는다는 것이다. 같은 책, pp. 185-187. 참조할 것.

<그림 3> 로버트 벤투리가 설계한 그의 어머니 집
(1962년, 펜실베니아 주 채스넛 힐)

는 곧 건축에서의 모든 구성요소가 제각기 자율적인 기호로 이루어져 있음을 의미하는 것이다. 주지하다시피 모더니즘 건축은 기능주의의 원칙에 따라 건물에서 기호적인 요소들, 즉 의미론적인 요소들을 모두 추방하였다. 이런 맥락에서 포스트모더니즘 건축의 옹호자 찰스 젠크스(Charles Jencks)의 주장은 모더니즘 건축이 비언어 랑그(ce langue non verbal), 즉 조형기호들을 활용하지 못한 것에 대한 비판에 맞추어져 있다.[8] 이러한 비판은 곧 건축의 용도를 단순한 기능이 아닌 의미화의 과정과 관련지어 생각해야 한다는 것을 암시한다. 또한 모든 기호의 의미는 문장의 맥락에서 발생한다는 맥락주의(contextualism)와도 관련이 있다.

이러한 맥락주의는 건축 내부의 요소들뿐만 아니라 외부적인 환경과의 맥락을 이원적으로 고려해야 한다. 가령 건축 내부요소들의 경우를 보자. 문의 경우 외부와 내부 공간 혹은 내부 공간내의 침실과 거실 등을 구분하는 기능적 의미만을 지닌다. 하지만 다른 맥락으로 볼 때 문은 장식적 의미를 지닐 수도 있다. 건축에서 어떤 하나의 맥락이 절대적으로 그 의미를 결정할 수는 없다. 건축적 요소의 이러한 애매성이야말로 벤투리의 포스트모더니즘이 추구하는 것이다. 또한 건축에서 내부요소 못지않게 외부적인 환경, 즉 주변 환경과의 맥락 역시 중요한 요소로 자리매김 한다. 가령 도시의 경우만 하더라도 주변건물이나 환경과의 고려 없이 건물의 완전성만을 고집할 수는 없다.

8) Hans Ibelings, *Supermodernisme - L'architecture à l'ère de la globalisation*, Hazan, 2003, p. 14. 여기서 이벨링스는 포스트모더니즘이 탈모더니즘을 추구하지만, 궁극적으로는 또 다시 새로운 획일성과 현실의 무감각을 생산할 뿐이라는 점을 언급한다. 같은 책, p. 155. 참조.

이러한 맥락주의는 1980년대 이후 해체주의에서 보다 극단적인 형태로 나타난다. 건축에서 하나의 스타일이라고 말하기조차 애매한 해체주의의 경우 그 넓은 스펙트럼과 다양성에도 불구하고 모더니즘 건축에 대한 철저한 해체라는 관점에서 그 정체성을 확보할 수는 있다. 쿱 힘멜브라우, 다니엘 리베스킨트, 렘 콜하스, 자하 하디드, 베르나르 추미, 피터 아이젠만 등 해체주의를 대표하는 건축가들의 건물 형태나 작업 방식, 심지어 건축 및 공간론은 서로 대립적인 경향을 보일 만큼 다양하지만, 이들의 작업을 묶어주는 공통적인 관심사는 모더니즘 건축에 대한 비판이다. 데리다 식으로 굳이 표현하자면, 모더니즘 건축에 대한 비판은 그것이 어떤 초월적 기표를 중심으로 짜인 체계라는 사실이다. 물론 이때 모더니즘 건축에서 초월적 기표로 자리 잡고 있는 것은 '기능' 혹은 '합리성'이다.[9] 이들은 모더니즘 건축을 장악하는 이러한 초월적 기표를 공략하고자 한다.

<그림 4> 쿱 힘멜브라우, 루프탑

이러한 공략은 자연스럽게 장식(decoration)에 대한 강조로 나타난다. 왜냐하면 모더니즘 건축에서 장식이란 기능에 반하는 쓸모없는 것으로 간주되었기 때문이다. 따라서 거꾸로 쓸모없는 장식에 대한 과도한 강조나 기능성을 전혀 갖지 않는 요소의 첨가, 혹은 대칭성의 과감한 파괴 등이 해체주의의 눈에 띄는 특징으로 나타난다. 해체주의 건축은 분명 획일화된 모더니즘 건축과 국제주의 양식에 대한 반발이라는 측면에서 장소성을 구축하려는 시도의 일환으로 볼 수 있

---

9) 여기서 한 가지 언급할 사실은 피터 아이젠만의 경우 모더니즘 건축에서 기능주의와 합리주의를 철저하게 구분한다는 점이다. 그에게 이러한 구분이 중요한 이유는 기능주의는 공격의 대상이 되지만 건축에서 가장 근본적인 형식을 발견하려는 합리주의 혹은 형식주의는 오히려 그의 건축 작업의 일관된 관심사로 자리 잡고 있다. 쉽게 말하면 그는 기능주의는 비판하지만 형식주의는 계승한다. 그에게 르 코르뷔지에는 결코 기능주의자가 아닌 형식주의자일 뿐이다. 따라서 흥미롭게도 포스트모더니스트로서 그의 건축적 기반을 제공하는 인물은 우리가 모더니즘 건축의 대표자로 보는 르 코르뷔지에이다. 피터 아이젠만의 경우만 보더라도 모더니즘과 해체주의 혹은 포스트모더니즘의 대립적 관계를 단순화시키기는 어렵다.

<그림 5> 프랭크 O. 게리(Frank O. Gehry), 프라하에 있는 네덜란드 보험회사 건물

다. 하지만 해체주의는 건축의 조형적인 측면, 즉 외관의 측면에 치중함으로써 정작 건축이 공간의 창출과 관련된다는 건축의 가장 근본적인 특성을 고려하지 않았다. 이러한 한계는 곧 해체주의 건축 자체를 하나의 건축적 양식이나 의미 있는 운동으로 고려하기 힘들게 만드는 요소이다.[10)]

그럼에도 불구하고 1980년대 이후부터 현대 건축계를 주도하는 이들 해체주의 계열의 건축가들이 주목하는 것은 추상적인 공간이 아닌 '장소'를 어떻게 구현할 것인가 하는 문제라는 점에서 우리의 논의에서 중요한 의미를 지닌다. 가령 구체적이거나 정돈된 형태가 아닌 엉클어진 리베스킨트(Daniel Liebeskind)의 선에 의한 스케치, 건물의 내부와 외부의 경계를 모호하게 함으로써 연속된 공간을 강조하는 렘 콜하스(Rem Koolhaas)의 랜드스케이프, 기능적 체계에 의한 명확한 공간의 분할이 아닌 생성과 변화를 포함하는 피터 아이젠만(Peter Eisenman)의 블러드 존(blurred zone) 등은 모두 근대의 추상적인 공간에 대항하여 삶의 체험과

10) 봉일범은 해체주의 건축이 온당한 건축적인 운동으로 평가받기 어려울 뿐만 아니라 해체주의 건축가로 분류된 당사자들 자체도 해체주의자로 평가받기를 싫어하는 이유를 다음의 세 가지로 요약한다. 첫째, 해체주의 건축은 건축의 구조가 아닌 표피에 집착한다는 것이다. 둘째, 해체주의 건축에서 해체를 데리다의 '해체' 라는 철학적 개념에서 출발되는 것으로 보는 한계이다. 사실상 해체라는 말 자체가 구축이라는 말과 마찬가지로 건축적 은유의 표현이다. 데리다의 경우에도 해체는 이러한 건축적 은유를 담고 있다. 하지만 이러한 은유적 표현으로서 해체라는 말이 건축 자체에 적용되는 것은 태생적인 한계가 있다. 셋째, 해체주의 건축가들은 추미와 아이젠만을 제외하고는 정작 데리다의 해체 개념에 대해서 무관심하다. 이러한 주장은 상당히 설득력이 있다. 봉일범, 『잠재성의 차원』, Spacetime, 2005, 32-37쪽.

<그림 6> 다이엘 리베스킨트, 현대산업개발 빌딩

밀접한 '장소'를 구현하려는 구체적인 시도들로 읽히고 있다.

이들이 새로운 공간의 건축을 통해서 구축하려는 것은 인간의 일상체험과 총체적인 감각을 담을 수 있는 장소의 구현이다. 최근 건축에서 다양한 미디어와 테크놀로지를 활용하는 것 또한 이러한 맥락에서 이해될 수 있다. 특히, 20세기 말부터 세계 건축계의 각별한 주목을 받고 있는 'UN 스튜디오'나 해체주의 건축가 페터 아이젠만은 이 분야에서 주도적인 역할을 하고 있다. 이러한 시도들의 공통점은 사유의 대상이나 객관적인 양화가능성으로서의 공간이 아닌 인간과 공간이 쌍방향으로 작용하는 '반응하는 환경(the responsive environments)'을 만드는 것이다.

<그림 7> F.O.A, 요코하마 항만 터미널

물론 이들의 건축적 시도가 그러한 장소의 구축을 성공적으로 실현하고 있는지에 대한 평가는 유보적이다. 그들의 시도가 성공적인 결실을 낳았는지 아닌지에 대한 평가와 무관하게 그들의 시도는 분명 모더니즘 건축과 국제주의 양식이

낳은 장소의 상실을 나름대로 극복하려는 의도를 담은 것은 분명하다.

## III. 장소의 구축과 테크놀로지의 활용

근대적인 추상적 공간이 아닌 '장소'를 구축하고자 하는 현대 건축의 흐름에서 건축에서 테크놀로지의 활용은 나름대로의 의미를 지닌다. 건축에서 과학기술의 활용은 단순히 건축의 공학적인 측면에서뿐만 아니라 문화적이고 미학적인 측면에서도 나름대로의 의미를 지닌다. 현대건축에서 테크놀로지의 활용은 추상적 공간에 매몰된 근대 건축의 한계를 극복하려는 현대 건축의 시도와 나름대로 맞물려서 생각할 수 있다. 나아가 건축공학적인 의미에서의 테크놀로지만이 그러한 시도에 부합되는 것만은 아니다.

일반적으로 건축공학적인 측면에서의 테크놀로지는 건축 설계과정에서 컴퓨터의 활용, 새로운 건축 재료나 시공기술 등을 의미한다. 하지만 의미하는 테크놀로지는 설계나 시공에서의 테크놀로지가 아닌 건축물을 구현할 때 직접 테크놀로지를 활용하는 것으로서 LED와 같은 전자매체를 활용한 벽면, 인공지능 공간, 환경감응장치를 활용한 정원 공간 등에서 사용되는 테크놀로지의 측면도 존재한다.

<그림 8> 갤러리아 백화점 야경

가령 압구정동에 위치한 갤러리아 백화점 외관 디자인은 우리가 주변에서 가장 쉽게 볼 수 있는 사례일 것이다. UN 스튜디오의 작품인 이 건물 외관 디자인은 고정된 건물의 항구성을 부정하고 시간의 변화와 주변의 환경에 의해서 변화한다. 주변적 환경에 의한 건물 외양의 변화 가능성은 바로 건축물 자체에 테크놀로지, 보다 정확하게 말해서 LED나 다양한 디지털 매체를 활용한

결과이다. 본 연구에서 테크놀로지는 바로 오늘날 일부 전위적인 건축가들이 전통적인 건축 재료의 한계를 넘어서 테크놀로지 자체를 공간물 자체의 요소로 포함시키는 맥락에서의 의미로 한정된다.

현대 건축에서 테크놀로지 자체가 건축 재료의 한 요소로서 결합되는 것은 단순히 새로운 건축 재료의 사용이라는 의미 이상을 지닌다. 가령 19세기의 철근 콘크리트가 단순한 건축 재료 이상의 의미를 지니는 것과 마찬가지이다. 철근 콘크리트의 사용은 합리적인 공간의 구축과 기능의 확장이라는 근대적 이상을 가장 잘 실현시키는 건축의 용재였다. 이러한 근대적 이상과 새로운 재료의 발견은 미스 반데어로에의 '보편 공간(Universal Space)'나 르 코르뷔지에의 모듈러(Modulor)에 의한 건축방식을 가능하게 하였다. 또한 그것은 지금까지 우리가 거주하는 아파트 건물을 포함하여 대부분의 빌딩 양식을 지배하는 국제주의 양식으로 구현되었다.

물론 이러한 국제주의 양식의 등장 또한 단순히 새로운 재료의 결과만은 아니다. 그것은 근대건축에 내재한 근대적 공간의 개념과 밀접한 관련이 있다. 근대인들에게 공간은 인간의 지각이나 체험과 상관없이 존재하는 하나의 독립된 실체로서의 공간이었다. 그러한 공간은 데카르트의 철학에서 나타나듯이 양화가능한 기하학적인 공간이며 사유의 대상으로서의 공간이다.

실제로 르네상스 시대의 건축가 브루넬리스키는 원근법을 창시하였는데, 이는 철저하게 기하학적인 원칙에 바탕을 둔 것이었다. 이러한 기하학적인 원근법은 회화에서 소실점을 중심으로 한 선형 원근법을 낳았으며, 이는 곧 공간을 시각적인 단위로만 보고 양적으로 측정할 수 있는 하나의 단일한 실체로 간주하는 것을 의미한다.

원근법으로 대표되는 근대의 공간론의 가장 큰 문제점은 세상에 존재하는 모든 공간을 보편적인 공간으로 상정함으로써 사실상 '장소'로서의 공간이 갖는 주관적이고 체험적인 의미를 완전히 박탈한다는 것이다. 건축의 경우 이러한 근대적 공간론은 르 코르뷔지에로 대표되는 모더니즘 건축에서 절정에 다다른다. 그는 마치 기하학적으로 반듯한 도형을 만들듯이 가장 기본적인 기학학적 단위의 모듈을 쌓아서 건축물을 구축하였다. 그는 전근대 도시와 근대 도시를 비선형성과 선형성으로 구분하고, 선형적 체계를 구현한 건물이야말로 바람직한 건축의 이상으로 보았다. 이러한 건축의 이상은 국제적인 양식으로서 세계의 모든 도시 공간을 획일화시키는 데 기여하였다.

1970년대 이후부터 현재까지 세계 건축계의 흐름을 주도하는 이른바 해체주의 건축가들의 새로운 건축적 시도는 바로 이러한 근대의 공간 개념에 대한 반성으로부터 출발한다. 건축에서 모더니즘 공간에 대한 거부는 기능주의와 합리주의에 대한 반발로 나타났다. 1950년대와 60년대에 알도 로시나 로버트 벤투리가 기능을 벗어나서 조형적 의미나 건축물 자체의 완결성이라는 유형론을 제시한 것 또한 이러한 맥락에서 이해될 수 있다. 하지만 해체주의의 미덕은 단지 기능주의에 대한 비판이 아니라 그에 전제된 공간에 대한 근본적인 비판이다. 해체주의 건축은 우리가 거주하는 건축적인 공간이 체험과 분리된 공간이 아닌 오감에 의해서 교감되는 공간, 즉 장소로 보았다. 이들이 메를로-퐁티의 공간론이나 데리다의 '공간화하는 공간', 즉 시간적 계기를 포함한 차연으로서의 공간 등에 주목하는 것도 이러한 이유 때문이다.

또 해체주의가 갖는 하나의 미덕은 장식의 복원이다. 모더니즘은 건축에서 장식과 기능을 철저하게 분리하고 장식을 공간의 구성에서 원칙적으로 배제한다. 미스 반데어로에의 '적은 것일수록 더 많은 것(Less is more)'이라는 원칙은 기능적으로 확보되어야 하는 공간 이외의 어떠한 군더더기도 사실상 불필요하다는 모더니즘 건축의 이상을 대변한다. 동시에 이는 장식의 배제를 의미하기도 하며, 필요 이상의 장식을 건축에서는 비본질적인 조형적 차원으로 거부하는 것을 의미한다.

기능과 장식의 이러한 대립은 오늘날의 건축에서는 상당히 모호하다. 왜냐하면 오늘날의 건축에서는 건축재료뿐만 아니라 컴퓨터를 활용한 완벽한 역학적 계산에 의해서 수평 및 수직축이나 내력벽 혹은 기둥 자체가 거의 필요하지 않기 때문이다. 이러한 상황에서 기능주의자들처럼 건축에서 기능적으로 불필요한 장식을 제거한다면 오두막의 형태, 즉 골조와 내외 칸막이벽 외에는 아무것도 남지 않을 것이다.

사실상 장식 자체도 기능과 무관한 것이 아니다. 가령 중세 고딕 양식에서

부벽(flying buttress)은 기능적이기도 하지만 장식적이기도 하다. 실제로 부벽을 쌓지 않은 고딕성당이 무너진 적이 있었는데, 이렇게 역사가 증명하였듯이 부벽은 높은 천장의 하중을 견디기 위해서 기능상 절대적으로 필요한 요소였다. 하지만 그러한 하중을 견디는 방법이 꼭 부벽의 형태는 아니었을 것이다. 부벽은 고딕적 이상, 즉 높이 상승함으로써 압도적인 숭고감을 느끼게 만드는 장식적 효과를 지닌다.

물론 캐스턴 해리스(Karsten Harries)가 지적하였듯이, 장식(ornament)은 단순한 치장(decoration)과 구별되어야 한다. 가령 주택에 정원을 가꾸고 관상수를 심는 것을 단순히 치장만으로 생각할 수는 없다. 그것이 주는 심리적 효과와 이를 통해서 얻어지는 공간에 대한 체험적 요소를 부정할 수 없다. 그렇다고 관상수를 통해서 공기가 정화된다는 단순한 기능적 요소만을 생각할 수도 없다. 장식은 체험적 공간의 형성, 즉 장소와 밀접한 관련을 갖는다.

가령 벽의 예를 들어보자. 벽은 수직하중을 견디는 내력벽(load bearing wall)과 칸막이벽(curtain wall)으로 엄격하게 구분된다. 루이스 칸은 내력벽과 칸막이벽을 각기 '주공간(served space)'과 '보조공간(servant space)'에 대응시켰다. 말하자면 내력벽은 미스가 말했던 보편적인 공간의 창출을 위해서 기능적으로 주요공간을 만들지만 칸막이벽은 언제든지 이동할 수 있으며 부수적인 측면을 갖는다.

하지만 오늘날 건축의 발전은 내력벽의 존립성 자체를 위협한다. 프랭크 게리의 빌바오 구겐하임 미술관이나 F.O.A.의 요코하마 터미널 건물이 보여주듯이 오늘날 발달된 건축물은 수직벽 자체가 이미 불필요하게 되었다. 만약 이러한 경향이 극단화될 경우 내력벽 자체의 의미가 상실될 뿐만 아니라 벽 자체가 하나의 장식적 효과밖에 지니지 않을 수도 있다. 이때 남게 되는 벽의 역할은 순수한 의미에서 소통의 역할이다. 그것은 안과 밖 또는 한 공간과 다른 공간을 단속하는, 즉 연결하고 분절시킨다. 이때 벽은 공간을 기능적으로 나누는 것 이상의 의미를 갖는다. 벽은 정원의 관상수처럼 장식적 효과를 통하여 공간을 장소로 만들 수도 있다.

이때 가령 외부벽이든 내부벽이든 미디어 테크놀로지를 활용할 경우 벽은 새로운 환경을 창출할 수 있을 것이다. 말하자면 벽은 단순히 두 공간을 가르고 연결하는 수단이 아닌 새로운 소통의 공간을 창출하는 수단이 될 수 있는 것이다. 가령 스코트 스니블과 같은 매체 예술가가 실제로 시도하듯이 매체 예술을 활용한 벽을 건축적으로 구현함으로써 공간은 일종의 인터렉티브한 환경으로 구축되는 것이다. 이런 맥락에서 테크놀로지의 활용은 단순히 건축에서 부수적인 조형물 이상의 의미를 지닐 수 있는 것이다. 따라서 오늘날 건축에서 테크놀로지의 활용은 넓은 의미에서 보자면 현대 건축에서 근대적인 공간을 극복하고 '장소'를 구현하고자 하는 하나의 새로운 수단으로 볼 수 있을 것이다.

<그림 9> 렘 콜하스, 쿤스트 할 미술관

<그림 10> 렘 콜하스, 시애틀 공공도서관

물론 이러한 관점은 하나의 또 다른 위험성을 내포한다. 본 연구가 오늘날 해체주의적 경향의 건축에 대한 긍정적인 시각을 미리부터 전제하고 있을 수도 있다는 사실이다. 만프레드 타푸리(Manfred Tafuri)에 따르면 모더니즘 이후 건축은 혼란스러운 대도시의 경험을 완충하려는 이데올로기적 기능을 가지고 있다. 말하자면 현란한 대도시의 건축 양식 자체가 부르주아지적 이상을 보편화시키고 합리화시킨다는 것이다. 이러한 맥락에서 보자면 해체주의 건축은 그러한 이데올로기적 기능을 더욱 현란한 방식으로 실현한다. 또한 닐 리치에 따르면 오늘날 해체주의 건축은 장식과 조형적 이미지에 탐닉함으로써 장소의 실현이 아닌 현란한 이미지에 의한 공간감각의 마비만을 초래할

뿐이다. 만약 테크놀로지를 활용하여 건축의 외관이 더욱 현란해진다면 이러한 공간감각의 마비는 더욱 더 심각할 지경에 이를지 모른다.

더군다나 기능적으로 볼 때도 주공간과 보조공간의 뚜렷한 구분은 허물어질 수 있다. 이러한 시도의 예로서는 렘 콜하스의 건축을 들 수 있다. 그가 설계한 시애틀 공공도서관이나 네덜란드 로테르담의 쿤스트 할 미술관 건물 혹은 서울대학교 미술관 등을 보면 단순한 조형적 특성 이외의 또 다른 요소를 발견할 수 있다. 가령 시애틀 공공도서관 건물에서 그는 독특한 방식으로 계단과 서고라는 보조공간과 주공간의 구분을 허문다. 기능에 따른 루이스 칸의 도식적 분류는 상당히 위협을 받으며, 공간은 기능적 도식에 따라 위계 질서를 갖는 공간이 아닌 그때그때마다의 상황적 맥락에 따른 장소의 성격을 부여받는다.

## Ⅳ. 다이어그램과 디지털 디자인, 그리고 상상력의 복원

오늘날 디지털 건축을 말할 때 항상 거론되는 것은 '비정형성'의 문제이다. 비정형성은 말 그대로 불규칙한 곡면의 형태를 말한다. 두바이의 초고층 건물이나 상하이의 휘어진 초고층 건물 등이 디지털 디자인을 활용한 대표적인 건축물로 꼽힌다. 이러한 비정형적 건물들은 직육면체 형태의 국제적인 양식과 형태적으로 확연하게 구분된다는 점에서 더 이상 국제주의적 건축물로 간주되지 않는다.

하지만 동시에 이러한 비정형성에 대한 강조는 자칫 해체주의가 그러하였던 것처럼 건물의 조형성에만 초점을 두기 쉽다.[11] 이럴 경우 디지털 건축의

11) 디지털 건축이 비정형 건축물을 만드는 건설기술로 이해되는 것은 건축계에서서는 상당히 광범위하고 일반적인 견해로 자리 잡고 있다. 가령 대한건축학회지 2008년 4월호 특집은 '비정형 건축물 건설기술'을 다루고 있는데, 여기에 실린 대부분의 글들은 디지털 건축의 미덕이 비정형성 건축물을 만드는 것이라고 전제하는 듯한 인상을 준다. 또는 강훈의 저서 『디지털 디자인 건축』 역시 디지털 디자인의 미덕을 비정형 건축물의 창조로 보며, 이러한 비정형적

<그림 11> 두바이의 비정형 건축물

<그림 12> 호텔 크레센트

가장 큰 미덕은 국제주의 양식에서 벗어난 비정형적 형태의 건축물을 설계하는 것이다. 또한 이러한 비정형성은 곧잘 들뢰즈의 '주름(le pli)' 개념과 연결이 된다. 그리하여 '디지털 건축 = 비정형적 건축물 = 주름'이라는 도식이 자연스럽게 생성된다.

하지만 이러한 도식은 말 그대로 도식주의에 빠질 위험성을 내포한다. 디지털 디자인 툴, 즉 새로운 테크놀로지를 활용한 디자인의 미덕이 비정형적 건축물을 만드는 데 있는 것은 결코 아니다. 오늘날 건축에서 비정형성의 추구는 이전의 건축과 구별되는 디지털 디자인의 가장 가시적인 결과 중 하나일 따름이다. 디지털 디자인의 가장 큰 미덕은 비정형적 건축물을 만든다는 데 있는 것이 아닌 새로운 디자인의 패러다임을 만든다는 데 있다.

주지하다시피 오늘날 디지털 디자인의 툴은 단순히 종래에 종이도면에 바탕을 둔 설계를 컴퓨터로 대신하는 수준의 역할을 하는 것이 아니다. 컴퓨터의 활용을 통하여 디자인의 패러다임 자체가 변화하였다. 가령 비정형적인

---

조형 혹은 공간을 들뢰즈의 주름 개념과 연결하고 있다. 강훈, 『디지털 디자인 건축』, 비온후, 2005.

건축물에 대한 설계만 보더라도 과거에는 이러한 비정형적인 건축물의 설계도가 거의 불가능하였다. 왜냐하면 비정형적 건축물의 특성상 평면적인 종이에 도면을 그릴 경우 수없이 많은 단면도와 수없이 많은 평면도가 필요할 것이기 때문이다. 비정형적인 건축물을 설계하기 위해서는 3차원적인 공간을 토대로 한 새로운 공간표현의 방식이 필요하다. 그리하여 과거 종이에 그려진 설계도가 X와 Y축이라는 직교좌표에 바탕을 두었다면, 오늘날의 디지털 디자인은 넙스(NURBS, non-uniform rational B-spline)라는 새로운 차원의 수학적 공간표현방식 체계에 의존한다. 리노(Rhino), 카티아(Catia), 폼지(Form-Z)와 같은 프로그램은 넙스에 바탕을 둔 대표적인 3D 디자인 툴이다.

그런데 이러한 디지털 디자인 툴의 출현은 새로운 툴의 출현 이상의 의미를 지닌다. 디지털 디자인은 종래의 종이도면으로부터 해방을 의미하며, 동시에 도면 자체에 대한 과도한 지배로부터 건축 디자인이 상대적으로 자유로워졌음을 의미한다. 이 말의 의미는 건축 디자인 자체의 변화와도 관련이 있다. 과거에 디자인은 바로 시공이 가능한 엄격한 의미에서의 정확한 도면을 그리는 것을 의미하였다. 따라서 디자이너, 즉 설계자는 예술가 혹은 창조가라기보다는 엔지니어에 분류되는 것이 일반적이었다. 하지만 오늘날 디지털 디자인은 디자이너로 하여금 과중한 엔지니어링의 제약으로부터 해방될 수 있는 가능성을 제시한다. 말하자면 디자이너는 기술적 엄격함보다는 직관력에 훨씬 더 의존하게 된다. 물론 이 경우에도 건축가가 역학이나 시공에 대해서 무지해도 아무런 상관이 없다는 뜻은 아니다.

건축가가 설계도면으로부터 상대적으로 자유로운 것은 전적으로 디지털 매체, 즉 컴퓨터의 활용을 통해서이다. 이러한 맥락에서 보다 정밀하고 완벽한 디자인 툴이 나오면 나올수록 디자이너는 곧바로 시공될 수 있는 도면을 만드는 일에서 해방될 가능성이 높아진다. 일반적으로 설계도면이란 그것을 통하여 바로 시공을 할 수 있을 정도로 엄격하게 짜여 있는 계획도를 의미한다면, 이제 건축 디자이너들은 시공을 위한 도면을 책임지기보다는 도면과 다른 그림을 그리는 것이 가능하다. 건축에서는 이를 다이어그램이라고 한다.

다이어그램이란 설계도면과 달리, "유사한 의미를 암시할 뿐인 무분별한 이미지, 순수하게 자율성만을 갖는 기하학적 단위, 전체의 구성을 지배하는 형식의 틀, 구체성을 갖지 않는 모든 종류의 도면들"[12]로 정의할 수 있다. 말하자면 다이어그램이란 직접 시공과 관련된 설계도면이 아닌 느슨한 형태의 개요적인 그림이다. 물론 건축에서 이러한 다이어그램은 디지털 디자인 시기 이전에도 쓰였다. 가령 피터 아이젠만의 경우에는 디지털 디자인 툴이 나오기 이전에도 영화 속에서 주인공이 움직이는 동선을 다이어그램으로 만들어서 이를 바탕으로 건축물의 형태를 설정하기도 하였다. 하지만 다이어그램은 설계도면으로 옮기는 과정 속에서 폐기되는 경우가 대부분이었으며, 다이어그램의 비중이 높지 않았다.

그러나 디지털 디자인과 더불어 다이어그램의 비중은 절대적으로 높아진다. 다이어그램은 시공을 고려하지 않은 도면인 만큼 현실적 제약으로부터 벗어나며, 무한한 상상력에 바탕을 둔다. 예를 들어 주지하다시피 빌바오의 구겐하임 미술관은 3D 디자인 프로그램인 '카티아'에 바탕을 두고 있다. 프랭크 게리가 빌바오의 구겐하임 미술관을 설계할 수 있었던 것은 엄격한 과학적 마인드가 아닌 직관적인 상상력에서이다. 예를 들어 그는 어린 시절 자주 갔던 어시장에서의 물고기에 대한 회상으로부터 상상의 다이어그램을 만들었으며, 이러한 다이어그램이 건축물에 그대로 반영되었다. 구겐하임 미술관 건물의 전체적인 표면은 물고기의 표면과 비슷한 느낌을 준다.

건축에서 디지털 기술의 활용은 자칫 비정형적 건축물을 짓는 데만 매몰될 경우 그것이 지닌 미덕과는 정반대의 결과를 가져올 수도 있다. 가령 두바이의 모습은 결코 머지않은 우리나라 대도시 중심가의 모습이 될 수도 있으며, 상하이와 미국의 모습일 수도 있다. 이 경우 비정형성은 국제주의를 극복한 것이 아니라, 기하학적 단순성에 바탕을 둔 모더니즘 건축의 국제주의가 아닌 비정형성에 바탕을 둔 국제주의가 등장할 수도 있을 것이다. 그것은 또 다시 공간을 탈장소화 하는 것이다. 이는 다양한 다이어그램에 바탕을 둔 건축 디자인을 제공할 수 있는 디지털의 긍정적인 미덕과 전혀 어긋나는 것이다.

12) 봉일범, 『프로그램 다이어그램』, Spacetime, 2005, 130쪽.

## 참고 문헌


강훈, 『디지털 디자인 건축』, 비온후, 2005.

박영욱, "시각 중심적 건축의 한계와 불투명성으로서의 공간", 시대와 철학, 한국철학사상 연구회, 2007년 제18권 4호.

봉일범, 『잠재성의 차원』, Spacetime, 2005.

봉일범, 『프로그램 다이어그램』, Spacetime, 2005.

Augé, Marc (2000), *Non-Places*, tr. by John Howe, Verso.

Baudrillard, Jean (1985), *Simulacres et simulation*, éditions galilée, 1985.

Heidegger, Martin (1978), "Bauen Wohnen Denken", Martin Hedeggers Gesamtliche Werke 7, Vorträge und Aufsätze, Verlag Güter Neske.

Ibelings, Hans (2003), *Supermodernisme - L'architecture à l'ère de la globalisation*, Hazan.

Merleau-Ponty, Maurice. *Phénoménologie de la perception*, Gallimard, 1945, p. 281.

Norberg-Schulz, Christian (1988), *Architecture: Meaning and Place - Selected Essays*, Electa/Rizzoli.

# 랩톱컴퓨터와 하이퍼텍스트 쓰기: 보기-듣기-읽기의 통합과 상호매체성*

김재영
이화여자대학교

## Ⅰ. 서 론

이 연구는 랩톱컴퓨터의 역사적 맥락과 사회문화적 성격의 고찰을 통해 하이퍼텍스트 쓰기의 문제와 상호매체성(intermediality)을 새롭게 개념화하는 데 목표를 둔다. 과학기술과 새로운 문화의 상호작용을 이해하기 위하여 랩톱컴퓨터라는 과학기술적 성과물이 디지털 매체의 하나로서 구체적으로 문화예술 영역에서 어떤 변화를 가져왔는지 살펴보는 것이 이 연구의 주된 목적이다.

1877년 에디슨이 축음기를 세상에 내놓았을 때만 해도 이 소리를 담는 기계가 눈에 보이는 것을 담는 기계(가령 1892년에 선보인 키네토스코프)와 만나 결국 거대한 영화산업으로까지 발전하리라고 생각한 사람은 드물었다. 하물며 1940년대에 집채만큼 큰 컴퓨터가 등장했을 때, 이것이 들고 다니는 랩톱으로 발전하여 모든 사람의 글을 쓰는 활동을 좌지우지하게 되리라고 생각한 사람은 거의 없었을 것이다.

정보와 채널의 전반적인 디지털화 때문에 개별 매체들 사이의 차이는 사라지고 있으며, 컴퓨터 안에서는 모든 것이 이미지도 없고 소리도 없고 단어

* 이 논문은 2008년도 과학문화연구센터의 지원에 의하여 연구되었으며, 이 글의 내용을 확장한 논문이 『탈경계인문학』(2010)에 발표되었음.

도 없는 숫자가 되어버린다. 이른바 '디지털 수렴'이다. 그러나 이 말은 매체 자체가 소멸된다는 것이 아니다. 매체가 새로운 방식으로 탈바꿈하고 이를 통해 새로운 문화생산의 수단이 된다는 것이다.

이 연구는 매체환경의 변화로 인한 문화예술 지형의 변동을 분석하기 위해 특히 (하이퍼)텍스트 쓰기에 주목하고자 한다. 이것은 '듣는 장치'와 '보는 장치'가 (텍스트를) '쓰는 장치'와 어떻게 만나게 되었는가를 이해할 수 있는 틀을 특히 기술철학의 맥락에서 마련하려는 것이다. 달리 말하면, 이미지와 소리와 텍스트의 단순한 병치를 넘어 연합・수렴된 형식으로서의 '이미지-소리-텍스트'가 어떻게 구성되며, 이 세 종류의 매체가 서로 어떤 관계에 있는지 고찰하려는 것이다.

한편 인문학 텍스트로서의 문화예술현상에 대한 심층적 연구는 구체적인 사례연구에 바탕을 두어야 한다. 이 글에서 살펴보려는 사례는 '랩톱컴퓨터'이다. 소설가는 랩톱컴퓨터 덕에 발로 뛰어다니며 소설을 쓴다. 사진작가는 랩톱컴퓨터를 써서 생생한 현장의 사진을 담는다. 작곡가는 랩톱컴퓨터로 시간 지연 없이 음악을 만들어낸다. 랩톱컴퓨터는 일반적인 상호매체성의 문제와는 다른 측면의 현상을 나타낸다. 그러나 정확히 어떤 부분에서 그리고 어떤 측면에서 랩톱컴퓨터가 새로운 개념화를 필요로 하는지에 대한 상세한 고찰이 필요하다.

랩톱컴퓨터라고 해도 실제로 그 내포적 의미는 다양하지만, 여기에서 말하는 랩톱컴퓨터는 '보는 기계'와 '듣는 기계'가 '읽는 기계'와 통합된 것을 가리킨다. 특히 휴대성(portability)과 이동성(mobility)이 중요한 의미를 지닌다. 랩톱컴퓨터는 네트워크상의 이동성과 현실세계의 이동성이라는 이중적 의미에서 디지털 노마디즘을 상징한다. 랩톱컴퓨터가 어떻게 기술적 및 역사적 배경 속에서 가능하게 되었으며, 새로운 문화생산의 도구와 장으로 체현되었는지 고찰하는 것이 이 연구의 주된 목표이다.

## II. 랩톱컴퓨터의 역사적 전개와 문화적 의미

1945년 7월, 미국 과학연구개발국(Office of Scientific Research And Development)의 국장인 배니버 부시(Vannevar Bush)는 「우리가 생각할 수 있는 대로」(Bush 1945)에서 당시로써는 쉽지 않았을 상상의 나래를 펼친다. 전쟁은 끝났고 평화가 찾아오고 있을 무렵, 부시의 상상은 라이프니츠와 배비지가 발명한 '계산하는 기계'로 나아간다. 단추를 누르면 말을 하는 '보더(Voder)'를 발전시킨 '보코더(Vocoder)', 사진과 현미경을 이용하여 보는 것을 확장하는 장치도 인상적이지만, 그보다 더 흥미로운 것은 '메멕스(Memex)'라는 기계이다. 책상처럼 생긴 곳에 단추와 키보드와 화면 같은 것이 달려 있고, "모든 책, 기록, 통신을 저장해 두었다가 필요할 때마다 매우 빠르고 유연하게 이를 검색할 수 있는" 이 장치는 개인적인 차원을 넘어서 수많은 사람들이 정보를 모아 서로 나눌 수 있는 장치이기도 하다(Nyce & Kahn 1991).

당시 부시가 염두에 둔 것은 마이크로필름, 팩시밀리, 광전지, 전보 등과 같은 당시의 기술 수준이었으며, 이런 장치들을 조종간(레버)을 이용하여 작동시킨다는 것이었다. 부시의 상상이 현실이 된 것은 1980년대에 이르러서였다. 1980년대 초에 세상에 나타난 '오스본(Osborne) 1', '엡슨(Epson) HX-20', '그리드 컴퍼스(GRiD Compass) 1101'과 같은 랩톱컴퓨터는 현재 흔히 볼 수 있는 모습과는 큰 차이가 있지만, 원론적으로 부시의 메멕스라는 아이디어를 구현하는 데 어느 정도 성공했다.

랩톱컴퓨터는 데스크톱(desk-top)과 대비되는 개념으로서, 허벅다리 위에(lap-top) 올려놓고 작업을 할 수 있을 만큼의 크기와 무게를 지닌 컴퓨터를 가리킨다. 흔히 노트북 컴퓨터라고 부르는 것처럼 노트북(공책) 정도의 크기가 표준적이며, 대개 휴대할 수 있는 컴퓨터(portable computer)와 같은 의미로 사용한다. 그런데 이러한 의미의 랩톱컴퓨터로서 상업적으로 성공적이었던 오스본 1이나 그리드 컴퍼스 1101보다 더 흥미로운 것은 1970년대 초에 논문을 통해 모습을 드러낸 다이너북(Dynabook)이다.

1968년부터 제록스 회사(Xerox Corporation)의 C.E.O.를 맡게 된 맥컬러프

(C. Peter McColough)는 복사기뿐만이 아니라 디지털 컴퓨터에서도 앞서 나가고 싶었다. 맥컬러프는 '정보의 아키텍처'야말로 미래 산업사회를 주도할 제록스의 진명목이라고 믿고 있었다. 1969년 초 제록스가 SDS(Scientific Data Systems)를 인수한 것도 디지털 산업의 중요성을 크게 보았던 그의 믿음 때문이었다. 새로운 자본의 디딤돌을 찾고 있던 맥컬러프는 포드 자동차 회사의 물리학자 골드먼(Jacob E. Goldman)을 영입하여 제록스의 연구개발 책임자 자리를 맡겼다. 골드먼은 맥컬러프에게 새로운 디지털 기술을 연구할 수 있는 기관을 설립해야 한다고 제안했고, 이를 위해 또 다른 물리학자 페이크(George E. Pake)를 추천했다. 페이크는 컴퓨터가 아니라 핵자기공명의 전문가였으며 워싱턴대학에서 대학행정가로 탁월한 능력을 보이고 있었다. 골드먼은 젊을 때부터 친구이자 동료로 그 능력을 잘 알고 있던 페이크가 새로운 연구소의 소장을 맡는다면 제록스의 자본과 더불어 벨연구소에 못지않은 훌륭한 업적을 낼 수도 있다고 믿었다. 이렇게 해서 1970년 6월 팔로알토(Palo Alto)에 제록스의 새로운 연구소가 문을 열었다. 골드먼은 이 연구소의 이름을 PARC(Palo Alto Research Center)로 약칭했다.

페이크가 맨 먼저 한 일은 컴퓨터공학 분야에서 가장 탁월한 사람들이 어디에 있으며 누가 있는지 파악하는 것이었다. 자연스럽게 미국 국방성(Defence Department)의 고등연구기획국(Advanced Research Projects Administration, ARPA)에 연결되었고, 거기에서 밥 테일러(Robert W. Taylor)를 알게 되었다. 테일러는 1961년에 미국 항공우주국(National Aeronautics and Space Administration)에 들어갔고, 이후 ARPA의 정보처리기술과(Information Processing Techniques Office)의 책임자가 되었다가, 1969년에 유타대학 컴퓨터공학과로 옮겼다. 페이크가 테일러를 팔로알토로 초청한 것은 PARC를 구성하게 될 세 개의 독립된 연구분과, 즉 일반과학 연구분과(General Science Laboratory, GSL), 시스템공학 연구분과(System Science Lab, SSL), 컴퓨터공학 연구분과(Computer Science Lab, CSL)에서 어떤 연구를 하는 것이 좋을지 테일러에게 자문을 구하기 위함이었다. 그러나 페이크는 테일러가 미국 전국을 다니면서 컴퓨터공학 분야의 전문가들을 만나왔고, 그 분야에서 누구 훌륭한 연구자인지를 대단히 잘 알고 있는 사람임을 알고 있었다. 테일러는 ARPA의 IPTO 시절부터 컴퓨터가 단순히 많은 양의 연산과 계산을 빠른 시간에 해주는 연산기계가 아니라 "사람들이 자신의 아이디어를 외부로 표현하고 관찰하고 교류하는 매체"라고 믿어 왔고, 제록스에서 제안한 PARC의 컴퓨터공학 연구분과(CSL) 책임자 자리를 마다할 이유가 없었다.

테일러는 PARC로 오면서 ARPA에 있던 유능한 컴퓨터 전문가들을 데려왔다. 그중에 앨런 케이(Alan Curtis Kay, 1940- )와 버틀러 램슨(Butler Lampson, 1943- )이 있었다. 버틀러 램슨은 하버드대학에서 물리학을 공부하면서 방전함 사진을 분석하기 위한 프로그래밍으로 컴퓨터 쪽에 발을 들여놓았다. 물리학을 더 공부하기 위해 버클리대학으로 갔다가 ARPA와 테일러가 후원하는 시분할(Time-share) 프로젝트(Project Genie)에 참여하면서 전기공학 및 컴퓨터 공학으로 옮겼다. 테일러는 램슨을 제록스로 데려오기 위해 램슨이 소속해 있던 버클리 컴퓨터 회사(Berkeley Computer Corporation, BCC)를 합병하자고 제안하기도 했다. 램슨과 더불어 BCC에서 제록스로 옮겨온 쌔커(Charles P. Thacker)도 물리학 전공으로 버클리대학을 졸업한 뒤, 입자가속기에서 일을 하려고 대학원에 진학했으나, 시분할 프로젝트에 참여하면서 전기공학 및 컴퓨터공학으로 전공을 바꾼 경우였다. 램슨과 쌔커는 이더넷(Ethernet) 통신망, 레이저 프린터, 알토(Alto) 개인용 컴퓨터를 개발한 주역이었다.

PARC에서 Learning Research Group을 이끌게 된 앨런 케이는 컴퓨터에 대한 생각이 남달랐다. 케이는 어릴 적부터 책과 음악에 심취한 조숙한 아이였다. 작가이자 음악가이자 기록사진작가였던 외할아버지의 영향으로 초등학교에 입학할 무렵에 수백 권의 책을 읽은 상태일 정도였고, 늘 호기심과 새로운 시도를 멈추지 않았다. 시험이라면 떨어져본 적이 없지만, 늘 엉뚱하고 기발한 생각으로 기성의 관념에 도전하곤 했다. 그 때문에 예를 들어 힘들게 입학한 브루클린 과학고등학교(Brooklyn Technical High School)를 중퇴하고 포트 워싱턴 공립고등학교로 전학을 가야 하기도 했다. 공군으로 복무할 때 컴퓨터와 관련된 시험을 치르게 되었는데, 거기에 합격하면서 갑작스럽게 컴퓨터에 빠져들기 시작했다. 콜로라도 대학에 복학한 뒤에는 수학과 분자생물학 전공으로 대학을 간신히 졸업하고, 1966년에 새로 생긴 유타 학 컴퓨터공학 대학원 과정에 합격했다. 케이는 3년 뒤 유타대학에서 석사학위와 박사학위를 받고 컴퓨터공학부 부교수로 임명되었다.

"The Reactive Engine"이라고 제목이 붙은 케이의 박사학위 논문은 플렉스(FLEX)라는 프로그래밍 언어에 바탕을 둔 컴퓨터 시스템을 다루고 있다(Kay 1969). 케이는 그보다 1년 전에 통과된 석사학위 논문에서 플렉스 머신(FLEX machine)이라는 상호적 컴퓨터의 개요를 제시했다(Kay 1968). 이 장치는 그 자체로는 유치한 수준의 기능밖에 수행하지 못했지만, 디스플레이 화면을 사용하고 있었고, 대개 객체지향언어의 효시로 평가되기도 한다. 케이의 목표는 아주 단순해서 심지어 어린아이들도 이를 이용하여 자신의 창의성을 충분히 발휘할 수 있는 장치를 고안하고 싶어 했다. 그 상상의 장치에는 키디컴프(KiddiComp) 또는 다이너북(Dynabook)이라는 이름이 붙었다. 케이는 이 장치를 눈에 보이게 만들기 위해 크기가 9인치×12인치인 모형 상자를 만들었다. 한 면에는 디스플레이와 키보드를 붙여 놓았다. 무게는 2파운드 정도가 알맞다고 판단하고 있었다.

케이에 따르면,

"플렉스는 시각화와 도발적 관념의 실현에 도움을 줄 수 있는 상호작용하는 도구이다. 이는 매우 간단해서 이를 쓰기 위해 시스템 프로그래머(신비스런 전례를 이해하는 사람)가 될 필요는 없다. 이는 매우 저렴해서 (그랜드피아노처럼) 소유할 수 있다. 이는 계산가능함수를 간신히 구현할 수 있는 것보다 더 많은 것을 할 수 있어야 한다. 이는 사용자가 사용하는 추상화를 구성할 수 있어야 한다. 플렉스는 아이디어 디버거이며, 그 자체로 미디어라는 아이디어이기도 할 것으로 기대된다."(Kay 1969: 75)

케이의 생각은 군사용으로 사용되던 거대한 계산 장치 대신 어린이도 사용할 수 있는 새로운 매체(미디어)를 만들자는 것이었다.

"디지털 컴퓨터는 원래 산술적 계산을 하기 위해 고안되었지만, 어떤 서술적 모형의 상세한 부분도 시늉내기(시뮬레이션)를 할 수 있는 능력이 있으므로, 컴퓨터를 매체 자체로 볼 때, 임베딩하고 볼 수 있는 방법을 충분히 잘 마련해 준다면, 컴퓨터는 그 어떤 매체도 될 수 있다."(Kay & Goldberg 1977 [2003]: 393)

애초에 튜링과 폰노이만이 디지털 컴퓨터의 개념을 제시할 때에도 지루하고 복잡한 산술적 계산을 할 수 있다는 것보다 더 강조된 것이 바로 시늉내기(시뮬레이션)였다. 이를 통해 새로운 디지털 컴퓨터는 다음과 같은 일을 할 수 있게 된다. (1) 프로그래밍 및 문제 해결의 도구, (2) 데이터의 저장과 조정을 위한 상호작용적인 메모리, (3) 텍스트 편집기, (4) 그리기, 칠하기, 애니메이션, 작곡과 재생을 통한 표현의 매체. 다이너북 자체는 현실에서 실제로 구현되지 않았지만, 케이와 골드버그는 이를 위한 중간 단계로 만든 인터림 다이너북(Interim Dynabook)을 만들어 200여 명의 사용자에게 시험적으로 사용하게 해 봄으로써 다이너북의 실현가능함을 보였다.

첫째, 기억하고 보고 듣기. 케이와 골드버그는 다이너북이라는 새로운 휴대용 장치가 서류를 보관하는 캐비닛이나 기억처럼 사용될 수 있음을 지적한다. 이들이 고안한 특별한 인터페이스, 즉 네모난 창문과 몇 가지의 선택적 메뉴와 지시장치를 이용하면 그림을 그리거나 칠할 수도 있고, 한 권의 책 전체를 메모리에 넣을 수도 있다. 이 지시장치에는 WIMP 인터페이스라는 이름이 붙여졌다. 이는 'Windows-Interactive Menus-Pointing Device interface'의 약자이다. 그러나 메모리에 접근하는 방식이 순서적이지 않기 때문에 단순하게 종이로 된 책의 시뮬레이션은 아니다.

둘째, 여러 가지 글꼴을 사용하여 여러 가지 효과를 만들어내기. 케이와 골드버그는 다이너북이 종이로 된 책보다 더 열등해서는 안 된다는 목표를 상기시키면서, 다양한 글꼴을 선택하여 사용할 수 있음을 보인다. 다이너북은 개인적인 매체이기 때문에 각자가 자신이 원하는 방식으로 정보를 볼 수 있어야 한다는 것이다.

셋째, 편집. 앞에서 말한 WIMP 인터페이스를 사용하면, 텍스트를 편집하여 내용을 자유롭게 지우고 옮기고 고칠 수 있다. 단순히 글자만이 아니라 그림과 악보도 편집할 수 있는 것이 다이너북이라는 새로운 랩톱컴퓨터의 능력이다.

넷째, 파일. 이 새로운 랩톱컴퓨터는 역동적 '문서'라는 개념을 불러일으킨다. 문서는 감각적으로 표시할 수 있는 대상들의 모음이다. 문서는 '프레임'으로 이루어져 있고, 프레임을 지시장치(마우스)를 사용하여 지시하면 프레임을 볼 수 있다.

다섯째, 그림 그리기. '펜'을 이용하면 다이너북에서 마음대로 그림을 그릴 수도 있고 색을 칠할 수도 있다. '펜'은 '창문' 안에서만 작동한다.

여섯째, 애니메이션과 음악. 그림을 연속적으로 화면에 보이면 동영상(애니메이션)도 만들 수 있다. 마찬가지로 음악을 작곡하고 연주하거나 재생하는 것은 다이너북에서 기본적인 능력이다.

이와 같은 다이너북의 기능을 창조적으로 이용하면, 12살 어린이가 그림을 그리는 도구를 개발한다거나, 15살 학생이 전자회로를 구성하는 시스템을 프로그램하거나, 데이터를 음악으로 바꾸어 새로운 곡을 만드는 것이 얼마든지 가능함을 보일 수 있었다.

케이와 골드버그로서는 실현가능성을 방증하기는 했어도 아직은 언젠가 이룰 수 있을 꿈으로 제시했던 이 미래의 장치는 지금 랩톱컴퓨터로 구현되어 있다. 개념적으로 제안된 랩톱컴퓨터를 현실화하는 데에는 많은 기술력이 있어야 했지만, 역사적으로는 개인용 데스크톱 컴퓨터가 나름의 방식으로 진화해 왔다. 1972년 11월에 시작하여 1973년 4월에 끝난 PARC의 알토(Alto) 개인용 컴퓨터 시스템 프로젝트는 이더넷(Ethernet), 마우스, 레이저 프린터, 현대적인 문서편집기를 갖춘 데스크톱 컴퓨터를 만들어내는 작업이었다. 사실상의 최초의 개인용 컴퓨터였던 알토를 만들어내는 데 큰 힘이 된 것은 다이너북과 인터림 다이너북(Interim Dynabook)에서 확인할 수 있었던 실현가능성이었다.

다이너북 자체는 역사상으로 최초의 랩톱컴퓨터라는 의의만을 가질 수 있지만, 케이와 골드버그가 주목한 다이너북의 특징들은 랩톱컴퓨터의 사회문화적 성격을 가늠하기에 유용하다. 특히 다이너북의 사용자 그룹이 성인 전문가가 아니라 어린이였고, 탄도계산이나 암호해독이 아니라 그림을 그리고 음악을 작곡하거나 연주하거나 글을 전혀 새로운 방식으로 작성하는 데 주로 사용되는 것으로 상정되었다는 데 중요한 의미가 있다.

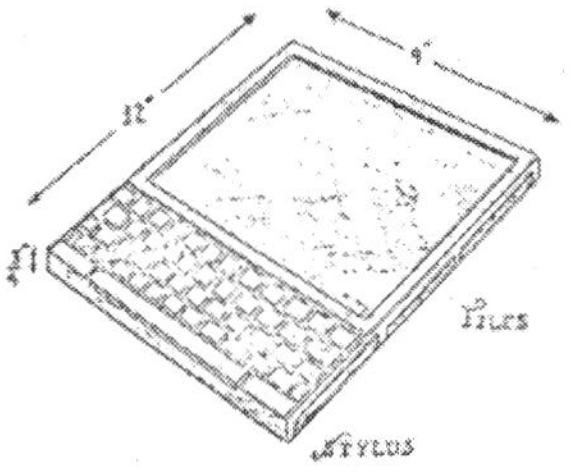

<그림 1> 케이의 다이너북 스케치 (Kay 1977)

<그림 2> 모형으로 만든 다이너북

다이너북은 "시각과 청각을 앞지르기에 충분한 능력을 가지고 있으며, 나중에 검색할 수 있도록 수천 쪽 분량의 참고자료, 시, 편지, 요리법, 기록, 도해, 애니메이션, 악보, 파형, 역동적 시뮬레이션 등 기억하고 바꾸고 싶어 하는 것이라면 무엇이든 저장하기에 충분한 능력을 가지고 있다."(Kay and Goldberg 1977[2003]: 394)

디지털 수렴은 매체 자체가 소멸된다는 것을 의미하지 않는다. 매체가 새로운 방식으로 탈바꿈하면서, 이를 통해 오히려 새로운 문화생산의 수단이 된다는 것이다. 볼터와 그루신(Bolter & Grusin 1999)의 재매개화(remediation) 개념이 담아내려는 것이 바로 이러한 매체의 탈바꿈이다.1)

볼터와 그루신이 제안한 재매개화의 개념은 모든 매체가 결국은 다른 매체의 재현이라는 문제의식에서 출발한다. 재매개화는 매개의 매개(mediation of mediation)이며, 매개와 실재는 분리되지 않는다. 재매개는 대개 재형성(reform)의 방식으로 일어난다. 매개와 실재의 분리불가능성은 곧 무매개성(immediacy)으로 이어진다. 매개의 매개임을 명시적으로 드러냄으로써 매개화를 직접 다룰 수 있게 하는 것이 하이퍼매개성(hypermediacy)이다.

볼터와 그루신이 매체의 전개를 바라보는 시각의 핵심은 흔히 새롭다고

1) '재매개'로 번역되는 remediation은 원래 무엇인가 잘못되거나 부족한 것을 고치는 것을 가리킨다. 한영사전에는 "교정(矯正), 개선; 치료 교육"이라는 주석이 나온다. 이 말은 라틴어 remediāre의 분사 형태인 remediā-t(us)에서 나왔다. 처음 영어사전에 등장한 것은 1810-20으로 되어 있다. 그런데 이 말은 어떤 면에서 remedy라기보다는 re-mediation에 더 가까우며, 사실은 re-fashion의 다른 표현으로 보는 게 더 나을 것이다.

말하는 매체가 사실은 그다지 새롭지 않다는 생각이다. 새로 등장한 매체는 언제나 과거 매체의 흉내를 내면서 개조(re-fashion)하고 개선(improve)하기 마련이라는 것이다. 즉 "새로운 매체와 새로운 장르는 과거의 형태를 개조하는 방법을 검토함으로써 가장 잘 이해할 수 있다."(Bolter 2000: 62)

가령 비질로(Kathryne Bigelow)의 영화 '이상한 나날들'(1995)에 등장하는 '와이어'는 텔레비전보다 조금 더 나은 것이 아니라 그 이상(not like TV only better)이라고 주장되지만, 사실 알고 보면 영화보다 더 나을 게 없다(film only better). 하지만 그렇다고 해도, 가령 톨킨의 소설을 영화 '반지의 제왕'으로 만든 피터 잭슨이 소설을 곧이곧대로 영화로 만들지 않은 것처럼, 매체는 언제나 과거의 형식을 재매개한다.

볼터와 그루신에 따르면, 매체의 발전은 투명성(transparency)와 하이퍼매개 사이에서 진동한다. 투명성은 다른 말로 하면 무매개성 또는 직접매개이고, 하이퍼매개는 곧 불투명성이다. 투명성은 매체와 대상이 섞여서 구분하기 힘들 만큼 일치해 가는 것을 가리키며, 하이퍼매개는 반대로 매체와 대상이 명백하게 구분되어 서로 관련이 없는 것처럼 보이는 것을 가리킨다.[2)]

"이전의 전자 매체와 인쇄매체는 우리 문화 속에서 그 지위를 재확인하려 애쓰고 있는 반면, 디지털 매체는 그 지위를 위협하고 있다. 새로운 매체이든 과거의 매체이든 모두가 그 자신과 서로를 다시 만들려는 노력 속에서 직접매개와 하이퍼매개라는 이중의 논리를 요청하고 있다."(Bolter & Grusin 1999: 5)

볼터와 그루신은 직접성(투명성)과 하이퍼매개는 모두 디지털 미디어의 도입과 더불어 시작된 것이 아니라고 본다. 17세기 화가 생레담(Pieter Saenredam)의 그림, 웨스턴(Edward Weston)의 사진, 선형원근법 등은 모두 컴퓨터 그래픽이나 가상현실 시스템과 마찬가지로 직접성(투명성)에 대한 욕구를 드러내고 있다. 또한 중세의 그림이 있는 서적이나 17세기 베일리(David Bailly)의 그림, 1910년대의 코니아일랜드 우편엽서 등을 보면 문자와 이미지는 고의로

2) 가령 스콰이어(Joseph Squire)의 Urban Diary(http://theplace.walkerart.org/urban_diary/intro.html)를 보면, 이전의 매체와 새로운 매체가 어우러져 그래픽과 디지털화된 사진과 동영상과 비디오가 혼합된 다양한 매체 형식의 폭동을 볼 수 있다.

분리되어 있는데, 이것이 곧 하이퍼매개에 해당한다는 것이다.

볼터가 인정하고 있듯이, 이러한 이분법은 전적으로 새로운 것은 아니다. 이는 모더니즘 이론가 그린버그가 환상주의적 회화의 투명성과 현대예술의 반성적 실천 사이에 설정한 이분법, 그리고 매클루언이 꽉 짜여 있는 핫 미디어와 빈 구석이 많은 쿨 미디어를 구분한 것, 그리고 벤야민이 아우라가 있는 예술과 아우라가 없는 예술을 나눈 것과도 상통한다(Bolter 2007: 27).[3] 매클루언은 모든 매체의 '내용'은 언제나 또 다른 매체임을 주장한다. 가령 쓰기의 내용은 말하기이고, 이것은 단어가 인쇄의 내용이며, 인쇄가 전보의 내용인 것과 마찬가지라는 것이다(McLuhan 1963: 23-24).

볼터는 인간-컴퓨터 상호작용(Human-Computer Interaction, HCI)의 전문가들은 새로운 디지털 미디어를 인지과학이나 사회과학과 연관시키려 한다. 언론정보학 배경의 연구자들은 경험적 또는 이론적인 접근을 전통적인 매스미디어의 관점에서 분석하려 한다. 문학사나 예술사의 인문학자들은 새로운 매체를 논의하는 데 포스트모던 이론을 끌어들인다고 평가한다(Bolter 2007: 28). 결국 자신들이 재매개를 내세운 것은 이런 모든 접근을 아우르겠다는 것이 아니라 또 하나의 관점을 제시하려던 것이라고 말한다.

그렇다면 볼터와 그루신은 새로운 매체가 어떤 점에서 새롭다고 말하는가? 그것은 다름 아니라 나중의 매체가 먼저의 매체를 흉내 내면서 개조하는 방식에서의 새로움이다(Grusin 2004: 17). 이렇게 개조하는 방식에서의 새로움은 근본적인 새로움이 아니다. 볼터에 따르면, "많은 뉴미디어 광신자들은 모더니즘 미학이론으로부터 본질주의와 절대적 독창성의 가정을 물려받았다. 이들은 모든 매체가 본질적인 특징들의 유일한 집합으로 구성되며, 디자이너의 과제는 '매체를 정의하게' 될 인공물을 창조함으로써 이러한 특징들을 개

3) 널리 알려진 발터 벤야민의 "기술복제시대의 예술작품"은 예술의 기능과 존재론에서 나타나는 변화를 다루고 있다. 그에 따르면, 사진처럼 기계적인 과정을 통해 예술작품을 기계적으로 생산할 수 있게 되면서 예술은 근원적인 변화를 겪게 되었다. 또한 단일한 시간과 공간에 연결된 특유의 작품으로서의 지위(아우라)가 사라져 버렸다. 그러나 그 대가로 새로운 유연성을 얻게 되었으며, 훨씬 더 많은 대중에게 다가갈 수 있게 되었다. 이것은 이제까지 상상할 수 없던 정치적 영향을 발휘하게 되었다. 벤야민의 문제의식은 디지털화를 주요 특징으로 하는 현대사회의 예술에서 오히려 깊은 통찰을 보여준다.

척하는 것이라고 가정한다."(Bolter 2007: 25)

결국 볼터와 그루신이 의문을 제기하고 비판하려던 것은 바로 그러한 본질주의적인 가정이다. 그러므로 새로운 매체는 새롭기 때문에 새로운 것이 아니다. 이들의 주된 관심은 컴퓨터 그래픽이나 월드와이드웹 같은 비주얼 기술이다. 이런 새로운 매체들은 이제까지의 매체들(회화, 사진, 영화, 텔레비전, 인쇄)과 꼭 마찬가지로 스스로를 다른 매체의 개조되고 개선된 판본으로 드러낸다는 것이 이들의 주장이다. 모든 매체들은 다른 매체와 고립된 채 문화적 작품이 되는 일이 없고, 사회적 및 경제적 힘으로부터 분리되어 작동하지도 않는다. 새로운 매체가 새로운 것은 과거의 매체를 개조하는 특정의 방식 그리고 과거의 매체가 새로운 매체의 도전에 직면하여 스스로를 개조하는 특정의 방식에 있다.

재매개화 개념에 대해 비판적인 마노비치는 디지털 매체의 특성으로 다음 다섯 가지를 제시한다(Manovich 2001). 첫째, 디지털 매체는 수치적으로 재현된다. 뉴미디어의 대상은 수학적으로 기술할 수 있으며, 조작할 수 있다. 매체는 프로그램화할 수 있다. 둘째, 디지털 매체는 모듈성을 보인다. 즉 뉴미디어의 대상은 띄엄띄엄 떨어져 있는 요소들로 이뤄진다. 셋째, 디지털 매체는 자동화할 수 있다. 넷째, 디지털 매체는 가변성을 지닌다. 뉴미디어의 대상은 하나로 고정된 것이 아니라, 서로 다른 무한한 판본으로 존재할 수 있으며, 동일한 복사본 대신 많은 다른 판본들을 발생시킬 수 있다. 다섯째, 디지털 매체는 문화적 층위의 약호와 컴퓨터 층위의 코드(데이터) 사이의 트랜스코드화(transcoding)의 특징을 보인다.

마노비치에 따르면, 디지털 미디어는 수치적으로 표현될 수 있다는 바로 그 사실 때문에 언제나 상호변환될 수 있는 가변성을 지닌다. 그러나 그것이 단순한 의미의 재매개화에 불가한 것은 아니다. 또한 매체들 사이의 차이가 사라져 통일되어 버리는 것도 아니다. 오히려 디지털 수렴의 다음 단계로서 새로운 매체가 창출되면 이를 통해 새로운 단계의 디지털 발산이 마련된다고 볼 수 있다.

키틀러는 디지털 매체에서 나타나는 매체 간 특성의 붕괴를 잘 지적하고 있다.

"정보와 채널의 일반적인 디지털화는 개별적인 미디어들 사이의 차이를 지워버린다. 컴퓨터에서 모든 것은 숫자가 되어버린다. 즉 이미지도 없고 소리도 없고 단어도 없는 양이 된다. 광섬유망이 예전에는 분리되어 있었던 데이터 흐름을 표준화된 일련의 숫자들로 환원시킨다면, 그 어떤 매체도 다른 매체로 번역될 수 있다. 숫자가 있으면 불가능한 것은 없다. 변조, 변형, 동조; 지연, 기억, 전위; 스크램블링, 스캐닝, 매핑. 디지털의 기반 위에 있는 모든 미디어의 총체적 연결은 매체 자체의 개념을 지워버린다." (Kittler 1987[1999]: 1-2)

키틀러에 따르면, 디지털화를 통해 매체 각각의 고유한 특성의 벽이 무너진다. 컴퓨터가 야기한 디지털 수렴의 문제는 상호매체성의 의미 규정이라는 문제와 직접 맞닿아 있다.[4] 우리가 이제까지 논의해 온 바, 랩톱의 과학학적 연구를 바탕에 둔 고찰은 재매개화와 상호매체성 개념의 비판적 확장에 디딤돌이 될 수 있다.

그런 맥락에서 케이와 골드버그가 1970년대에 상상했던 다이너북은 중요한 의미를 지닌다. 마노비치는 "다이너북에서 가장 중심적인 관념은 시뮬레이션"이라는 케이와 골드버그의 서술을 중요한 것으로 받아들이면서, 이를 보편적인 매체 기계의 가능성으로 해석한다. 즉 다이너북과 같은 새로운 종류의 컴퓨터를 통해 모든 종류의 매체를 시뮬레이션 할 수 있게 되었다는 것이다. 튜링이 이론적으로 정의한 보편적 튜링 기계는 사실상 매체를 시뮬레이션 하는 것이 아니었기 때문에, 케이와 골드버그의 논의에 이르러서야 비로소 진정한 의미의 보편적 매체 기계의 가능성이 제시되었다는 것이다 (Manovich 2007).

다이너북은 단순히 군사용이나 전문적인 과학기술자를 위한 계산도구가 아니다. 그 주된 사용자가 어린이로 상정되었고, 무엇보다도 문서 편집(쓰기)과 그림그리기(보기)와 음악의 작곡 및 연주(듣기)에 초점이 맞추어져 있었다

---

4) '상호매체성(intermediality)'은 1960년대의 Fluxus 예술가 중 하나인 히긴스(Dick Higgins)가 명시한 개념으로서, 두 장르를 넘나들면서도 어느 한 쪽에 속하지 않는 예술형태를 가리킨다. 가령 바그너의 종합악극은 상호매체적 예술의 전형이라 할 수 있다. 예술 분야에서 매체 사이의 벽이 허물어지고 있다면, 이 또한 디지털화와 밀접한 관련이 있다. 그런데 상호매체성에 대한 고찰은 대체로 문학과 예술 분야의 논의에 국한되는 경우가 많으며, 그 상호매체성이 드러나는 구체적인 사례에 대한 철학적 및 역사학적 성찰은 부족한 것으로 보인다.

는 사실에 주목할 필요가 있다. 케이와 골드버그가 메타매체(metamedia)라는 개념을 거론하는 것은 보기·듣기·읽기의 통합과 밀접한 연관이 있다.

"세상의 모든 사람들이 다이너북을 하나씩 갖고 있다면 무슨 일이 벌어질까? 그런 기계가 고안되어 그 어떤 소유자라도 자신의 필요에 맞추어 그 기계의 능력을 만들어내거나 바꿀 수 있게 된다면, 전혀 새로운 종류의 매체가 창조될 것이다. 그것이 메타매체(metamedia)이며, 그 내용은 기존의 매체와 아직 발명되지 않은 매체의 광범위한 영역이 될 것이다."(Kay & Goldberg 1977[2003]: 403)

메타매체의 가장 중요한 정의적 특징은 매체가 그 고유의 성격에 머물러 있지 않고 사용자가 무엇인가를 덧붙임에 따라 전혀 새로운 종류의 매체로 발전할 수 있는 가능성이다. 이는 곧 확장된 의미의 재매개화이며, 매체의 성격이 근본적으로 달라진다는 것을 의미한다.

다이너북은 군사적인 목적이나 과학기술자들의 계산의 목적으로 만들어진 재매개화의 도구로서의 컴퓨터가 아니라 일상 속에서 새로운 매체를 창출하는 메타매체로서 고안되었던 것이다. 다이너북의 예를 통해 케이나 골드버그 같은 선구자들의 관점을 살펴본다면, 볼터와 그루신이 제안하는 재매개화의 틀은 적어도 랩톱컴퓨터에는 매끄럽게 적용되지 않음이 분명해진다. 다시 말해, 다이너북이라는 새로운 매체는 단순히 과거 매체의 흉내를 내면서 개조하고 개선한 것이 아니다. 다이너북이 메타매체라는 것은 기존의 매체를 뛰어넘는 전혀 새로운 창조성이 내재해 있다는 의미이다.

## III. 결 론

컴퓨터는 처음에 등장할 때 계산기로서 나타났고 주된 용도는 군사적인 것이었으나, 가장 중요한 기능이 시늉내기(시뮬레이션)이기 때문에 다이너북과 같은 랩톱컴퓨터의 모델에서 근본적인 상호매체성을 구현할 수 있다. 그러나 이것은 단순히 읽을 수 있는 것(텍스트)과 볼 수 있는 것(이미지)과 들을 수 있는 것(소리)이 하나의 매체로 통합된다는 의미는 아니다. 오히려 이러한 텍스트-이미지-소리의 상호변환가능성과 매체 간 특성의 차이가 붕괴되는 현상은 새로운 개념의 메타매체의 가능성으로 연결된다. 메타매체는 단순히 과거의 매체를 시늉내는 것만도 아니고 재매개화하는 것만도 아니라, 사용자의 사용과 확장을 통해 전혀 새로운 매체로 발전할 수 있는 고유한 특징을 지닌다.

이 연구에서는 1970년대 초에 랩톱컴퓨터의 모델로 제시되었던 다이너북의 역사적 전개를 살펴봄으로써 랩톱컴퓨터에서 나타나는 메타매체성의 한 측면을 검토하고자 했다. 이후 랩톱컴퓨터의 사회문화적 측면에 대한 추가적인 연구를 통해 메타매체와 디지털 발산에 대한 의미 있는 통찰을 얻을 수 있을 것이다.

# 참고 문헌


Aronowitz, S. ed. (1996). *Technoscience and cyberculture*, Routledge.

Atkinson, P. (2005). "Man in a briefcase: The social construction of the laptop computer and the emergence of a type form", *Journal of Design History* 18(2): 191-205.

Bell, D. (2001). *An introduction to cybercultures*, Routledge.

Bolter, J.D. (2007). "Remediation and the language of new media", *Northern Lights*, 5: 25-37.

Bolter, J.D., & Grusin, R. (1999). *Remediation: understanding new media*, MIT Press.

Bush, V. (1945a). "As We May Think", *The Atlantic Monthly*, July 1945.

Chun, W.H.K. & Keenan, T. eds. (2006). *New media old media: A history and theory reader*, Routledge.

Daston, L. ed. (2004). *Things that talk : object lessons from art and science*, Zone Books.

Hansen, M.B.N. (2006). *New philosophy for new media*, MIT Press.

Hayles, N.K. (1999). *How we became posthuman : virtual bodies in cybernetics, literature, and informatics*, The University of Chicago Press.

Hiltzik, M. (1999). *Dealers of lightning: Xerox PARC and the dawn of the computer age*, Harper Business.

Ihde, D. & Selinger, E. eds. (2003). *Chasing technoscience: matrix for materiality*, Indiana University Press.

Jenkins, H. (2006). *Convergence culture: where old and new media collide*, New York Univ.

Kay, A.C. (1967). "FLEX: an extensible simulation language which can be directly executed by computer". *Computer Science Note*, September 67, University of Utah.

________.(1968). "FLEX – A flexible extendable language". *MSc.*, 1968.

________.(1969). "The Reactive Engine". PhD., 1969: University of Utah.

________.(1972). "A Personal Computer for Children of All Ages". In *Proceedings of the ACM National Conference*, Boston Aug. 1972.

________. (1975). "Personal Computing". In: *Meeting on 20 Years of Computing Science..* Instituto di Elaborazione della Informazione,

Pisa, Italy.

Kay, A.C. & Goldberg, A. (1977). "Personal dynamic media", *Computer* 10(3): 31-41. March 1977; Reprinted in Wardrip-Fruin & Montfort (2003) pp. 391-404.

Kittler, F. (1986/1999). *Grammophon Film Typewriter*, translated into English by G. Winthrop-Young & M. Wutz, Stanford University Press.

_______. (2001). *Eine Kulturgeschichte der Kulturwissenschaft*, Fink.

_______. (2002). *Optische Medien*, Merve.

_______. (2003). *Aufschreibesysteme 1800/1900*, 4. Auflage, Fink.

Kittler, F. & Ofak, A. (2007). *Medien vor den Medien*, Fink.

Landow, G.P. (2006). *Hypertext 3.0: Critical theory and new media in an era of globalization*, Johns Hopkins University Press.

Manovich, L. (2001). *The Language of new media*, The MIT Press; 서정신 역 (2004). 『뉴 미디어의 언어』, 생각의나무.

Manovich, L. (2007). "Alan Kay's universal media machine", *Northern Lights*, 5: 39-56.

Modiano, R., Searl, L.F. & Shillingsburg, P. (2004). *Voice, text, hypertext: Emerging practices in textual studies*, The University of Washington Press.

Munster, A. (2006). *Materializing new media : embodiment in information aesthetics*, Dartmouth College Press.

Nelson, A., Tu, T.L.N. & Hines, A.H. (2001). *Technicolor : race, technology, and everyday life*, New York University Press.

Nelson, T.H. (1967). "Getting it out of our system" in Schechter, G. ed. *Information Retrieval: A Critical Review*, Thomson Books, pp.191-210.

Nyce, J.M. & Kahn, P. eds. (1991). *From Memex to Hypertext : Vannevar Bush and the Mind's Machine*, Academic Press.

Poster, M. (1990). *The Mode of information : poststructualism and social context*; 김성기 역 (1994). 『뉴미디어의 철학』, 민음사.

Smith, D.K. & Alexander, R.C (1988). *Fumbling the future: How Xerox invented, then ignored, the first personal computer*, William Morrow and Co.

Sutherland. I. E. (1963). "SketchPad: A man-machine graphical communication system". *AFIPS Conference Proceedings* 23: 323-328.

Wardrip-Fruin, N. & Montfort, N. eds. (2003). *The New media reader*, The

MIT Press.

Woodhead, N. (1991). *Hypertext & hypermedia: Theory and applications*, Sigma Press.

Wurth, K.B. (2006). "Multimediality, intermediality, and medially complex digital poetry", *RiLUnE*, n.5: 1-18.

Zachary, G.P. (1999). *Endless Frontier: Vannevar Bush, Engineer of the American Century*, The MIT Press.

# 디지털 매체 기술과 예술의 융합:
## 디지털 데이터 총체 예술 작품에 대한 논의를 중심으로*

심혜련
전북대학교

## Ⅰ. 디지털 매체 시대의 새로운 예술의 지형도

21세기를 이끌어갈 대표적인 과학기술로 나노, 바이오 그리고 디지털 기술이 언급된다. 이 세 가지 기술은 여러 방식으로 인간의 삶과 세계에 큰 변화를 가져왔으며, 앞으로도 그러할 것이다. 이 대표적인 세 가지 기술들은 과학기술 영역과 인간이 구체적인 삶을 영위하는 일상 영역에서 변화를 초래할 뿐만 아니라, 문화예술 영역에서도 구체적인 변화를 야기하고 있다. 물론 과학기술이 문화예술 영역에 변화를 가져온 현상은 결코 새로운 현상은 아니다. 한 시대의 과학기술의 발전 정도가 문화예술 영역에 지대한 영향을 미쳤다는 사실은 문화사나 예술사를 통해서 이미 입증되었다. 특히 이러한 변화는 구체적으로 표현된 예술 형식에서뿐만이 아니라, 더 나아가 예술 내용에까지 변화를 불러일으키곤 했다. 예를 들어 광학 기계의 발전이 시각 예술에 미친 영향은 가히 혁명적이라고 할 수 있다. 다양한 광학 기계의 발전은 시각 예술 영역에서 예술 형식과 예술 내용의 변화를 초래했을 뿐만이 아니라, 이를 통해 예술의 본질 규정에 대한 물음을 제기하기도 했다. 다양한 광학 기계가 예술의 영역에 개입함으로써, 예술 생산에 변화가 일어났고, 이는 전통적인

---

* 이 논문은 2007년 과학문화연구센터의 지원에 의해 연구되었고, 『미학』 제53집(2008, 한국미학회)에 발표되었음.

미학이 가지고 있었던 창작자로서의 예술가 그리고 천재로서 자연에 새로운 질서를 부여하는 자라는 예술가에 대한 표상은 근본적으로 흔들리게 되었다.

첨단과학기술 시대라고 하는 지금, 과학기술과 문화예술과 관련해서 다양한 이론적 또는 실천적 모색이 현재 진행되고 있다. 이러한 다양한 물음들과 변화들 그리고 시도들 속에서 특히 주목할 만한 현상이 있다. 그것은 바로 디지털 매체 기술과 예술의 결합으로 탄생한 디지털 매체 예술이다. 기본적으로 모든 예술은 매체 예술이다. 왜냐하면 예술은 자신을 표현하기 위해서 매체를 필요로 하며, 그 어떤 예술도 매체로부터 자유로울 수 없기 때문이다.[1) 그럼에도 불구하고 왜 디지털 매체 기술과 예술의 결합을 혁명적이라고 말할 수 있는가? 그 근거는 무엇인가? 이는 바로 디지털 매체 기술로 인하여 인간의 오랜 숙원이었던 '총체 예술 작품(Gesamtkunstwerk)'이 현실화 되었다는 데 있다. 총체 예술 작품이란 말 그대로 총체적인 예술 작품을 의미한다. 여기서 총체적이란 형용사가 의미하는 바는 각각의 예술 장르들이 하나의 작품으로 통합되며, 이렇게 탄생한 예술 작품은 인간의 단일 감각에 호소하는 것이 아니라, 복합 감각에 호소한다는 것이다. 디지털 매체 예술은 한마디로 말해서 총체 예술 작품이다. 따라서 디지털 매체 예술은 하나의 장르로만 규정하기가 힘들다. 뿐만 아니라, 디지털 총체 예술 작품은 그 존재 방식에서 이전의 예술 작품과 전혀 다른 성격을 띠고 있다. 즉 디지털 총체 예술 작품은 데이터라는 정보 형태로 생산되고 저장되고 전송되고 수용된다. 그렇기 때문에 엄밀히 말해서 디지털 총체 예술 작품은 '디지털 데이터 총체 예술 작품'인 것이다.[2)] 이 과정에서 예술가와 공학자 또는 프로그래머 간의 경계 또한

1) 심혜련, 「예술과 매체, 뫼비우스의 띠」, 『철학, 예술을 읽다』, 철학아카데미, 동녘 2006, 144-146쪽.

2) 현재 디지털 매체 예술의 개념 규정에 대한 많은 논의들이 있다. 이러한 논의들에서 디지털 매체 예술에서 무엇을 강조하느냐에 따라 개념 규정이 달라진다. 필자는 본 논문에서 디지털 매체 예술이라는 일반적 개념과 더불어 이를 명확히 하고자 '디지털 데이터 총체 예술 작품'이라는 개념을 사용할 것이다. 이 개념은 페터 바이벨이 디지털 매체 예술을 언급하면서 이제 예술이 전통적인 캔버스를 떠나 전자구적인 데이터 공간을 중심으로 펼쳐지고 있다고 강조한 논의와 뢰처가 디지털 매체 예술을 "매체적 상호 작용적 총체 예술 작품(mediale und interaktive Gesamtkunstwerke)"이라고 규정한 데서 착안한 개념임을 밝힌다. 참조: Peter Weibel, "Neue Berufsfelder der Bildproduktion", in: *Vom Tafelbild zum globalen Datenraum*,

모호해지고 있다. 즉 각각의 예술 장르들이 탈장르화되면서 상호 작용하며, 혼종화될 뿐만 아니라, 예술과 과학기술도 상호 작용하며 서로 융합되고 있다. 따라서 본 논문에서는 첫째, 현재의 디지털 데이터 총체 예술 작품의 이론적 근거가 되는 총체 예술 작품에 대한 논의를 살펴볼 것이다. 왜냐하면 이는 현재의 디지털 데이터 총체 예술 작품에 대한 논의를 구체적으로 전개하는데, 매우 중요한 이론적 작업이기 때문이다. 둘째, 디지털 데이터 총체 예술 작품이 복합 감각에 영향을 미친다는 점을 강조하기 위해 아날로그 매체가 어떻게 특정 감각을 확대하는지에 대한 논의를 살펴볼 것이다. 셋째, 디지털 데이터 총체 예술 작품의 구체적인 특징을 존재 방식과 작용의 관점에서 고찰할 것이다. 존재 방식의 관점에서는 디지털 데이터 총체 예술 작품을 '설치로서의 가상현실'과 '사이버스페이스'로 나누어 고찰할 것이다. 마지막으로 작용의 측면에서 상호 작용성과 혼종화를 중심으로 디지털 데이터 총체 예술 작품을 분석할 것이다. 이러한 과정 속에서 디지털 매체 기술이 어떻게 '디지털 데이터 총체 예술 작품'으로 탄생하며, 또 이 과정에서 각각의 예술 장르들이 어떻게 융합하는가를 밝힐 것이다. 뿐만 아니라, 이 과정에서 과학기술과 예술이 서로 융합하는 과정에 대해서도 고찰할 것이다. 이러한 고찰을 통해서 디지털 매체 기술과 예술의 융합 관계 그리고 디지털 데이터 총체 예술의 함축하고 있는 의미를 보다 분명히 드러날 수 있으리라고 본다.

## II. 총체 예술 작품에 대한 오래된 소망

디지털 매체 기술이 매체 예술 영역에 가져온 가장 큰 변화는 각각의 매체를 기반으로 형성된 각각의 예술 장르를 하나로 통합한 것이다. 프리드리히 키틀러(Friedrich Kittler)가 언급했듯이 소리를 저장하고 전달하던 축음기, 그

Peter Weibel(Hrsg.), Karlsruhe 2001, S. 8-10; Florian Rötzer, "Einleitung", in: *Cyberspace. Zum medialen Gesamtkunstwerk*, Florian Rötzer und Peter Weibel (Hrsg.), München 1993, S. 12.

리고 이미지를 저장하던 영화 그리고 문자를 저장하던 타자기는 하나의 매체, 즉 디지털 매체로 통합되었다. 즉 디지털화에 의해서 각 개별적인 매체의 차이는 사라지고, 이들은 하나의 데이터 형식으로 형성된다. 단지 이미지와 사운드 그리고 문자 등으로 보여지는 것은 현상에서 그러할 뿐이지, 본질적으로는 동일한 것이다.[3] 본질적으로 동일하다는 존재적인 특징으로 인하여, 디지털 매체로 만들어진 예술 작품은 하나로 통합하기가 수월하다. 즉 각 예술 장르가 서로 호환할 때 이에 따르는 문제가 발생하지 않는다. 이렇게 하나로 통합된 예술 작품은 하나의 가상현실이라는 공간으로 형성되고, 또 이 공간 안에서 상호 작용하는 것이 현재 디지털 매체 기술이 만들어내는 디지털 데이터 총체 예술 작품의 특징인 것이다. 일반적으로 디지털 매체 예술이라고 했을 때, 이는 기존의 장르를 기준으로 해서 시각 예술, 또는 조형 예술 또는 음악 예술 또는 영화나 영상으로 명확히 구분할 수 없다. 단지 디지털 매체 기술에 의해서 만들어졌기 때문에, 장르에 상관없이 '디지털 매체 예술'이라고 포괄적으로 규정될 수 있다.

이러한 융합 현상들이 가장 잘 드러나고 있는 곳은 바로 디지털 매체 기술에 의해 구현되는 가상현실이다. 가상현실에서 구현되는 다양한 형태의 예술들은, 아니 굳이 예술이 아니더라도 다양한 문화적 형식들은 바로 융합에 근거하고 있다. 그러나 이러한 각각의 예술 장르들을 융합하려는 시도는 디지털 매체 시대에 새롭게 등장한 현상은 아니다. 이미 오래 전부터 모든 예술을 하나로 통합하려는 시도는 있어 왔다. 왜냐하면 환영 공간으로서의 가상현실에 대한 인간의 욕구는 예전부터 존재해 왔으며, 그것이 지금도 계속되고 있기 때문이다. 따라서 올리버 그라우(Oliver Grau)는 바로 이러한 연속성을 강조하면서, 가상현실의 전 형태를 역사적으로 아주 많이 거슬러 올라가 동굴 벽화에서부터 찾는다. 동굴 벽화, 공간성을 강조하는 밀폐된 공간의 다양한 벽화들 그리고 파노라마, 영화, 입체 영화 등등을 가상현실의 역사로 파악하고 있다. 왜냐하면 가상현실은 대표적인 환영 공간이며, 가상현실이 등장하기 이전에도 환영 공간을 만들려는 시도는 끊임없이 있어왔기 때문이다.[4] 이

---

3) Friedrich Kittler, *Grammophon, Film, Typewriter*, Berlin 1986, S. 7.

러한 그라우의 시도는 레프 마노비치(Lev Manovich)나 제이 데이비드 볼터(Jay David Bolter)와 리처드 글루신(Richard Grusin)이 디지털 매체 기술과 디지털 매체 예술을 평가하는 방식과도 유사하다. 즉 단절이 아니라, 연속으로 보는 마노비치의 입장[5]과 새로운 매체는 기존의 매체를 재매개(Remediation)한다는 볼터와 글루신의 입장 말이다.[6]

물론 그라우가 지적하고 있는 것처럼, 가상현실의 기원을 동굴 벽화에서 찾을 수 있다. 그러나 동굴 벽화나 그 이후에 발전된 다양한 형태들의 벽화는 기본적으로 '시각' 중심으로 형성된 환영 공간이다. 그렇기 때문에 시각을 근본으로 해서 이것이 어떻게 '공감각적(synästhetisch)'으로 작용하는가라는 문제가 중요했다. 이와 달리, 지금의 가상현실은 단일 감각에 호소하는 하나의 개별적인 예술 장르로 형성되는 것이 아니라, 구성 자체에서부터 복합 감각과 공감각적 지각 방식에 호소하는 환영 공간을 중심으로 형성된 것이다. 또 수용자가 단지 작품에의 몰입을 통해 단일 감각에서 공감각으로 확장하는 것이 아니라, 작품을 통해 작가와 상호 작용하며, 이 과정에서 적극적으로 작품에 개입하기 때문에, 엄밀한 의미에서 그 기원은 '총체 예술 작품'에 대한 논의에서 찾는 것이 더 정확하다.

잘 알려진 것처럼, 총체 예술 작품에 대한 이념을 제일 처음 제시한 사람은 리하르트 바그너(Richard Wagner)다. 그는 1846년에 「미래의 예술 작품에 대한 개요」라는 글에서 총체 예술 작품에 대한 자신의 구도를 명확히 밝힌다. 그는 이 글에서 "예술의 궁극적인 목적은 예술이라는 이름으로 개별적으

---

4) 참조: Oliver Grau, *Virtuelle Kunst in Geschichte und Gegenwart. Visuelle Strategien*, Berlin 2001, S. 27-52.

5) 레프 마노비치, 『뉴미디어의 언어』, 서정신 옮김, 생각의나무 2004, 48쪽. 여기서 마노비치는 디지털 매체를 뉴미디어라고 규정하면서도 뉴미디어를 근대적 시각 매체 문화의 역사적 맥락에서 볼 것을 제안한다.

6) 참조: 제이 데이비드 볼터/리처드 그루신, 『재매개: 뉴미디어의 계보학』, 이재현 옮김, 커뮤니케이션북스 2006, 9-15쪽. 볼터와 그루신은 뉴미디어의 계보학을 제안하면서, 이것의 핵심 개념을 재매개로 제시한다. 그들에 따르면, 재매개가 디지털 매체 시대에서만 드러나는 특징이 아니라, 이미 오래 전부터 재매개는 존재했다. 이전의 화가들도 자신의 그리는 방법과 그리는 내용을 이전의 것들을 끊임없이 재매개했으며, 그 후 텔레비전과 영화 등도 이전의 그림들을 재매개화하는 과정을 거쳐 왔다는 것이 그들의 주장이다.

로 존재하고 있는 각각의 예술을 하나로 통합시키는 데 있는 것"이라고 주장한다.[7] 그에 따르면 예술의 목적이 바로 통합에 있기 때문에, 예술가들 또한 각각의 개별적인 예술 작품들을 하나로 통합시킴으로써 만족을 얻을 수 있다고 주장한다.[8] 그는 바로 이러한 총체 예술 작품의 예를 바로 연극에서 찾았다. 연극이 총체 예술 작품이 되기 위해서는 무엇보다도 관객, 즉 수용자가 연극에 '몰입(immersion)'하는 것이 중요하다. 마치 지금의 가상현실과 마찬가지로 말이다. 그래서 그는 "관람객들은 자신의 모든 시청각적 감각 기관을 통해서 자신들이 마치 무대 위에 있는 것처럼"[9] 느낄 수 있어야 하며, 이것이 바로 총체 예술 작품이 지향하는 궁극적 지점이라고 주장한다. 이를 위해서 바그너는 개별적 예술의 총합을 강조한다.[10] 이 총합을 통해서만이 총체 예술 작품이라는 것이 비로소 가능해지는 것이다.[11] 이를 위해서는 무엇보다도 협업이 필요하다. 바그너 또한 협업의 중요성을 누누이 강조한다. 즉 최고의 예술 작품, 바로 총체 예술 작품을 만들기 위해서 예술가는 자기중심적이며 독단적인 성향에서 벗어나 공동체의 일원으로 활동해야 하는 것이다.

이러한 바그너의 구상과 주장은 현재 가상현실을 중심으로 하는 디지털 데이터 총체 예술 작품에서도 그대로 적용할 수 있다. 다시 말해서 그의 이론은 시대에 뒤떨어진 낡은 이론이 아니라는 것이다. 바로 이러한 점에서 바그너야말로 진정한 의미에서 뛰어난 매체 이론가이자, 이를 구체적으로 실행했다는 점에서 "위대한 매체 기술자(der große Medientechniker)"라고 할 수 있다.[12]

바그너가 총체 예술 작품에 대한 구상을 제시한 이후 총체 예술 작품에 대한 논의는 다양한 방식으로 진행된다. 특히 이러한 구상에 가장 큰 영향을 받은 사람들은 바로 바우하우스(Bauhaus)와 미래파에 속한 사람들이었다. 바우하우스와 미래파는 비록 다른 사회적 맥락과 다른 정치적 입장을 가지고 있

---

7) 리하르트 바그너, 「미래의 예술작품에 대한 개요」, 『멀티 미디어: 바그너에서 가상현실까지』, 랜덜 패커, 켄 조던 엮음, 아트센터 나비 학예연구실 옮김, 나비프레스, 2004, 53쪽.
8) 같은 책, 같은 곳.
9) 같은 책, 54쪽.
10) 같은 책, 59쪽.
11) 같은 책, 60쪽.
12) Friedrich Kittler, 위의 책, S. 159.

었지만, 이 둘은 예술과 기술의 적극적인 상호 관계를 매우 중요하게 생각했다는 점에서 매우 유사하다. 바우하우스는 예술과 기술의 결합을 통해 예술의 산업화를 꿈꾸었으며, 미래파는 예술과 기술의 결합을 통해 기술이 예술이 되는, 더 나아가 기술이 승리하는 것을 꿈꾸었다. 바우하우스 진영에서는 라슬로 모호이-너지(László Moholy-Nagy)가, 그리고 미래파의 진영에서는 엔리코 프람폴리니(Enrico Prampolin)가 바그너의 총체 예술 작품에 대한 구상을 직접 계승했다고 볼 수 있다.13)

모호이-너지는 바그너의 이념을 계승 발전시키면서, 유기체로서의 총체 예술 작품을 구상하고 이를 제안했다. 그는 미래의 연극은 "총체 연극(Totaltheater)"이 될 것이며, 이 총체 연극에서는 무엇보다도 수용자의 적극적 참여가 중요하다고 강조한다. 즉 관객은 묵묵히 앉아서 연극을 '보는 것'에 그치지 않고, 이들은 연극에 적극적으로 참여해서 "최고의 무아지경 단계에서 무대의 행위에 합류"14)해야 하는 것이다. 수용자와 작품 간의 적극적인 상호 작용만이 총체 연극의 전제 조건이 되는 것이다. 이는 바로 현재 가상현실을 중심으로 구성되는 디지털 데이터 총체 예술 작품에서 작품과 작가 그리고 수용자 간의 상호 작용성이 강조되는 방식과 매우 유사하다. 즉 수용자는 관조적인 해석자의 상태에서 벗어나, 자신의 의지와 행위에 의해서 작품을 재구성해야 하는 것이다.15)

모호이-너지가 연극을 중심으로만 총체 예술 작품을 구상한 것은 아니다. 오히려 디지털 데이터 총체 예술 작품이 각 매체 간의 혼종화와 융합을 보여주기 이전에 이미 그는 아날로그 매체를 가지고 이러한 시도를 했었다. 즉 사진과 텍스트의 결합을 시도했던 그의 작업은 매체의 혼종화를 통한 총체 예술 작품을 완성하려는 시도라고 볼 수 있다. 뿐만 아니라, 그는 소리가 텍스트로 또는 이미지로 전환되는 것에 관심을 가졌다. 즉 매체의 전이 과정에 관심을 갖고 이를 총체적으로 파악한 것이다.16) 그의 이러한 시도들은 각 매체

13) 올리버 그라우 역시 지금의 가상현실을 고찰할 때, 이 둘의 이론이 중요한 이론적 전거가 될 수 있다고 보고 있다. 참조: Oliver Grau, 위의 책, S. 104.

14) Oliver Grau, 같은 책, S. 104.

15) 라슬로 모호이-너지, 「연극, 서커스, 버라이어티 쇼: 바우하우스극」, 『멀티미디어』, 78쪽.

들을 고립된 채 파악하지 않고, 연관 속에서 파악했다는 것을 의미하며, 결국 그는 다양한 방식으로 총체 예술 작품을 실현하려고 했던 것이다. 엔리코 프람폴리니 또한 총체 예술 작품이라는 구상을 제안한다. 특히 그가 이와 관련해서 강조하고 있는 것은 무대를 "원형적인 확장(sphärische Expansion)"으로 구성해야 한다는 것이다. 이는 단순히 무대를 확장하는 것을 의미하는 것이 아니라, 무대를 통해 관객이 "다감각적인 요소들"을 체험함으로써 공간이 확장되는 것을 의미하는 것이다.[17] 이를 실현하기 위해서는 무엇보다도 기술이 중요하다. 따라서 그는 기술적인 요소들을 강조한다. 이는 미래파들의 기술에 대한 믿음과 관련이 있다. 그는 「미래파의 무대 장치」라는 글에서 총체 예술 작품을 실현하기 위해서는 또 이를 위해 관객의 몰입의 정도를 높이기 위해서는 연극에 기술을 적극적으로 도입할 것을 요구한다. 단지 여러 가지 예술들이 모자이크 식으로 '통합'되는 방식을 통해서가 아니라, 새로운 기술들을 연극에 적극 도입함으로써 관객의 몰입 정도가 훨씬 더 증가할 것이라고 보았기 때문이다. 따라서 그는 무대 장치 자체를 움직이게 만들고, 기계적인 빛, 즉 조명을 적극적으로 사용해서 다차원적인 무대 장치를 만드는 것이 중요하다고 강조한다.[18]

이러한 총체 예술 작품에 대한 논의들은 바로 바그너의 구상을 확장한 것이다. 이는 볼터와 그루신이 언급한 재매개와 관련시켜 볼 때 일종의 '이론적 재매개'라고 볼 수 있다. 다시 말해서, 바그너 이후 총체 예술 작품에 대한 논의가 이론적으로 재매개되는 과정에서는 그 당시의 기술적 또는 매체 기술적

---

16) 노르베르트 볼츠, 『구텐베르크-은하계의 끝에서: 새로운 커뮤니케이션 상황들』, 윤종석 옮김, 문학과지성사, 2000, 198-205쪽. 볼츠는 현재의 디지털 매체 상황과 그리고 이를 이론적으로 조명하는 매체 미학의 관점에서 모호이-너지를 적극적으로 해석한다. 그에 따르면, 모호이-너지의 여러 가지 시도들은 무엇보다도 매체 환경에 대한 정확한 이해와 그것이 가져올 수 있는 변화에 대해 모호이-너지가 아주 정확하게 이해하고 있다고 한다. 볼츠의 이러한 모호이-너지에 대한 해석 또한 정확하다. 여러 가지 의미에서 모호이-너지의 시도들은 여전히 이론적으로 뛰어나다고 볼 수 있다. 왜냐하면 매체와 매체의 전이 과정에서 주목했던 그의 작업들은 디지털 매체 기술에 의해서 현재 현실화되었기 때문이다.

17) Enrico Prampolini: "L'atmosfera scenica futurista", in: *NoI: Rivista d'arte futurista*, Rom 1924, numero speciale, S. 6-7, 이 글에서는 다음의 책에서 재인용: Oliver Grau, 위의 책, S. 104.

18) 참조: Oliver Grau, 위의 책, S. 103-105.

발전이라는 새로운 상황에 대한 이론적 재검토의 과정이 이루어졌다고 볼 수 있다. 그럼에도 불구하고 총체 예술 작품을 실현하고자 했던 이들은 논의와 실천은 기본적으로 연극이라는 전통적인 예술 장르를 중심으로 이루어졌다. 따라서 연극이라는 기본적인 틀을 유지해야 하기 때문에, 그 당시 다양한 기술들은 단지 보조적인 역할을 하는 데 그쳤다. 또 이들은 예술과 기술의 결합을 시도했기는 했지만, 이 둘이 대등한 관계로 상호 작용하기보다는 기술이 수단이나 도구로 사용되는 단계였다. 즉 연극의 이념을 실현하기 위해 기술적 발전의 정도를 적극 수용하는 방식으로 진행되었던 것이다. 그러나 중요한 사실은 지금의 복합 지각에 호소하는 디지털 데이터 총체 예술 작품은 이미 미래주의 영화에서 뚜렷하게 나타나고 있다는 것이다. 즉 앞으로 다가올 예술의 근본이념을 바로 '다표현성(polyexpressiveness)'으로 보았다는 점에서 말이다.[19)]

가상현실이 등장하기 이전 영화야말로 총체 예술 작품의 전형성을 보여주는 것이었다. 무성 영화에서 유성 영화로 넘어가면서 영화는 본격적으로 이미지와 사운드 그리고 내러티브를 중심으로 한 문학의 장르를 통합했다. 그러나 영화는 '실제로' 관객들을 이미지 안으로 끌어들이지는 못했다. 즉 이미지를 보여주는 스크린과 관객이 이미지를 주시하는 관객석은 마치 연극 무대처럼 철저히 분리되어 있다. 즉 복합 감각에 호소함으로써 총체 예술 작품의 이념을 현실화시키기는 했지만, 관객은 오로지 '보기의 과정'에 있을 수밖에 없었다.[20)] 즉 관객의 능동성은 작품 해석의 능동성으로만 가능할 뿐, 작품 그 자체에 개입하는 능동성은 없었다. 이것이 바로 디지털 데이터 총체 예술 작품과의 차이점이다.

---

19) 필리포 토마소 마리네티, 브루노 코라, 에밀리오 세티멜리, 아르날도 진나, 자코모 발라, 레모 치티, 「미래주의 영화」, 『멀티미디어: 바그너에서 가상현실까지』, 랜덜 패커/켄 조던 엮음, 아트센터 나비 학예연구실 옮김, 나비프레스 2004, 64쪽.

20) 물론 영화에서도 관객이 이미지 안으로 들어가 시각만이 아니라, 오감으로 이미지를 체험하게 하려는 시도가 있었다. 1950년대 모튼 하일리그(Morton Heilig)가 제시한 미래의 영화인 센소라마(Sensorama)가 바로 그것이다. 이와 관련해서 필자는 이미 하일리그가 제시한 센소라마가 디지털 매체 예술의 하나의 예시가 될 수 있다고 강조한 바 있다. 그러나 하일리그의 센소라마 또한 관객이 작품 그 자체에 개입해서 작품 형성에 영향을 줄 수는 없었다. 이와 관련해서는 다음의 글을 참조하길 바람: 심혜련, 「디지털 미술과 지각의 변화」, 『미학으로 읽는 미술』, 오병남 외 지음, 월간미술 2007, 246쪽.

## III. 아날로그 매체에 의한 감각의 확대와 축소

앞서 언급했듯이 총체 예술 작품은 복합 지각에 호소하는 방식을 자신의 이념으로 채택했다. 그러나 그 이후 다양한 아날로그 매체들이 등장하면서, 이러한 이념들은 어느 정도 실현됨과 동시에, 또 예기치 않았던 다른 문제를 제기하게 되었다. 즉 다양한 매체들이 등장함과 동시에 이러한 매체들이 작동하는 방식에 따라서 하나의 감각만이 극대화되고 다른 감각들이 축소되고 있다는 주장들이 나왔기 때문이다. 이는 단지 주장에서 끝나는 것이 아니라, 사실이기에 총체 예술 작품에 대한 '소망'은 단지 '소망'으로 끝나는 것이 아닐까라는 우려가 제기될 수 있는 상황이 온 것이다. 사실 앞서 강조한 바와 같이, 디지털 데이터 총체 예술 작품이 가지는 가장 큰 특징은 바로 복합 매체인 컴퓨터를 사용해서 인간의 복합 지각에 동시에 호소한다는 것이다. 이러한 점이 가장 큰 특징으로 언급되는 이유는 디지털 매체 등장 이전의 매체들은 단일 감각에 호소하는 방식으로 이루어졌기 때문이다. 즉 디지털 데이터 총체 예술 작품은 디지털 매체 등장 이전에 존재했던 각각의 아날로그 매체들이 하나의 감각에만 호소했던 방법을 극복해서 일차적으로 인간의 감각을 총체적으로 만들고자 했으며, 지금도 그렇다.

일찍이 마샬 맥루언(Maschall McLuhan)이 언급했듯이, 매체는 인간의 확장을 가져왔다. 여기서 의미하는 인간의 확장은 정확히 말해서 인간 지각의 확장이다.[21] 망원경과 현미경은 눈의 확장을, 전화와 라디오는 귀의 확장을 가져온 것이다. 그런데 한 지각 방식에만 호소하는 아날로그 매체들은 하나의 지각을 극대화시킴과 동시에 그 나머지 지각들은 축소하는 경향을 보인다. 이러한 문제를 맥루언은 "핫 미디어"와 "쿨 미디어"라는 용어를 통해 설명하고 있다. 맥루언에 따르면, "핫 미디어란 단일 감각을 높은 정세도에까지 확장하는 것"이다.[22] 여기서 높은 정세도란 "자료가 충족되어 있는 상태"를 의미한다.[23] 쿨 미디어는 그 반대다. 즉 단일 감각을 높은 정세도까지 확장하기

21) 마샬 맥루언, 『미디어의 이해』, 박정규 옮김, 커뮤니케이션북스 1997, 25쪽.
22) 같은 책, 47쪽.

않기 때문에 자료가 미흡하게 충족되어 있다. 이 정세도의 차이는 바로 이 매체를 사용하는 사용자, 또는 수용자의 감각과 참여 정도에 직접 영향을 준다. 맥루언에 따르면, 정세도가 높을수록 수용자의 참여도는 낮아진다. 반대로 정세도가 낮으면, 수용자의 참여도가 높아지는 것이다.[24] 여기서 중요한 점은 바로 '단일 감각'과 '참여도'의 문제다. 단일 감각이 확대되어서 그 감각에 의존하는 정세도가 높을수록 수용자의 참여도는 낮아지며, 이는 다른 감각들이 축소되는 것을 의미하는 것이라고 해석할 수 있다.[25]

이러한 단일 감각의 확대와 다른 감각의 축소 문제를 언급한 맥루언의 이론은 기술과 인간의 관계에 대한 돈 아이디(Don Ihde)의 논의와 유사하다. 돈 아이디는 인간과 기계 그리고 세계의 관계를 설명하면서 이를 "체현 관계"라는 용어로 설명한다.[26] 기계와 인간은 세계를 이해하는 과정에서 서로 체현 관계를 맺으며, 이 관계 속에서는 지각의 축소든, 또는 확대든 간에 지각의 변형이 일어난다.[27] 즉 체현 관계는 "감각상의-확장-축소(sensory-extension-reduction)"인 것이다.[28] 즉 치과 의사가 탐침을 가지고 자신의 환자를 치료할 때, 탐침으로 인하여 치과 의사는 자신의 손가락으로는 지각할 수 없는 것들을 지각하게 된다. 이는 '지각의 확장'이다. 돈 아이디는 전화를 예로 들어서 이를 좀 더 분명하게 설명한다. 즉 전화는 인간의 귀를 확장함으로써 청각 영역에서 지각의 확대를 가져왔다. 반면 청각을 극대화시킴과 동시에 기타 다른 지각들은 축소를 경험한다. 눈의 축소가 바로 그것이다. 그렇기 때문에 전화기로 인한 "이러한 확장은 분명히 타자에 대한 나의 포괄적인 감각 경험을 축소"[29] 시킨다고 볼 수 있다는 것이다. 전화는 "타자의 풍부한 시각적 현전"[30]의 부

23) 같은 책, 같은 곳.
24) 같은 책, 48-49쪽.
25) 참조: 같은 책, 59-62쪽. 물론 맥루언은 핫 미디어와 쿨 미디어를 고정 불변하는 것으로 상정하지 않는다. 이는 문화적 또는 매체적 상황에 따라서 핫 미디어가 쿨 미디어가 될 수도 있으며, 반대로 쿨 미디어가 핫 미디어가 될 수 있다고 강조한다.
26) 돈 아이디, 『기술철학』, 김성동 옮김, 철학과현실사 1998, 48쪽.
27) 같은 책, 같은 곳.
28) 같은 책, 49쪽.
29) 같은 책, 50쪽.
30) 같은 책, 같은 곳.

재를 의미한다. 결국, 나에게 있어서 "타자는 오직 부분적으로만 현전"[31]하게 되며, 이는 "준현전이거나 변형된 현전"[32]을 의미하게 된다.

이러한 체현 관계가 바로 인간의 직접 지각이 아닌, 매체가 개입된 지각의 특징인 것이다. 그리고 또한 이러한 체현 관계가 가장 잘 드러난 것은 바로 아날로그 매체다. 결국 이러한 결과가 발생하는 가장 큰 이유는 이러한 경험들이 매체에 의한, 즉 매개물이 개입한 지각이지, 직접 경험이 아니라는 데 있다. 이 과정에서 매체가 매체로 느껴질 때 간접 경험에 대한 자각은 점점 더 커지게 된다. 그런데 문제는 매체는 점점 자신을 직접 경험과 같은 것으로 만들려는 경향이 있다. 즉 자신의 매체성을 될 수 있는 대로 감추려고 한다. 매체를 사용하고 있다는 자각이 커지면 커질수록 매체는 성공한 매체가 아니기 때문이다. 매체가 자신의 매체성을 감추기 위해서는 "투명성"이 요청된다.[33] 이 투명성이 바로 매체가 마치 직접 경험처럼 작동하기 위한 필수 조건이 된다. 따라서 돈 아이디도 매체, 더 나아가 기계 전반에 의한 경험에서 무엇보다도 중요한 것은 '투명성'이라고 강조한다. 투명성이 작동하기 위해서는 매개의 흔적은 지워져야 한다. 매체가 발전할수록, 매체의 흔적을 지우려는 노력 또한 증가한다.[34] 이것을 바로 볼터와 그루신은 디지털 매체가 가지고 있는 "비매개에 대한 욕망(desire for immediacy)"이라고 표현한다.[35]

아이디가 언급하고 있는 투명성은 바로 인간과 기계 그리고 세계와의 단순한 체현 관계에서 '해석학적인 관계' 그리고 '배경 관계'들로 이행하기 위한 전제 조건이다. 이제 기계 또는 도구는 단순한 체현 관계를 넘어서서 해석학적인 관계를 요청하고 있으며, 더 나아가 기계 또는 매체는 세계와 구별될 수 없는 하나의 '배경'이 되었기 때문이다. 따라서 아이디가 제시하는 배경 관계로서 기술과 인간, 또는 도구와 매체와 인간을 파악해야 한다는 주장은 디지털 매체 기술과 이것을 기반으로 해서 만들어진 디지털 데이터 총체 예술

31) 같은 책, 같은 곳.
32) 같은 책, 같은 곳.
33) 같은 책, 47쪽.
34) 제이 데이비드 볼터, 리처드 그루신, 『재매개: 뉴미디어의 계보학』, 이재현 옮김, 커뮤니케이션북스, 2006, 3쪽.
35) 같은 책, 4쪽.

작품을 이해하는 데도 여전히 유효하다. 왜냐하면 디지털 매체가 등장하면서 매체 기술과 인간 지각은 새로운 양상에 들어서게 되었기 때문이다.

디지털 매체는 복합 매체이다. 복합 매체이기 때문에 인간의 지각에 미치는 영향도 복합적이다. 소리, 이미지, 문자 그리고 심지어 촉각에까지 영향을 미치는 것이다. 더 나아가 이렇게 다양한 장르들이 하나의 형태로 생산되고, 저장되고, 전송된다는 점이 중요하다. 그것은 바로 디지트를 기본으로 한 데이터, 즉 정보의 형태로 이것이 구성된다는 점이 중요하다. 이로써 디지털 데이터 총체 예술 작품이 등장하게 되는 것이다. 이제 예술은 캔버스 또는 스크린과 무대에서 벗어나 전 지구적인 차원에서 넷으로 연결된 공간에서 데이터의 형태로 소통하게 된 것이다.[36]

## IV. 디지털 데이터 총체 예술 작품

앞서 지금의 디지털 데이터 총체 예술 작품을 이해할 때 아이디의 이론이 중요한 계기를 제공해줄 수 있는 점을 살펴보았다. 특히 배경 관계를 중심으로 한 그의 이론은 매우 유효하다. 왜냐하면 디지털 매체로 인한 환경의 변화와 예술 작품의 변화를 이제 배경 관계 또는 넓은 의미에서 환경과의 관계로 파악해야 하기 때문이다. 특히 가상현실을 중심으로 구성되는 디지털 데이터 총체 예술 작품은 하나의 환경처럼 작용하기 때문이다. 그것도 디지털 데이터로 구성된 상호 작용적인 환경으로 말이다. 상호 작용적인 환경으로 구성된 총체 예술 작품은 이전의 총체 예술 작품의 이념과 구상이 실현된 것으로 보아야 한다.

디지털 데이터 총체 예술 작품이 상호 작용적인 환경으로 작용할 수 있는 이유는 무엇보다도 이 예술 형식이 다감각에 호소하는 방식으로 이루어져 있으며, 또 다감각적으로 구성되어 있기는 하지만, 단일한 데이터 형식으로 구

---

36) Peter Weibel, "Neue Berufsfelder der Bildproduktion", in: *Vom Tafelbild zum globalen Datenraum*, Peter Weibel(Hrsg.), Karlsruhe 2001, S. 9.

성되어 있다는 데서 찾을 수 있다. 단일한 데이터 형식으로 구성되어 있기 때문에 환경으로서 작용하기가 용이하다. 즉 이미지와 사운드 그리고 문자 등등이 동일한 형식으로 이루어졌기 때문에 서로 장르를 뛰어넘어 호환하는 데 아무런 문제가 없다. 뿐만 아니라, 데이터 형식으로 이루어졌다는 것은 무엇보다도 전송이 용이하다. 넷으로 연결될 수 있는 어느 곳에서나 그리고 언제든지 이에 접속이 가능하기 때문에 상황에 알맞은 상호 작용적인 환경을 구성하기가 쉬운 것이다. 따라서 디지털 데이터 총체 예술 작품은 디지털 매체의 특성이 그렇듯이 이 또한 유비쿼터스적이 된 것이다.[37] 그러나 이러한 상호 작용적 환경으로서 구성되는 디지털 총체 예술 작품은 크게 두 가지로 나누어서 고찰해야만 한다. 즉 '설치로서의 가상현실'과 디지털 데이터 총체 예술 작품으로서의 '사이버스페이스'로 말이다. 둘 다 현재 디지털 매체 예술을 언급할 때 반드시 언급되어야 하는 가장 중요한 공간들이다. 그러나 이 둘은 혼용해서 사용할 경우 많은 혼란이 일어날 수 있다. 즉 이 둘의 관계를 좀 더 명확히 구별하지 않으면, 디지털 데이터 총체 예술 작품의 특징이 아니라, 단지 이전의 총체 예술 작품의 좀 더 발전된 형태에 지나지 않게 되기 때문이다.

## 1. 설치로서의 가상현실

일반적으로 가상현실 공간이라고 했을 때, 가장 먼저 생각나는 것은 바로 사이버스페이스다. 그러나 사이버스페이스만이 가상현실 공간은 아니다. 이것과 더불어 우리가 미술관과 박물관 또는 연구소 등등에 설치된 가상현실 공간을 생각해야만 한다. 이러한 가상현실 공간은 우리가 생각하는 것보다 훨씬 광범위하게 퍼져 있다. 많은 테마 파크 등에서도 이러한 공간을 활용하고 있기 때문이다. 이러한 가상현실은 자연적인 공간 위에 설치라는 방법을 통해 세워진 디지털 가상현실이다. 이러한 가상현실은 실제 공간과 디지털 가상현실이 결합된 형태이며, 실제 공간과 상호 작용한다. 이 공간의 내용을

37) 참조: Udo Thiedeke, "Wird Kunst ubiquitär", in: in: *Vom Tafelbild zum globalen Datenraum*, Peter Weibel(Hrsg.), Karlsruhe 2001, S. 86.

형성하는 것은 디지털 매체 기술이며, 이 공간이 형성되는 방식은 이전의 영화관, 입체 영화관 그리고 파노라마 공간과 다르지 않다. 그렇기 때문에 올리버 그라우가 가상현실을 일종의 환영 공간으로 파악하고, 이것이 디지털 매체 기술에 의해서 체현된 아주 새로운 공간이 아니라고 주장할 수 있는 것이다. 따라서 그는 설치라는 형식의 가상현실을 19세기 대표적인 대중 매체였던 파노라마와 20세기 영화의 발전된 형태로 기꺼이 파악하고 있는 것이다.[38] 여기에서 알 수 있는 것은 그라우가 가상현실의 대표적인 모습을 바로 설치로서의 가상현실로 보고 있다는 사실이다. 이런 관점에서 본다면, 그의 주장은 타당하다. 그렇다면 파노라마와 설치로서의 가상현실의 유사성은 무엇이며, 도대체 얼마나 유사한가?

디지털 데이터 총체 예술 작품을 구성하는 본질적인 삼 요소는 작가, 작품 그리고 수용자다.[39] 따라서 파노라마와 설치로서의 가상현실을 하나의 총체 예술 작품으로 파악하고자 한다면, 이를 분석하는 방법 또한 이 세 가지 요소를 중심으로 이루어져야 할 것이다.[40] 그렇다면 먼저 작가 또는 생산의 측면

---

38) Oliver Grau, 위의 책, S. 67. 그렇기 때문에 그라우는 파노라마와 파노라마가 취하고 있는 몰입의 전략을 컴퓨터가 만들어내는 몰입의 시각으로 고찰하고자 시도하고 있다.

39) 예술의 삼 요소를 전통적인 미학의 관점에서 보면, 달라질 수 있다. 페터 바이벨에 따르면, 전통적인 미학의 관점에서 보면 예술의 삼 요소는 바로 작품, 존재 그리고 진리다. 그는 이 세 개의 항이 전통적인 미학을 형성하는 대표적인 것으로 보았다. 그러나 기술이 적극적으로 개입하고 또 기술을 전제로 해서 형성된 기술-예술(Techno-Kunst)에서는 상황이 달라진다고 그는 주장한다. 즉 매체와 가상성 그리고 기호가 바로 그 자리를 대신한다는 것이 그의 주장의 핵심이다. 작품의 존재론적인 특징은 그 작품을 현실화하는 매체의 성격에 의해 규정된다. 즉 우리가 비디오 아트, 또는 매체 예술 등으로 부르는 예술 형식이 바로 그것이다. 예술 작품의 존재는 이제 가상성으로 전환되며, 가상성으로 존재하기 때문에 여러 가지 가능성을 열어두고 있다. 바로 이 가상성으로 인하여 수용자의 개입에 따라 작품은 매번 다른 버전으로 자신을 현실화시킬 수 있는 것이다. 이 과정에서 예술을 평가했던 고전적인 기준인 진리 대신에 기호, 포괄적인 의미에서의 이미지가 등장한다. 결국 전통적인 예술을 중심으로 형성된 전통적인 미학대신에 새로운 기준을 갖는 기술 미학이 등장하게 되는 것이다. 이와 관련해서는 다음의 글을 참조하길 바람: Peter Weibel, “Transformation der Techno-Ästhetik”, in: *Digitaler Schein. Ästhetik der elekronischen Medien*, Florian Rötzer (Hrsg.), Frankfurt am Main 1991, S. 241-245.

40) 올리버 그라우 또한 가상현실의 관점에서 파노라마를 고찰하면서, 이를 예술가, 작품 그리고 관찰자의 관점에서 파악할 것을 제안한다. 그래서 그는 가장 규모가 컸으며, 파노라마 역사에 지대한 영향을 미친 안톤 폰 베르너의 파노라마 작업을 바로 이 세 가지 관점에서 분석한다. 이와 관련해서는 다음을 참조하길 바람: Oliver Grau, 위의 책, S. 66.

에서 이 둘을 살펴보자. 파노라마나 설치로서의 가상현실 둘 다 집단 생산이라는 방식을 통해 만들어진다. 또 집단 생산이라는 방식이기 때문에 지극히 산업적 성격을 가지게 된다. 이 과정 속에서 한 개인의 창작물이라는 성격은 약화되며, 철저한 협업 체계 아래에서 작품들이 만들어진다. 이러한 과정은 자연스럽게 작가성의 약화 또는 작가의 죽음이라는 논지를 만들어 내게 된다.

파노라마 역사상 가장 대표적인 작품이라고 언급되는 안톤 폰 베르너(Anton von Werner)의 〈세단의 파노라마Schlacht von Sedan〉의 제작 과정을 살펴보면, 이러한 점은 명확히 드러난다.[41] 〈세단의 파노라마〉는 안톤 폰 베르너의 작품으로 알려졌다. 그러나 이 작품이 만들어지는 과정에서 안톤 폰 베르너가 한 역할은 기획과 총괄적인 진행이었다. 엄밀한 의미에서 말하자면, 그는 작가가 아니라 기획자였던 것이다. 이 과정에서 그 당시 각각의 장르에서 유명한 화가들이 참여했었다. 즉 인물화의 대가, 풍경화의 대가, 무기를 세밀하게 그리는 세밀화의 대가들이 참여했으나, 지금 이들 중에서 기록에 이름이 남겨진 사람은 세 사람밖에 없다. 이 과정에 참여했던 작가들은 사라진 것이다. 반면 이 파노라마를 제작하는 과정에 그 작품에 어떤 흔적도 남기지 않은 안톤 폰 베르너는 그 이후 많은 명성과 부를 획득했다.[42] 그는 현대적 의미에서 보면 기획전을 기획한 큐레이터였던 것이다. 뿐만 아니라, 이 과정에서는 기술자들이 파노라마의 공간을 구현하고자 참여했으나, 이들 또한 이름을 남기지 않았다. 파노라마는 그 규모상 매우 방대했기 때문에, 파노라마의 원통 극장과 기타 여러 가지 부대시설 등을 만들고, 또 정확한 이미지들을 구현하기 위해서 산업 기술과 협력할 수밖에 없었다. 이를 그라우는 파노라마의 "산업화된 변환"이라고 특징짓는다.[43] 그러나 예술가 또는 기획자 그리고 기술자 간의 협업은 철저하게 예술을 중심으로 그리고 기획자를 중심으로 이루어진 것이다. 파노라마는 파노라마라는 공간을 들어서는 관객들에게 최대한의 몰입 효과를 주고자 다양한 방식을 사용한다. 즉 총체 예술 작품

---

41) 안톤 폰 베르너의 파노라마 작업은 주로 올리버 그라우의 위의 책을 참조했음을 밝힌다.
42) Oliver Grau, S. 72.
43) Oliver Grau, 위의 책, S. 77.

이 될 수 있도록 말이다. 다양한 장르의 그림들뿐만 아니라, 사운드 그리고 조명과 빛의 효과 또 경우에 따라서는 연기나 후각적인 것들을 사용하기도 했다. 이러한 방식으로 인하여 수용자들은 다감각적인 수용 방식을 통해 파노라마를 수용할 수 있었다.[44)]

이러한 파노라마의 특징은 설치라는 형태로 구성되는 가상현실에도 그대로 적용된다. 설치로서의 가상현실 또한 철저한 집단 생산의 방식으로 만들어진다. 이 집단 생산의 과정에서 컴퓨터 공학자와 이미지를 구현하는 예술가들이 구체적으로 만나며, 또 이 과정에서 컴퓨터 공학자가 예술가가 되기도 하고, 반대로 예술가가 컴퓨터 공학자가 되기도 한다. 현재의 디지털 매체 예술을 언급할 때, 중요한 인물로 언급되는 마이클 놀(Michael Noll)과 벨라 율레즈(Bela Julesz)와 마이론 크루거(Myron Kruger)는 바로 공학자에서 출발해서 대표적인 매체 예술가가 된 경우다.[45)] 마이론 크루거는 특히 설치로서의 가상현실과 관련해서 놀라운 연구 업적을 남김과 동시에 뛰어난 작품도 남겼다. 그의 〈Videoplace〉(1970) 작품은 그가 제안한 '반응적인 환경'에 적합하게 만들어진 작품이다. 이 작품은 설치로서의 가상현실이라는 형태로 형성된 예술이 어떻게 상호 작용할 수 있는가를 보여주는 작품이기도 하다.[46)47)]

이러한 시도는 컴퓨터라는 복합 매체를 사용해서 수용자의 오감을 자극하려고 한다. 수용자의 오감을 자극하고 몰입의 정도를 높이기 위해 파노라마와 설치로서의 가상현실이 채택하고 있는 공간 배치 또한 매우 유사한 점을

---

44) 참조: Oliver Grau, 위의 책, S. 87-90.

45) 참조: Oliver Grau, 위의 책, S. 117-124. 여기서 그라우는 컴퓨터와 이미지와의 궁극적인 결합이 바로 가상현실로 가는 길이라고 지적하고, 이 길을 현실적으로 가능하게 했던 공학자이자 예술가이기도 한 선구자들을 자세히 나열하고 있다.

46) 참조: Oliver Grau, 위의 책, S. 122-123.

47) 이러한 마이론 크루거의 "반응하는 환경(responsive Enviroments)"이라는 규정은 현재 많은 가상현실 이론가들에게 영향을 주고 있다. 상호 작용적 예술에 대해 세밀한 연구를 한 쇠케 딘클라 역시 이를 토대로 '반응하는 환경'과 '폐쇄 회로 설치'라는 개념으로 상호 작용적 예술을 분류하고 있다(참조: Söke Dinkla, *Pioniere Interaktivier Kunst, Von 1970 bis Heute*, Karlsruhe 1997, S. 36-40). 뿐만 아니라, 건축 디자인 분야에서도 이 개념을 사용한다. 즉 루시 부릴반트는 현재 디지털 매체를 기반으로 해서 형성된 가상현실과 실제 현실 등을 "제4의 공간"이라 규정하면서, 이 공간의 특징을 "반응하는 환경(responsive Enviroments)"이라고 규정한다(참조: 루시 불리반트, 『제4의 공간 대화를 시작하다』, 태영란 옮김, 픽셀하우스 2007, 7-19쪽).

보이고 있다. 즉 밀폐된 공간을 전제로 하고 있다. 파노라마는 어두운 복도를 출입구로 설치함으로써 파노라마 공간에서의 자극을 극대화시키고 있으며, 현재 대부분의 설치로서의 가상현실은 동굴과 유사한 형태로 구성된다.

이러한 점에서 보았을 때, 파노라마와 설치로서의 가상현실은 유사하다고 볼 수 있다. 또한 이 둘 다 총체 예술 작품이라는 인간의 오래된 소망이 실현된 것으로 볼 수 있다. 그럼에도 불구하고 이 둘 사이에는 커다란 차이가 존재한다. 그것은 바로 이를 구현하는 기술에서 나온다. 파노라마와 설치로서의 가상현실은 생산 방식과 수용 방식 그리고 작품의 구성이라는 측면에서 유사하다. 그러나 이를 실현하는 방식, 즉 기술에서 차이가 있다. 파노라마가 비록 오감을 자극하는 방식으로 이루어졌지만, 이는 각각의 감각 기관에 작용하는 예술 장르들이 병렬적으로 결합하는 방식을 취하고 있다. 그렇기 때문에 시각 예술, 청각 예술, 건축 예술 등등이 개별적인 작업을 통하여 만들어지고, 이것들이 나중에 모자이크 식으로 조합되면서 구성되는 것이다. 즉 파노라마는 디지털 데이터 총체 예술 작품 이전의 다른 총체 예술 작품과 마찬가지로 총체적으로 구성되기는 하지만, 이 역시 부분 단위로 구성되어 있다. 즉 풍경화는 풍경화대로, 인물화는 인물화대로, 사운드는 사운드대로 말이다. 따라서 파노라마 또한 총체 예술 작품이지만, 이를 수용하는 과정에서는 부분 단위들을 중심으로 지각될 수밖에 없는 것이다.[48]

반면 설치로서의 가상현실은 생산에서부터 애초에 이들이 통합되는 방식으로 구성된다. 이미지와 소리 촉각적인 것들이 디지트라는 단일한 형식으로 구성되는 것이다. 바로 그렇기 때문에 설치로서의 가상현실은 파노라마보다 훨씬 융합과 상호 작용, 더 나아가 혼종화를 쉽게 만들 수 있다. 즉 진정한 의미에서의 "혼종화의 예술"이 등장한 것이라고 할 수 있다.[49] 이로써 설치로서의 가상현실은 하나의 상호 작용적 환경으로 구성된다고 볼 수 있다. 그럼에도 불구하고 설치로서의 가상현실은 말 그대로 설치가 전제이기 때문에

---

48) 랄프 슈넬, 『미디어 미학』, 강호진/이상훈/주경식/육현승 옮김, 이론과실천 2005, 65쪽.

49) Edmont Couchot, "Zwischen Reellem und Virtuellem: die Kunst der Hybridation", in: *Cyberspace. Zum medialen Gesamtkunstwerk*, Florian Rötzer und Peter Weibel (Hrsg.), München 1993, S. 348-349.

기존의 물질적이며, 자연적인 공간을 전제로 한다. 이러한 공간이 있어야만 가상현실을 설치할 수 있기 때문이다. 그렇기 때문에 설치로서의 가상현실은 사이버스페이스라는 디지털 가상현실로 넘어가는 과도기적 과정에 있는 것이라고 볼 수 있다. 그러나 이러한 가상현실이 과도기적 과정에 있다고 해서 그 중요성이 결코 반감되는 것은 아니다. 왜냐하면 아무리 사이버스페이스가 확대되고 발전한다 해도 우리 인간은 어차피 현실에 한쪽 발을 둘 수밖에 없기 때문이다. 비록 설치라는 고전적인 방식에서 벗어나지 못한다 할지라도 이 공간은 설치라는 형식을 통해 가상과 현실을 매개하고, 이 둘이 상호 작용할 수 있는 기회를 제공하기 때문이다.

## 2. 디지털 데이터 총체 예술 작품: 사이버스페이스

설치로서의 가상현실이 일차적으로 물질적인 공간에 바탕을 두고 물질과 비물질, 또는 가상과 실재 간의 상호 작용적 환경을 구성한다면, 또 다른 가상현실인 사이버스페이스는 철저히 비물질적 공간이다. 왜냐하면 사이버스페이스는 바로 데이터라는 비물질적인 속성으로 구성되기 때문이다. 사이버스페이스는 실제로 물질적인 공간을 점유하지 않는다. 단지 이를 구현하기 위해 물질적으로 존재하는 것은 모니터를 비롯한 최소한의 컴퓨터 장치들뿐이다. 그렇기 때문에 사이버스페이스야말로 진정한 의미에서 디지털 데이터 총체 예술 작품이라고 할 수 있다. 또 사이버스페이스는 가상의 공간에서 서로 네트로 연결된다. 바로 이 네트로 연결된다는 속성 때문에, 이를 체험하기 위해서 '특정한 장소'로 갈 필요가 없다. 이로서 파노라마 또는 설치로서의 가상현실이 정박해 있을 수밖에 없었던 '장소성'은 해체되고 '탈장소성'이라는 현상이 일어난다. 설치로서의 가상현실이 특정한 장소에 정박해 있을 수밖에 없기 때문에, 이는 전통적인 조형 예술이 가지고 있었던 '지금'이라는 시간성과 '여기'라는 장소성에 제약을 받을 수밖에 없다. 반면 사이버스페이스는 '지금'이 아니라, '항상' 그리고 '여기'가 아니라, 아직은 '저기'이지만, 지금은 '여기'가 될 수 있는 있는 속성을 잠재적으로 가지고 있다. 즉 사이버스페이스는 언제 어디서든지 '지금'과 '여기'가 될 수 있는 잠재태로서 존재하는 것이다. 이것이 바로 작품이라는 측면에서 보았을 때, 설치로서의 가상현실과 사이버스페이스라는 가상현실이 갖는 차이점이다. 뿐만 아니라, 사이버스페이스는 이와 연결할 수 있는 매체적 기반이 갖추어져 있는 그 어디에서도 그 공간에 들어갈 수 있다. 즉 공간으로 들어가는 문이 활짝 열려 있다.

이러한 작품의 측면에서의 차이점은 그대로 수용자의 수용의 측면에도 영향을 미친다. 설치로서의 가상현실을 수용하는 주체는 '지금'과 '여기'를 찾아가는 현실적이며 물질적인 주체다. 이 주체는 '그곳'에 가야지만, 가상현실을 체험할 수 있는 것이다. 즉 이를 수용하는 육체적인 주체가 전제되어야 하는 것이다. 반면 사이버스페이스에서는 이를 수용하기 위해 '그곳'에 갈 필요가 없다. 네트로 연결될 수 있는 곳곳이 바로 '그곳'을 들어가는 통로가 되기 때문이다. 이 통로를 통해 사이버스페이스에 들어간 주체는 '탈육화된 주체'다. 탈육화된 주체는 자유롭게 자신의 가상의 육체를 택할 수 있다. 가상 세계에서 가상 주체인 아바타가 바로 그것이다. 설치로서의 가상현실이 먼저 실제의 공간에 들어간 수용자의 공감각에 작용하고, 이를 통해 감각들의 상호 작용들이 현실화된다. 반면, 사이버스페이스에서 수용자는 현재의 육체를 떠나, 이미지만으로 구성된 탈육체화된 아바타들이 가상의 공간에서 만나, 그 가상의 공간과, 더 나아가 그 공간에 들어온 또 다른 아바타들과 상호 작용하면서 공감각적 체험과 환영을 체험하게 되는 것이다. 이는 상호 작용하는 방식의 변화를 의미한다. 또한 방식의 변화는 상호 작용하는 내용의 변화를 야기하기도 한다.[50] 즉 이 공간에서 아바타들은 "장소를 공유하는 공동체가 아니라 관심을 공유하는 공동체로서, 사이버스페이스 안에서 연결된 인간관계망"[51]을 기반으로 상호 작용하며, 서로의 체험을 서로 형성해 간다.

이렇게 단일한 정보 형태로 구성된 사이버스페이스는 디지털 시대의 대표적인 공간으로 등장한다. 이 공간은 그 자체가 지식과 정보의 공간이며, 또

50) 스티븐 홀즈먼, 『디지털 모자이크』, 이재현 옮김, 커뮤니케이션북스, 2002, 16쪽. 여기서 스티븐 홀즈먼은 디지털 테크놀로지는 커뮤니케이션 방식(how)만을 변화시키지 않고, 내용(what)과 사유하는 방식 자체도 변화시킬 것이라고 이야기한다.

51) 같은 책, 40쪽.

문화예술의 공간이며, 또 그 자체가 하나의 커다란 놀이 공간이 되었다. 이 공간에서는 지식과 정보, 그리고 문화와 예술 그리고 놀이가 명확히 구별되지 않는다. 이것들은 상호 작용하면서 서로를 혼종화시킨다. 놀이적 요소를 가진 지식과 정보 또 지식과 정보가 필요한 놀이 등으로 말이다. 뿐만 아니라, 예술 영역에서 오래 전부터 소망했던 총체 예술 작품이 등장하는 공간으로 작용한다. 또 사이버스페이스는 이것들을 보여주는 공간으로만 존재하는 것이 아니라, 공간 자체가 이미 총체 예술 작품이 되었다. 말 그대로 디지털 데이터 총체 예술 작품이 등장한 것이다.

디지털 데이터 총체 예술 작품은 피에르 레비(Pierre Levy)가 지적했듯이, "촉감적, 청각적 기능과 3차원적 쌍방향 대화형 시각화의 기능을 지니며 디지털 데이터베이스와의 교환이 가능한 새로운 인터페이스의 형태가 급속히 일반화"됨으로써 가능해졌다.[52] 이로써 비로소 데이터의 형식으로 예술 작품이 많은 수용자에게 '전송'될 수 있고, 또 윈도우라는 새로운 인터페이스 때문에, 전송된 예술 작품을 쉽게 접할 수 있게 된 것이다.[53]

## V. 상호 작용성과 혼종화: 기술과 예술의 융합과 예술의 탈장르화

디지털 데이터 총체 예술 작품은 이전의 총체 예술 작품의 이념을 계승할 뿐만 아니라, 이를 실현했다고 볼 수 있다. 매체 자체가 단일한 매체가 아니라, 복합 매체이며, 이 복합 매체는 복합 지각을 필요로 한다. 각각의 단일한 매체가 단일한 감각을 극대화시키는 방식에서 벗어난 것이다. 물론 총체 예술 작품의 이념은 단일한 감각을 극대화시키는 것은 결코 아니다. 말 그대로

---

52) 피에르 레비, 『사이버 문화』, 김동윤/조준형 옮김, 문예출판사 2000, 42쪽.

53) 참조: Dieter Daniels, *Kunst als Sendung: Von der Telegrafie zum Internet*, München 2002, S. 249-253. 이 책에서 다니엘스는 예술을 데이터의 형식으로 보고 전송의 관점에서 예술을 정의하고 있다. 특히 인터넷 시대에서 전송으로서의 예술의 형태가 본격적으로 들어가고 있음을 강조하고 있다.

복합 지각에 호소하는 것이었다. 그러나 이전의 총체 예술 작품들이 각각의 매체들이 모자이크 식으로 구성되는 것이었다면, 디지털 데이터 총체 예술 작품은 생산에서 이미 통합된다. 생산에서 단일한 형식에 의해 통합된다는 것이 의미하는 것은 무엇인가? 이는 총체 예술 작품을 만들기 위한 조합의 과정이 불필요해졌다는 것을 의미한다. 조합이라는 이차적인 과정은 디지털 매체에서 소멸된다. 물론 조합은 존재한다. 그런데 이 조합은 총체 예술 작품을 만들기 위해 여러 장르가 조합되는 것이 아니라, 다른 총체 예술 작품과 또 다른 총체 예술 작품 간의 조합을 의미한다. 이 조합 또한 완벽하게 실현된다. 조합의 흔적을 남기지 않은 채 말이다. 뿐만 아니라, 생산 과정의 단순화는 비전문가들은 전문가들의 위치로 올라가게 만들었다. 디지털 매체 시대에서 수용자들은 단지 수용자의 위치에 머무는 것이 아니라, 스스로 생산자가 된다. UCC가 바로 그 대표적인 현상이다. 이러한 전반적인 과정을 통해 이제 디지털 데이터 총체 예술 작품은 다양한 장르와 상이한 영역과 그리고 수용자와 생산자, 그리고 예술가와 공학자 간의 상호 작용을 가져오며, 이들은 서로 혼종화되기에 이르렀다.

디지털 데이터 총체 예술 작품에서 이전의 총체 예술 작품과 비교했을 때, 두드러지게 나타나는 특징은 상호 작용성(Interaction)과 혼종화이다. 먼저 상호 작용성이라는 측면에서 보았을 때, 크게 3가지의 상호 작용성이 발생한다. 첫째, 예술과 기술의 상호 작용, 둘째, 각 예술 장르 간의 상호 작용, 마지막으로 작가, 수용자 그리고 작품 간의 상호 작용이 바로 그것이다. 디지털 데이터 총체 예술 작품은 바로 이 세 종류의 상호 작용을 통해서 그 모습을 드러낼 수 있는 것이다. 또 이 상호 작용성은 단지 상호 작용하는 것으로 끝나지 않고, 이 과정을 통해서 예술과 기술, 각 예술 장르와 작가와 수용자 그리고 작품 간의 혼종화를 가져온다.

그렇기 때문에 디지털 매체 예술이 갖는 이러한 특징을 많은 이론가들은 '혼종화'라는 이름으로 또는 '상호 작용성'이라는 이름으로 다루고 있다. 이는 결국 각각의 예술 영역이 가지고 있던 고전적인 경계가 무의미해짐을 의미한다. 즉 예전에 회화는 고정된 이미지를 의미했으며, 영화는 움직이는 이미지로 이루어진 것이라고 규정했는데, 이러한 구분은 현대의 매체 예술을 논할 때 무의미한 분류다. 디지털 매체 예술을 보면, 이는 장르로 명확히 구별하기가 어렵다. 이 작품이 영화인지, 아니면 애니메이션인지 또는 비디오 아트인지 말이다. 또 엄격히 말해서 회화라는 장르 자체도 애매해진 것이 사실이다. 이와 더불어 우리가 흔히 그림을 그리는 사람으로 규정했던 화가의 개념도 모호하다. 또 작품 개념에 대한 규정도 모호해지고 있다.

디지털 매체 기술에 의해 만들어진 디지털 매체 예술은 각각의 예술 장르들만을 탈장르화시키는 것은 아니다. 작품의 완성을 위해 이 과정에 개입하는 다양한 사람들의 역할 또한 혼종화시키고 있다. 즉 작가와 공학자 그리고 프로그래머, 더 나아가 수용자들 간에 존재했던 경계를 탈경계화시키기에 이르렀다.

디지털 매체 예술 작품은 작가가 만들어낸 작품만으로는 존재가 불가능하다. 수용자의 적극적인 관여 또는 참여가 없으면 이는 반쪽짜리 작품으로 끝난다. 작품은 열린 예술 작품의 형태로 주어지며, 수용자는 수동적인 관조의 형태에서 벗어나 자신의 적극적인 행위를 통해서 작품을 받아들임과 동시에 작품을 완성한다. 이러한 과정 속에서 전통적인 작가의 역할과 위상도 변화를 경험할 수밖에 없다. 뿐만 아니라, 디지털 매체 예술 작품을 만드는 작가들은 디지털 매체 기술에 대한 전문적인 지식을 가지고 있는 공학자와 프로그래머 또는 웹 디자이너와 적극적으로 협업할 수밖에 없다. 이들은 하나의 공생 관계를 형성한다. 이로써 과학기술과 예술의 경계 또한 모호해진다. 이러한 현상이 바로 디지털 매체 기술과 예술이 결합해서 만들어낸 예술의 새로운 지형도인 것이다.

# 참고 문헌

Dieter Daniels, *Kunst als Sendung: Von der Telegrafie zum Internet*, München 2002.

Edmont Couchot, “Zwischen Reellem und Virtuellem: die Kunst der Hybridation”, in: *Cyberspace. Zum medialen Gesamtkunstwerk*, Florian Rötzer und Peter Weibel (Hrsg.), München 1993.

Enrico Prampolini: “L’atmosfera scenica futurista”, in: *NoI: Rivista d’arte futurista*, Rom 1924, numero speciale, S. 6-7, 이 글에서는 다음의 책에서 재인용: Oliver Grau, *Virtuelle Kunst in Geschichte und Gegenwart. Visuelle Strategien*, Berlin 2001.

Florian Rötzer, “Einleitung”, in: *Cyberspace. Zum medialen Gesamtkunstwerk*, Florian Rötzer und Peter Weibel (Hrsg.), München 1993.

Friedrich Kittler, *Grammophon, Film, Typewriter*, Berlin 1986.

Oliver Grau, *Virtuelle Kunst in Geschichte und Gegenwart. Visuelle Strategien*, Berlin 2001.

Peter Weibel, “Transformation der Techno-Ästhetik”, in: *Digitaler Schein. Ästhetik der elekronischen Medien*, Florian Rötzer (Hrsg.), Frankfurt am Main 1991.

Peter Weibel, “Neue Berufsfelder der Bildproduktion”, in: *Vom Tafelbild zum globalen Datenraum*, Peter Weibel(Hrsg.), Karlsruhe 2001.

Söke Dinkla, *Pioniere Interaktivier Kunst, Von 1970 bis Heute*, Karlsruhe 1997.

Udo Thiedeke, “Wird Kunst ubiquitär”, in: *Vom Tafelbild zum globalen Datenraum*, Peter Weibel(Hrsg.), Karlsruhe 2001.

노르베르트 볼츠, 『구텐베르크-은하계의 끝에서: 새로운 커뮤니케이션 상황들』, 윤종석 옮김, 문학과지성사 2000.

돈 아이디, 『기술철학』, 김성동 옮김, 철학과현실사 1998.

라슬로 모호이-너지, 「연극, 서커스, 버라이어티 쇼: 바우하우스극」, 『멀티 미디어: 바그너에서 가상현실까지』, 랜덜 패커/켄 조던 엮음, 아트센터 나비 학예연구실 옮김, 나비프레스 2004.

랄프 슈넬, 『미디어 미학』, 강호진/이상훈/주경식/육현승 옮김, 이론과실천 2005.

레프 마노비치, 『뉴미디어의 언어』, 서정신 옮김, 생각의나무 2004.

리하르트 바그너, 「미래의 예술작품에 대한 개요」, 『멀티 미디어: 바그너에서 가상현실까지』, 랜덜 패커/켄 조던 엮음, 아트센터 나비 학예연구실 옮김, 나비프레스 2004.

루시 불리반트, 『제4의 공간 대화를 시작하다』, 태영란 옮김, 픽셀하우스 2007.

마샬 맥루언, 『미디어의 이해』, 박정규 옮김, 커뮤니케이션북스 1997.

심혜련, 「예술과 매체, 뫼비우스의 띠」, 『철학, 예술을 읽다』, 철학아카데미 지음, 동녘 2006.

심혜련, 「첨단과학기술 시대에 기술 미학의 근본 문제에 관하여」, 『미학』, 한국미학회, 2007.

심혜련, 「디지털 미술과 지각의 변화」, 『미학으로 읽는 미술』, 오병남 외 지음, 월간미술 2007.

스티븐 홀즈먼, 『디지털 모자이크』, 이재현 옮김, 커뮤니케이션북스, 2002.

제이 데이비드 볼터/리처드 그루신, 『재매개: 뉴미디어의 계보학』, 이재현 옮김, 커뮤니케이션 북스 2006.

피에르 레비, 『사이버 문화』, 김동윤/조준형 옮김, 문예출판사 2000.

필리포 토마소 마리네티, 브루노 코라, 에밀리오 세티멜리, 아르날도 진나, 자코모 발라, 레모 치티, 「미래주의 영화」, 『멀티미디어: 바그너에서 가상현실까지』, 랜덜 패커/켄 조던 엮음, 아트센터 나비 학예연구실 옮김, 나비프레스 2004.

# 한국 대중음악과 테크놀로지:
## 디지털 전자음악이 한국 대중음악에 끼친 영향*

**박영욱**
연세대학교

## Ⅰ. 연구 방향—한국 대중가요의 통시적 접근과 매체론적 함의

대중음악은 대중매체와 더불어 출현한 20세기 이후의 음악이다. 그렇기 때문에 대중매체를 떠나서 대중음악을 논할 수는 없다. 이는 우리나라 대중음악의 경우에도 예외는 아니다. 우리나라의 경우에도 20세기 초반 대중음악은 레코드라는 매체와 더불어 출현하였다. 또한 본격적으로 대중음악이 주도적인 음악으로 부각한 것은 라디오 방송의 등장과 더불어서이다. 대중음악 자체가 이미 테크놀로지와 뗄 수 없는 관계를 가지고 있다.

하지만 테크놀로지와 대중음악의 이러한 관계는 다소 외적인 관계로 볼 수 있으며, 문화산업 현상이라는 사회구조적 지평의 차원과 관련된 문제이다. 지금까지 대중음악과 테크놀로지의 관계에 대한 접근은 주로 이러한 피상적인 관계에 대한 분석이나 단편적인 언급에 머물렀다. 이들 관계에 대한 기존의 접근방식은 테크놀로지가 음악의 형식이나 패러다임 자체에 어떠한 영향을 끼치고 어떠한 변화를 가져왔는가에 대한 근본적인 관계와는 무관하다. 가령 컬러텔레비전의 등장과 함께 시각적인 요소를 강조하는 쇼 형식의

---

1) 이 논문은 2009년 과학문화연구센터의 지원에 의해 연구되었음.

출현은 비즈니스의 측면에서 대중음악의 새로운 지평을 열었지만, 이것이 음악 형식 자체를 직접 변화시키는 계기는 아니다. 또한 1990년대 초반부터 본격적으로 등장한 뮤직비디오를 통해서 음악의 형식이 다양화되었으며, 이러한 다양성은 한국사회가 소비자본주의라는 포스트포디즘 사회로 접어든 것과 맞물린다는 식의 분석 정도가 대부분이다.

테크놀로지와 음악은 보다 직접적이고 근원적인 관계를 맺고 있다. 예를 들어 축음기 매체가 등장했다면 그러한 축음기 매체의 테크놀로지가 기존의 음악에 형식적인 측면에서 급진적인 변화를 초래하기도 한다. 축음기는 음의 실체가 물리적인 진동 혹은 주파수라는 새로운 이해에 바탕을 두고 있으며, 이러한 이해방식은 일정한 간격에 의한 음의 전개가 아닌 배음에 바탕을 둔 현대 음악의 패러다임과 맞물려 있다.

음악에서 디지털 매체의 등장도 예외는 아니다. 이러한 변화는 디지털 테크놀로지의 도입에 의한 우리나라 대중음악의 변화가 바로 현재 진행 중인 현상일 뿐만 아니라, 디지털 테크놀로지가 우리 사회에서 끼치는 문화적 예술적 영향을 단편적으로 보여주기 때문이다.

이러한 연구의 목적을 위해서 본 연구에서는 논의의 범위를 주로 디지털 전자악기에 국한시키고자 한다. 물론 대중음악에서 디지털 테크놀로지는 디지털 레코딩이나 이에 따른 디지털 음원의 판매와 같은 새로운 변화를 창출하였다. 하지만 본 연구에서는 디지털 레코딩이나 디지털 음원 등의 측면은 연구의 대상에서 제외한다. 그 이유는 디지털 레코딩이나 디지털 음원 판매 등이 주로 문화산업 혹은 비즈니스의 측면과 관련된 것이며, 음악의 형식적 변화와 직접적으로 관련이 있는 것은 아니기 때문이다.

본 연구를 통해서 거듭 주장되는 바이지만, 디지털 전자악기는 음악의 패러다임을 변화시킬 잠재적 가능성을 지니고 있다. 그것은 디지털 전자악기가 단순히 기존의 악기를 디지털 신호로 바꾼 것에 불과하지 않기 때문이다. 디지털 악기는 기존의 전통적인 아날로그 악기와는 음악적 데이터를 처리하는 방식만 다를 뿐 아니라 음을 표현하는 범위나 구성의 형식 자체가 아예 근본적으로 상이하다. 디지털 전자악기의 이러한 차별성은 음악 자체의 범위나 형식을 완전히 바꾸어 놓는다.

가령 디지털 전자악기는 오선지 형태로 이루어진 기존의 악보체계에 근본적으로 의존하지 않는다. (물론 사용자 편의를 위해서 가존의 오선지 악보체계를 사용하기도 하지만, 이는 피상적으로 나타나는 현상일 뿐이다.) 왜냐하면 디지털 전자악기는 오선지로 표현될 수 없는 소리들을 표현할 가능성들을 잠재적으로 가지고 있기 때문이다. 이렇게 기존의 기보법으로부터 일탈하게 될 경우 음악은 기존의 기보법에 의해서 제약된 주도적인 패러다임으로부터 벗어난다. 서양음악의 전통적인 기보법의 체계가 화음중심주의를 낳았다면, 이러한 기보법의 파괴와 새로운 음악의 패러다임은 화음중심주의로부터 벗어난 새로운 음악적 형식의 출현을 의미한다.

디지털 전자악기라는 새로운 테크놀로지가 가져온 음악적 변화는 2000년 이후 대중음악 일반에서도 나타나지만, 최근 원더걸스의 댄스음악이나 가재발의 클럽음악, 특히 서태지의 8집에서는 새로운 테크놀로지의 활용이 음악에서 어떠한 새로운 패러다임을 창출할 수 있는가에 대한 가능성을 확연하게 보여준다. 그리고 이들의 이러한 흐름을 우리 대중음악사에 나타난 패러다임의 변화와 관련하여 볼 때 보다 의미 있는 결론에 도달할 수 있을 것이다.

디지털 전자음악이라는 새로운 테크놀로지의 활용이 우리나라 대중음악을 어떻게 변화시키고 있는지에 대해서 분석하기 위해서 본 연구는 다음의 두 가지 독립적이지만 무관하지 않는 두 가지 차원을 통하여 접근하고자 한다.

먼저, 디지털 전자음악이 전제하는 디지털 전자악기가 갖는 매체론적 분석을 통해서, 그것이 음악 형식적 측면에서 기존의 아날로그 악기와는 다른 어떠한 차별성을 가지고 있는지 밝히는 것이다.

둘째, 우리나라 대중음악의 흐름을 통시적으로 분석하되 그러한 통시적 흐름을 형식의 측면에서 상이한 패러다임의 단절적 전개로 이해하는 것이다.

두 차원의 접근은 서로 독립적인 듯하지만, 본 연구를 위해서는 반드시 필요할 뿐만 아니라 궁극적으로는 서로 밀접하게 맞물려 있음을 알 수 있다. 우리나라 대중음악의 흐름을 단절적인 패러다임의 전개로 분석할 경우 오늘날 디지털 전자음악의 출현과 그 적극적인 활용은 새로운 음악적 패러다임의 전개와 맞물린 것으로 이해될 수 있을 것이다.

## II. 우리 대중가요의 형식변화에 대한 통시론적 접근

먼저, 우리나라 대중음악의 흐름을 통시적으로 간략하게 살펴보자.

우리나라의 대중음악은 20세기 초반에 등장하였으며, 서양과 달리 고급음악과 대중음악이 확연하게 구분되지 않았던 우리나라의 경우에 민요가 대중음악의 지위를 차지하였다. 민요는 현재 우리가 일반적으로 사용하는 음계와는 상당히 다르다. 형식상으로 보자면 민요는 우리나라의 전통음계에 기반하고 있다. 우리나라의 전통음계가 현재 우리가 사용하는 서양의 다이아토닉 스케일(diatonic scale, 장단음계)과 비교해 볼 때 가장 눈에 띄는 차이는 다음과 같다. 먼저 서양의 음계가 장음계와 단음계로 구분되어 있는데 반해, 우리의 전통음계는 그러한 음계의 구분이 없다. 말하자면 서양의 장음계와 단음계의 다이아토닉 스케일과는 상관없는 독자적인 음계인 셈이다. 특히 음계의 특성상 우리의 전통음계는 서양의 장음계와는 느낌이 매우 다르다. 이러한 점은 우리의 전통음악이 장음계 위주의 서양음악과 근본적으로 다른 느낌을 주는 구조상의 이유이기도 하다.

또한 우리의 전통음계는 대부분의 비서구권 민족의 음계와 유사하게 7음이 아닌 5음으로 구성되어 있다. 일반적으로 궁, 상, 각, 치, 우의 음으로 알려진 5음은 서양음계의 도, 레, 미, 솔, 라에 대응하는 것으로 알려져 있다. 그러나 이는 오해이다. 서양의 음계가 정확히 규칙적인 비례의 간격으로 이루어진 음이라면 우리나라의 전통음계에서 음들의 간격은 일정한 비례의 간격을 이루고 있지 않다. 가령 어떤 특정한 길이의 현이 있다고 치자. 피타고라스의 원리에 따라 이 현의 길이를 정확하게 2분의 1로 줄이면 한 옥타브 높은 음의 소리가 난다. 만약 현을 3분의 2로 줄이면 완전 5도 높은 소리가 난다. 가령 도의 상행 완전 5도 음은 솔인데, 솔은 아래 도보다 3분의 2 짧은 간격의 소리인 셈이다.

사실상 알고 보면 우리가 일상적으로 사용하는 서양의 장음계는 동일한 테트라코드가 두 개 모여져 이루어진 것이다. 이는 피아노 건반을 예로 들면 쉽게 알 수 있다. 도부터 시까지 피아노의 한 옥타브 건반을 보자. 이 한 옥타브의 건반 구조를 보면, 정확하게 똑같은 형태로 2분할 수 있다. 가령 도부터 파까지의 건반 구조와 솔부터 시까지의 피아노 건반 구조는 동일하다. 이는 서양의 음계가 수학적인 규칙성에 의거하고 있음을 의미한다. 특히 우리가 잘 알고 있는 다양한 조(mode)들—다장조, 사장조, 내림 마장조 등—은 다장조의 도음을 완전 5도 상행한 음을 으뜸으로 하는 사장조, 그리고 다시 사장조의 솔음을 완전 5도 상행한 음인 레음을 으뜸으로 하는 라장조, 다시 라장조의 레음을 완전 5도 상행한 라음을 으뜸음으로 하는 가장조 등, 연속적으로 완전 5도를 상행하여 얻어지는 매우 수학적인 방식으로 이루어진다.

이에 반해서 우리음계는 수학적인 규칙을 결여하고 있다. 가령 궁, 상, 각, 치, 우의 음은 이들 중 어느 것도 서로 비례의 간격을 갖지 않는다. 이러한 간격의 불규칙성 탓에 서양음계에서와 같은 다양한 조옮김(변조, modulation)을 기대할 수 없는 것은 너무나도 당연한 이치다. 또한 규칙적인 간격의 전제에서 성립되는 근음, (장단) 3도, 완전 5도로 이루어진 화음(chord)의 구조 역시 불가능하다. 이는 우리의 전통음악은 그 음계의 구조적 측면에서 볼 때 화음 중심적 음악이 될 수 없음을 의미한다. 서양음악과 우리의 민요가 구조적인 측면에서 본질적으로 다를 수밖에 없는 이유가 여기에 있다.

비록 우리나라 대중가요의 역사를 논할 때 서구음계에 바탕을 둔 윤심덕의 '사의 찬미'(1926년)를 출발점으로 간주하지만, 20세기 초반 혹은 중반까지 우리의 민요는 대중음악의 씬(scene)에서 트롯과 더불어 주도적인 형식의 하나였다. 심지어 김세(레)나, 김부자, 하춘화 등의 사례를 통해서 알 수 있듯이, 민요는 포크송이 출현한 1970년대까지도 우리나라 대중가요의 무대에서 사라지지 않았다. 우리의 민요는 수학적인 화음체계 혹은 그에 종속된 멜로디가 아닌 리듬과 결합된 그루브(groove)한 음정들의 조합으로 이루어져 있다. 따라서 멜로디와 리듬은 자연스럽게 하나의 패러다임을 형성하고 있었다.

그러나 실질적으로 1970년대 이전까지 우리 대중가요의 주도권을 행사한 것은 일본의 엔카와 흡사한 트롯 음악이다. 흔히 트롯이라는 말은 4분의 2박자의 리듬을 묘사한 '뽕짝' 음악을 지칭하지만, 원래 트롯 음악의 정체성은 리듬이 아닌 음계에서 찾아야 한다. 그것은 다름 아닌 일본의 전통 대중가요인 엔카 음악에서 사용되는 '요나누키 음계'이다. 트롯 음악은 일본의 엔카 음악에서 사용하는 요나누키 음계를 그대로 차용하였다. 주지하다시피 요나누키 음계는 일본의 전통 음계인 5음계를 서양의 7음계에서 비슷한 음에 대입시켜 만든 신식 음계이다. 말하자면 일본의 전통적인 음계를 서구화시킨 음계인 셈이다. 이러한 신식음계는 전통음계와 달리 일정한 정수비의 간격을 갖는 음으로 구성되어 있지만, 서양의 전통적인 화음중심 음악으로 발전하기에는 그 토대가 미약하다.

요나누키 장음계는 도, 레, 미, 솔, 라로 구성되며, 반면에 요나누키 단음계는 라, 시, 도, 미, 파의 음으로 구성된다. 이러한 장, 단음계의 구별은 일본이나 한국, 중국 등 동아시아 국가에서는 원래 발견되지 않았던 것이다. 요나누키 음계는 한마디로 서구의 다이아토닉 음계(장, 단음계)를 동양의 전통음악과 결합시킨 변종이라고 할 수 있다. 이러한 변종적 특성은 전통적인 트롯의 경우 장음계보다는 단음계가 압도적으로 많이 활용된 것에서도 알 수 있다. 왜냐하면 서구에서는 장음계의 사용이 압도적이기 때문이다. 엔카나 트롯에서 단음계가 절대적으로 많이 사용된 이유는 아무래도 일본이나 우리의 전통음계가 장조보다는 단조와 가깝기 때문일 것이다.

물론 요나누키 음계나 엔카 혹은 트롯 자체를 좋다 혹은 나쁘다고 판단하기는 어려울 것이다. 만약 트롯이 일본의 영향을 받은 것이기에 절대적으로 나쁜 것이라고 말한다면, 서구 혹은 미국에 절대적인 영향을 받은 오늘날의 음악은 어떠한 이유에서 정당화될 수 있는지 모호해지기 때문이다. 일본 것보다는 미국이나 서양 것이 좋다는 단순하고도 억지스러운 논리밖에는 이를 정당화시킬 수 있는 논변이 존재하지 않는다. 중요한 사실은 초기의 트롯음악이 왜색적이라는 있지 않다. 이러한 트롯의 음계는 비록 서구의 모델을 차용하였지만, 서구 음악의 핵심인 화음 중심의 음악이 되지는 못하다는 것이다. 요나누키 음계로는 기본 3화음 중 1도 화음만을 완벽하게 표현할 수 있을 따름이다. 예를 들어서, 가장 기본적인 3화음인 1도, 4도, 5도 화음은 서구 음악에서 필요조건이다. 하지만 요나누키 음계는 이러한 필요조건을 충분히 만족시킬 수 없다. 가령 1도 화음은 가능하다. 하지만 도, 레, 미, 솔, 라로 이루어진 요나누키 장음계에서 4도 화음은 가장 중요한 파 음이 결여되며, 5도 화음에서는 중간 음인 시가 결여된다. 그러다보니 어느 정도 화음을 지니긴 하지만, 완벽한 화음 중심은 불가능하며 여전히 선율 중심적인 음악에 머물고 만다.

게다가 민요의 경우에는 멜로디(선율)가 주로 리듬과 결합하여 하나의 덩어리를 이루었다면, 트롯의 경우에는 불완전한 화음의 전개로 멜로디가 중심이 되지만 리듬은 말 그대로 '뽕짝' 리듬으로 획일화되거나 단순화된다.

하지만 전체적으로 볼 때 1970년대에 이르기까지 대중음악의 주도권을 장악했던 민요나 트롯 음악은 그 형식적인 측면에서 보자면 멜로디(선율) 중심의 음악이라고 할 수 있다. 우리나라의 전통적인 민요는 서구적 기준에서 보자면 화음이 그다지 중요하지 않거나 아예 결여된 음악이다. 왜냐하면 화음이란 정확한 음들의 간격에 의거한 엄밀한 수학적 체계인데, 우리의 민요에서 사용하는 전통적인 음계 자체가 정수비의 음 간격을 지니지 않기 때문이다. 또한 트롯 음악 역시 형식적으로 선율 중심의 성격이 뚜렷하다.

1970년대 포크송의 등장은 선율 중심에서 완벽한 화음 중심의 음악으로 이행함을 의미한다. 말하자면 포크송은 과거의 트롯음악에 대한 음악 형식적 청산으로 이해될 수 있다. 왜냐하면 통기타 세대로 대변되는 포크송은 매우 단순하고 소박한 형태이기는 하지만 철저하게 화음적 전개를 따르고 있기 때문이다. 우리 대중가요의 역사에서 볼 때 1970년대 포크송의 역사적 의의는 대학생의 비판의식이나 자유주의 사상을 담은 가사에 있는 것이 아니라 멜로디 중심의 어정쩡한 패러다임을 청산하고 본격적으로 서구의 화음 중심적 패러다임으로 바뀐 것이다. 말하자면 포크송의 음악적 이데올로기는 대중음악에서 본격적인 모더니즘의 완성인 셈이다. 물론 포크송의 거의 대부분이 1도, 4도, 5도, 1도 혹은 그것의 변형태인 1도, 2도 마이너 세븐, 5도 세븐, 1도의 형태라는 매우 단순한 형태로 이루어져 있다. 이러한 단순한 형태는 화음의 형태로만 보자면 거의 동요 수준에 가까울 정도이다. 이는 포크송이 전문 음악가가 아닌 대학생으로 이루어진 아마추어 집단에 의해서 창작되었다는 사실과도 맞물려 있다.[1)]

우리 가요에서 1980년대 조용필의 등장은 바로 포크송의 단순한 아마추어 리즘을 청산하고 화음 중심의 서구음악으로 무장한 전문 음악가의 본격적인 시작을 알리는 사건으로 해석될 수 있을 것이다. 1980년대 이후 대중음악은 이러한 화음 중심의 바탕 위에서 서구의 다양한 장르들을 흡수하게 된다. 1980년대에는 주로 스탠더드 음악이 중심이 된 다양한 음악들이 나타난다. 하드록이나 재즈, 알엔비와 같은 음악이 고개를 들기 시작하는 것도 이때부터이다. 말하자면 1980년대 음악은 1970년대 포크송을 통하여 전환된 화음 중심의 서구 음악이 음악적 완성도와 함께 정점에 이르는 시기라고 할 수 있을 것이다.

1990년대 서태지의 등장이 갖는 역사적 의미와 그 충격은 바로 이러한 맥락에서 이해되어야 할 것이다. 1990년 초반에 서태지의 음악은 힙합 음악을 빼놓고 말할 수 없다. 음악적으로 볼 때 1990년대 힙합 음악은 이러한 화음 중심적 음악에서 이탈하여 리듬 중심의 음악으로 이행함을 나타낸다. 힙합 음악에서 라임(가사)은 선율을 결여하며, 일차적으로 중요한 것은 리듬이다. 또한 이러한 리듬의 강조는 화음 중심의 음악에서 추방되었던 비서구권의 음악들을 대중음악에 강력하게 흡수하는 경향을 초래하였다. 흑인음악이 주도권을 행사하는 것은 바로 이러한 경향을 통해서였다. 우리나라 대중가요에서 서태지와 아이들을 필두로 본격적인 힙합의 출현은 이른바 화음 중심의 서구 모더니즘의 보편적 경향을 약화시키는 역할을 한다.

간단한 리듬으로 구성된 루프를 반복하고 그 위에 기존의 화음에 의해서 지배되는 멜로디가 아닌 뱉어내는 듯한 랩은 화음이나 멜로디의 역할을 급격하게 위축시킨다. 또한 랩 자체가 화음이나 일정한 선율보다는 리드미컬한 진행을 강조함으로써 마치 우리 민요가 그러했던 것처럼 음은 단순히 음계상

---

1) 이에 대해서는 박영욱, 『철학으로 대중문화 읽기』, 2장, '부르디외와 70년대 포크송 그리고 서태지'를 참조할 것.

의 음정으로 환원되는 것이 아니라 리듬과 하나의 전체를 이룬다. 힙합의 이러한 특성은 서태지와 아이들의 '하여가'에서도 단적으로 나타난다. 이 곡에서는 우리의 전통적인 가락과 랩이 매우 자연스럽게 어우러지는데 그러한 조화 역시 힙합의 구조적인 특성과 무관하지 않다.

이러한 리듬 중심의 패러다임은 전자음악을 통해서 새로운 형태로 확대재생산 된다. 2000년대 후반 이후 우리나라에서 디지털 전자음악이 본격적으로 등장하였다. 사실 신디사이저나 컴퓨터를 활용한 전자음악은 1990년대부터 사용되었지만, 그것은 어떤 형식적 변화의 가능성을 암시하는 것은 아니었다. 디지털 전자음악은 기존의 악기 소리를 전기신호로 바꾸어 내는 것만을 의미하지 않는다. 말하자면 기존의 어쿠스틱 악기가 실재 공기 중의 진동을 발생하여 내는 악기인 반면 그러한 어쿠스틱 음향 대신 전기신호로 음을 발생시킨다는 의미에서 디지털 전자음악의 본질적 특성을 찾을 수는 없다. 디지털 악기가 가져온 가장 큰 변화는 전통적으로 '소음(noise)'으로 간주하던 것의 출현이다. 오히려 보다 정확하게 말하자면 소음과 음(tone, 음계 상에 존재하는 소리)의 구별이 급진적으로 무너진다.[2)]

소음의 본격적인 등장은 소음을 인위적으로 만들 수 있고 그것을 통제할 수 있는 디지털 음악과 더불어서이다. 소음의 사용은 소음 자체가 화음이나 멜로디를 아예 결여함으로써 리듬에 더욱 의존할 수밖에 없다. 이러한 원초적인 리듬의 강조는 2008년 서태지의 8집 음반인 '모하이'에서도 확인된다. 또한 가재발의 댄스음악에서도 소음을 활용한 디지털 음악의 새로운 구조적 변화가 뚜렷하게 발견된다.

2) 물론 이러한 소음과 음의 구별이 허물어진 것은 현대 음악의 일반적인 경향이다. 또한 대중가요의 경우에도 반드시 이러한 경계의 소멸이 디지털 음악의 출현으로 발생한 것이라고는 할 수 없다. 가령 너바나의 음악은 이미 기존의 악기를 사용하여서 소음과 음의 구별을 모호하게 만들었다. 이에 대해서는 박영욱, "커트 코베인과 해체"를 참조할 것.

## Ⅲ. 디지털 전자음악과 새로운 패러다임의 가능성

이러한 통시론적 변화에서 보자면 디지털 전자음악의 출현은 매우 중요한 의미를 지닌다. 그것은 디지털 전자음악이 갖는 테크놀로지의 특성과 매우 밀접한 관련을 지닌다. 디지털 전자음악은 디지털 전자악기에 바탕을 둔 음악을 말한다. 디지털 전자음악의 대표적인 악기는 신시사이저(혹은 컴퓨터)라고 할 수 있는데, 신디사이저라는 말 자체가 의미하듯이 디지털 전자악기는 음 자체를 알고리즘으로 분석하여 무한한 음색을 만들 수 있다. 게다가 과거에는 상상도 할 수 없었던 방식의 리듬이나 화음 또는 불협화음까지도 만들 수 있다. 이러한 급진적 가능성은 음악의 패러다임 자체를 바꾸어 놓았다고 해도 과언이 아니다.

대개 전자음악은 두 가지 방향으로 발전했는데, 하나는 디지털 악기가 기존의 악기 소리를 똑같이 모방하는 것이며, 다른 하나는 기존의 악기와 전혀 달리 오로지 알고리즘에 의해서만 합성할 수 있는 음을 내는 것이다. 전자음악이 등장한 초기에는 주로 전자의 방향에 초점이 맞추어졌다면 이제 전자음악은 두 번째 방향으로 진행되고 있다.

이렇게 볼 때 디지털 전자악기를 사용할 경우 음악에 끼치는 가장 큰 파급효과는 화음중심적인 서구의 근대적인 음악과 단절된 새로운 음악의 가능성이 만들어진다는 사실이다. 전자음악을 전자악기라는 매체적 특성에 비추어 분석할 경우 이러한 가능성이 보다 명확하게 드러난다. 전자악기는 서양의 규칙적인 배음구조를 갖는 악기와 근본적으로 다르다. 지금까지 대중가요에서 주도적으로 사용되었던 전통적인 서양악기는 규칙적인 배음구조를 가지고 있으며, 이를 토대로 수학적 비례에 적합한 화음의 구조를 지닐 수 있었다.

하지만 전자음악은 기존의 악기와 맞물려 있는 음악적 지평과는 완전히 이질적인 새로운 지평의 가능성을 제시한다. 그러한 이유는 전자악기가 음을 미세한 데이터의 합성으로 구축한다는 사실에 있다. 말하자면 음은 알고리즘에 의해서 합성된다. 알고리즘으로서의 음은 기존의 악기가 바탕을 둔 간격으로서의 음과는 완전히 다르다. 기존의 악기는 음의 간격(가령 도와 도# 사이의 간격)에 바탕을 둠으로써 간격 사이에 존재하는 음들을 소음으로서 배척한다. 화음의 구성이란 소음(보다 더 정확하게 말하자면 불협화음)의 요소들을 배제하는 것을 의미한다.

알고리즘으로 이루어진 전자음악은 간격에 바탕을 두지 않으므로 규칙적인 간격을 갖지 않은 음들, 이른바 소음들을 음악의 용재로서 적극적으로 활용한다. 물론 간격이 아닌 간격 사이의 음들, 즉 소음을 음악적으로 활용한 것은 전자음악과 더불어서 시작된 것은 아니다. 음악사적으로 보자면 쇤베르크가 무조음악을 추구한 것도 기존의 화음에 고착된 음악의 체계를 붕괴시키기 위한 것이었다. 하지만 동시에 쇤베르크는 기존의 악기라는 매체에 대한 고착성으로부터 자유롭지 못했기 때문에 한계를 보인다. 이후 피에르 불레즈의 전음렬주의나 피에르 셰페르의 구체음악은 바로 음과 소음의 경계가 허물어지는 과정의 역사라고 해도 과언이 아닐 것이다.

전자음악의 아버지격인 스톡하우젠(Kahl Heinz Stockhausen)에 이르러 소음은 그저 기존의 악기가 아닌 일상에서 끌어들일 수 있는 소리의 범위를 넘어서게 되었다. 그 이유는 전기신호의 합성을 통해서 급기야 소리를 인위적으로 만들 수 있을 뿐만 아니라 통제할 수 있게 되었기 때문이다. 하지만 최초의 아날로그 전자악기들은 그것을 완벽하게 통제할 수 있는 수치로 저장하지 못하고 변형이 제약된 전기신호의 형태로 저장되었기 때문에 새로운 음의 합성이나 통제가 구조적으로 불완전할 수밖에 없었다. 궁극적으로 볼 때 소음에 대한 적극적인 사용은 잡다한 소리들을 합성할 수 있는 디지털 전자악기의 등장과 더불어서 본격적으로 가능해진 것이다.

간격의 음이 아닌 비간격의 음, 즉 소음을 음악적 용재로 적극 활용할 경우 음악의 패러다임은 급진적으로 변화한다. 왜냐하면 소음을 통하여 곡을 만들 경우 화음이란 원천적으로 불가능할 뿐더러 선율(멜로디) 또한 우리에게 익숙한 방식으로 구성될 수 없기 때문이다. 따라서 이러한 소음의 음악에서 음들을 유기적으로 엮어 주는 요소는 화음이나 선율이 아닌 다른 요소일 수밖에 없다. 이 요소는 다름 아닌 리듬이다.

전자음악이 기존의 음악과 달리 실험적 경향을 띨 경우 그 음악에서는 원천적으로 리듬의 요소가 강조될 수밖에 없다. 왜냐하면 그러한 이질적 음들을 묶어 주는 기제는 리듬밖에 없기 때문이다. 대중음악의 역사를 살펴보면 테크노음악이 댄스음악의 형태로 나타나는데, 이 또한 전자악기라는 매체적 특성에서 비롯된 것이다.

여기서 유의해야 점은 모든 전자음악이 화음이나 멜로디를 해체하거나 도외시하고 리듬을 강조한다는 것은 아니라는 사실이다. 전자악기를 사용하는 경우에도 얼마든지 화음이나 선율이 강조된 음악이 만들어질 수 있다. 현실적으로는 오늘날 대부분의 음악에서 전자악기가 사용되지만 그러한 음악에서 선율이나 화음이 해체되었다고 보기는 힘들다. 중요한 사실은 디지털 전자악기는 기존악기로서는 불가능한 새로운 잠재성을 지니고 있다는 것이다.

디지털 전자음악의 이러한 새로운 잠재적 가능성은 20세기 후반 이후부터 많은 실험적인 음악들에 의해서 시험되었다. 칼 하인츠 스톡하우젠부터 적지 않은 작곡가들이 알고리즘을 통해서 새로운 음을 합성하고, 이를 바탕으로 기존의 형식과는 완전히 다른 음악들을 만들어냈다.

상대적으로 이러한 새로운 잠재적 가능성의 시험은 대중음악에서는 많지 않았다. 물론 대중음악의 경우에도 유럽의 테크노 음악이나, 트립합(Trip Hop) 등의 음악에서는 국소적으로 시도되었다. 하지만 최근 들어 대중음악의 주류에 디지털 전자음악의 이러한 특성들을 시험하는 새로운 음악들이 등장하였다. 그 대표적인 음악이 바로 2008년 여름에 발표한 서태지의 디지털 싱글 음반 '모아이'일 것이다.

서태지의 음악은 얼핏 보면 단순한 멜로디와 화음이 지배적인 듯한 음악으로 보인다. 하지만 음악적으로 보다 자세히 들여다보면 단순한 서태지 음악의 강조는 다른 곳에 있음을 알 수 있다. 그것은 복잡한 리듬에 대한 천착과 알고리즘을 통한 소음의 활용이다. 멜로디의 단순함은 쉬운 멜로디로 사람들에게 다가서려는 멜로디 강조의 전략에서 결코 비롯된 것이 아니다. 오히려 정반대이다. 그의 음악에서 멜로디는 부수적인 관심사인 것이다. 만약 서태지의 음악이 멜로디를 강조하고자 하였다면 분명히 복잡한 멜로디를 만들었을 것이다.

타이틀곡 모아이에서는 리듬이 매우 복잡한 방식으로 세분되고 있으며, 하나의 단일한 리듬이 사용되고 있지도 않다. 또한 도입부에서 보통의 드럼이나 북이 아닌 알고리즘 합성음 자체가 그 소리를 대신하여 리듬을 주도하고 있다. 말하자면 이러한 소리는 멜로디에 사용되는 음색을 갖는 소리이기도 하면서 타악기의 경우처럼 멜로디는 없는 소리이기도 하다. 서태지는 이러한 자신의 음악을 '네이처 파운드(Nature Pound)'라고 부른다. 네이처 파운드란 태초의 소리로서 인위적인 멜로디나 화음이 결여된 소리를 암시하는 말이다. 서태지의 이러한 음악적 실험이 가능한 것은 전적으로 디지털 전자악기의 덕택이다.

물론 이러한 한두 개의 음악적 실험이 대중음악의 패러다임을 바꾸어 놓았다고 하기는 힘들 것이다. 하지만 대중음악의 경향을 잘 들여다보면 이러한 현상은 이미 하나의 패러다임으로 자리매김을 하고 있음을 알 수 있다. 가령 2007년 최고의 히트곡인 원더걸스의 '텔미'나 2008년의 '노바디' 등은 단순한 댄스곡인 듯하지만, 서태지의 음악과 마찬가지로 소음과 리듬이라는 특성을 확연하게 드러낸다. 가재발의 '초콜릿'은 이러한 패러다임을 본격적으로 보여주는 테크노 댄스음악이다.

이러한 경향은 외국의 경우에도 마찬가지이다. 샤키라나 비욘세, 심지어 브리트니 스피어스와 같은 가장 대중적이고 주류씬에 속하는 미국의 팝가수들 역시 이러한 테크노적 경향이 두드러지게 나타나고 있다. 다만 우리의 귀가 그러한 변화를 간파하고 있지 못할 따름이다.

우리 대중음악의 경우에서도 알 수 있듯이 테크놀로지는 단순히 음악에서 새로운 편리한 매체나 기계의 탄생만을 의미하는 것이 결코 아니다. 테크놀로지는 음악의 근본적인 패러다임이 바뀌는 물적 토대를 제공하기도 한다. 이를 확장시키자면 매체론적 관점에서 볼 때 테크놀로지는 단순히 새로운 것의 출현이나 확장이 아닌 우리의 사고방식이나 예술 혹은 문화의 급진적인 변화에 적극 개입하는 것이다. 따라서 우리 대중가요에서 디지털 전자음악의 출현에 따른 변화는 곧 테크놀로지가 우리의 예술이나 문화에 어떻게 개입하고 그것을 확장 혹은 왜곡시키는가를 단편적으로 보여주는 사례이기도 한 것이다.

# 참고 문헌


Böhme, Gernot, *Theorie des Bildes*, Wilhelm Fink Verlag, 1999

Bolter, Jay David & Grusin, Richard , *Remediation – Understanding New Media*, The MIT Press, 1999.

Cascone, Kim, "Deterritorialisierung, historisches Bewußtsein, System. Die Rezeption der Performance von Laptop-Musik", in *Soundculture – Über elektronische und digitale Musik,* hrsg. von Marcus S. Kleiner und Achim Szepanski, Suhrkamp, 2003.

Cox, Christoph, "Wie wird Musik zu einem organlosen Körper? Gilles Deleuze und die exprimentelle Elektronika", in *Soundculture – Über elektronische und digitale Musik*, hrsg. von Marcus S. Kleiner und Achim Szepanski, Suhrkamp, 2003.

Helga de la Motte-Haber(hg.), *Klangkunst – Tönende Objekte und klingende Räume*, Laaber, 1999.

Ilschner, Frank, "Irgendwann nach dem Urknall hat es Click gemacht. Das Universum won Mille Plateauc im Kontext der elektronischen Musik", in, *Soundcultures – Über elektronische und digitale Musik*, hrsg. won Marcus S. Kleiner und Achim Szepanski, Suhrkamp, 2003.

Schläbits, Nobert, "Wie sich alles erhellt und erhält. Von der Musik der tausend Plateaus oder ihrem Bau", in, *Soundcultures – Über elektronische und digitale Musik*, hrsg. won Marcus S. Kleiner und Achim Szepanski, Suhrkamp, 2003.

Weibel, Peter, "Transformationen der Techno-Ästhetik", in, *Digitaler Schein – Ästhetik der elektronischen Medien*, Frankfurt am Main, Suhrkamp, 1991

들뢰즈와 가타리, 『천 개의 고원』, 김재인 옮김, 새물결, 2001.

로잘린드 크라우스, 『사진, 인덱스, 현대미술』, 최봉림 옮김, 궁리, 2003.

롤랑 바르트, 『카메라 루시다 – 사진에 관한 노트』, 조광희 옮김, 열화당, 1999.

발터 벤야민, 「사진의 작은 역사」, 『발터 벤야민 선집 2』, 최성만 옮김, 도서출판 길, 2008년 2쇄.

발터 벤야민, "「기술복제시대의 예술작품」관련 노트들", 『발터 벤야민 선집 2』

박영욱, 『매체, 매체예술 그리고 철학』, 향연, 2008.

박영욱, 『철학으로 대중문화 읽기』, 이룸, 2003.

박영욱, "커트 코베인과 해체", 한국예술종합학교 논문집, 2003.

박영욱, "디지털 예술과 미적 가상의 제거－사진과 전자음악을 중심으로", 시대와 철학, 제 19권 4호, 2008.

봉일범, 『프로그램 다이어그램』, Spacetime, 2005.

이병무, "니콜라우스 후버의 리듬작법에 나타난 리듬단위", Insidemusic 6호, http://www.musictoday21.com/magazine6/seminar/seminar01.htm

장재호, ".mM for Tape", Insidemusic 4호, http://www.musictoday21.com/magazine4/seminar/seminar_jangjaeho.htm

정광수

소속/직위: 전북대학교 자연대학 과학학과 교수, (현)통합 및 서부권 과학문화연구센터장
전공: 과학기술철학
학위취득대학: 미국 유타 대학교
이메일: gsjeong@jbnu.ac.kr

심혜련

소속/직위: 전북대학교 자연대학 과학학과 교수
전공: 미학
학위취득대학: 독일 훔볼트 대학교
이메일: shimhr@jbnu.ac.kr

조정미

소속/직위: 대전대학교 교양교육원 교수
전공: 과학사
학위취득대학: 성신여자대학교
이메일: banama25@hanmail.net

박영욱

소속/직위: 연세대학교 미디어아트 연구소 HK 교수
전공: 서양철학
학위취득대학: 고려대학교
이메일: imago1031@hanmail.net

김재영

소속/직위: 이화여자대학교 이화인문과학원 연구교수
전공: 이론물리학
학위취득대학: 서울대학교
이메일: zyghim@empal.com

이지훈

소속/직위: 부산대학교 강사
전공: 미학
학위취득대학: 프랑스 파리1대학
이메일: jihounlee@hanmail.net

이영준

소속/직위: 계원디자인예술대학 아트 앤 플레이군 교수
전공: 기계비평
학위취득대학: 미국 뉴욕주립대(빙햄턴)
이메일: imagecritic@kaywon.ac.kr

김현승

소속/직위: 전북대학교 과학문화연구센터 전임연구원
전공: 과학철학
학위취득대학: 전북대학교 과학기술문화학과 박사 수료
이메일: khs95016@nate.com

초판발행 | 2010년 8월 31일
중 쇄 | 2012년 12월 1일

편 저 자 | 정광수 · 김현승 외 6인
펴 낸 이 | 채종준
펴 낸 곳 | 한국학술정보㈜
주 소 | 경기도 파주시 교하읍 문발리 파주출판문화정보산업단지 513-5
전 화 | 031) 908-3181(대표)
팩 스 | 031) 908-3189
홈페이지 | http://ebook.kstudy.com
E-mail | 출판사업부 publish@kstudy.com
등 록 | 제일산-115호(2000. 6. 19)

ISBN 978-89-268-1494-9 94330 (Paper Book)
978-89-268-1495-6 98330 (e-Book)
978-89-268-1492-5 94330 (Paper Book set)
978-89-268-1493-2 98330 (e-Book set)

이 책은 한국학술정보(주)와 저작자의 지적 재산으로서 무단 전재와 복제를 금합니다.
책에 대한 더 나은 생각, 끊임없는 고민, 독자를 생각하는 마음으로 보다 좋은 책을 만들어갑니다.